為什麼創業會失敗？

站在八大明師的肩上學會創意・創富・創新

明師指路，減少摸索二十年，創造人生新高點！

世界八大名師亞洲首席
王擎天等 著

Business Creativity Innovation Wealth

從創新中，找到創業機會

管理學大師彼得・杜拉克(Peter Drucker)曾說：「創新是創業家所擁有最明顯的工具。創新的行為，用新的辦法，以新的能力來創造財富。」

所以，創業的同時往往伴隨著創新的行為！

不過，創新並不只是意味著重新創造一個新事物，其實只要從新角度來看待舊事物，進而誘發舊事物發生新變化，也是一種創新。

但人很奇怪，同一件事情做久了就會產生慣性，進而讓自己開始定型，如習慣到同一家咖啡店、坐同樣的位置、點同樣的咖啡，而忘了或許還有許多新的選擇與可能性。

而這也是一個人，選擇「創業」之路時，所必須面對的挑戰。

創業往往伴隨著不斷的變化，沒有幾個創業者的成功是在完整規劃下而事業有成。反而是在事業發展過程中，不斷調整與測試，讓自己脫離舊有思維、讓事業脫離舊有模式，進而從中找到新的機會。

因此，所有的創業家都必須要有一個能力——創新能力！只有擁有這個能力的創業家，才有機會在創業路途上，可以走得更長、更久、更遠。

不過，這個創新過程並非容易的事情。在我進行教育培訓的這五年，深深發現到人許多的行為，其實都是慣性所累積而成。你現在的說話方式、穿著方式、與人應對的方式……都是一種慣性的呈現，所以，人是慣性的動物，習慣從很多地方開始縮小自己，除非已經經過訓練，不然絕大多數的人都是這樣。但是，當一個人走到一個新的地方，看到新的事物，就會開始刺激腦袋思考，進而產生創新空間。

創新是需要有空間的！人之所以無法有效創新，就是因為你我的腦中對於創新沒有空間，但是當一個人可以脫離既有疆域，那麼就會有更多可能的新玩意兒誕生，進而幫自己創造更豐厚的價值。

所以，當一個人要創業有成，那就必須要擁有創新能力；而若要擁有創新能力，那麼打破慣性絕對是一件必要的事。

而打破慣性最棒的捷徑就是參與學習！

因此「2014世界華人八大明師＆亞洲創業家論壇」，對於台灣創業者而言，會是一個嶄新的成長機會。因為在這兩天的論壇當中，主題不僅圍繞「創意．創業．創新．創富」，也聚集台海兩地擁有豐厚實戰經驗創業家，將對參與的創業者，做出最富深度與廣度的智慧分享。

相信你會打開這本書，必定是在創業與創富上，有一定的渴望！期許你能透過這份渴望，真正的來到論壇當中，讓最實戰的創業分享，協助你揮別舊有慣性，真正為你開啟創業創新的順流創富之路。

亞洲創業家大講堂創辦人

張方駿

推薦序

從人脈中，找到創業貴人！

每個人都希望能夠遇到貴人提攜，特別對於一位創業者而言，貴人可能為我們帶來創業啟發，也可能引薦大量商機，更可能共同創造無限延伸的合作機會！

地球有70億人口，如果連見過面、換過名片的人，都不能成為創業者的貴人，創業者更不用期待不曾換過名片的人能夠變成自己的貴人！因此，如何把曾經換過名片的人變成自己的貴人，「貴人學」這門學問就顯得非常重要！

「2014世界華人八大明師＆亞洲創業家論壇」對於創業者而言，是一個難能可貴的機會！因為創業者將與來自兩岸四地擁有豐厚實務經驗創業家交流，互換名片後，透過「EMBA沒教的貴人學」這堂課學習的珍貴觀念與關鍵祕訣，把當天換過名片的講師、同學都逐一變成自己的貴人，拉入貴人圈，長長久久互為貴人，相信這將是您創業路程中最珍貴的禮物！

人脈經營大師

從分享中學習成長

半年多前，經過大會的審核，齊國有榮幸受邀成為八大明師的課程講師之一，這半年多來，齊國仍然投入在教學的領域，無論是企業或社團，只要齊國的時間允許，都一定欣然接受邀請，樂意與大家分享齊國所知。

每次的分享，在台上看見聽眾們的專注，感受到大家的熱情，齊國充滿感恩，齊國也想起小時候受教育的經驗，老師在台上所說所做，都是學生們學習的標竿，對學生影響甚遠；時空轉換，當時的自己是學習者，現在自己則有機會成為分享者，齊國時刻提醒自己，珍惜每一次的機會，認真的準備每一次課程，不必太多，只要有一句話讓聽眾覺得受用，就已足夠，這才是一位講師最珍貴的收穫和價值。

這次「2014世界華人八大明師＆亞洲創業家論壇」，主題為「創意・創業・創新・創富」。大會中的講師都是各領域的翹楚菁英，齊國也總能從這幾位講師的分享中，得到豐富的收穫，也期盼我們都能在本書，和即將要登場的論壇中，滿載而歸。

典華幸福機構學習長

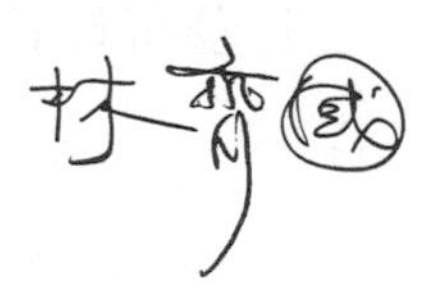

為什麼要創業？

為什麼要創業？我適合嗎？

現實社會中，許多人為了追求財富、名利、地位失去了健康、家人、朋友。但賺錢的目的是什麼？為什麼要賺錢？

俗話說：「錢四腳，人兩腳」。是人追錢比較容易？還是讓錢來追人比較容易？

宇宙法則其中之一的Precession邊際效應說明了：當你拿一顆石頭，往湖面丟，石頭會往下沉，同時水面上的漣漪會向四面擴散，力量不是單一存在的，同時會有不同的力量產生。

世界上最辛勤工作的動物是蜜蜂，東飛飛西飛飛，牠的任務是白天採蜜，晚上釀蜜，是農作物最重要的媒介之一。蜜蜂簡單的工作，造就了世界萬物生生不息。

你可以想像若你的焦點是為了錢？一天到晚追錢？會產生什麼邊際效應嗎？

我23歲進入房地產，30歲被《Money錢》雜誌讚譽「沒有Aaron賣不掉的房子」，卻因35歲那年投資失利，燒掉了億萬資產負債千萬。人生沒有最慘，只有更慘，女友懷胎不是自己的骨肉，真是情何以堪。

接下來的重創，讓我一心只想到舊金山金門大橋自殺，人生也因

為這次的美國行有了巨大的轉變，巧遇WWDB的教練團隊，透過了與世界各領域大師學習、合作，從人生的低潮攀登到世界的頂峰。

第一個啟發我的教練是Bill Britt，他教會我系統、管理、組織的重要；第二個啟發我的教練是Bill Gould，他教會我不會演講、不能入戲就無法成為頂尖領導；第三個啟發我的教練是Brain Tracy，他教會我計畫和策略；第四個啟發我的教練是Jay Abraham，他教會我行銷和與人合作，可以節省時間；第五個啟發我的教練是Blair Singer，他教會我遊戲反映真實人生；第六個啟發我的教練是Ben Yang，他教會我容許背叛。

當你一無所有的時候，如果你還有能力，幫助別人，你也願意做這件事，堅持Integrity，堅持成為別人的典範與祝福。你就會知道，你是誰？你要往哪裡去？這就是創新與創業家真正的精神。

這才是創業真正的目的。

成資國際總經理
美商世界環球旅遊執行長
經濟日報專欄作家
暢銷書作者
黃禎祥

前言

創業只是一條不歸路？

台灣景氣下滑的話題已經吵了許久，大學生22K、加薪無望、升遷難盼，似乎所有人都意識到必須勒緊褲腰帶才能勉強過活，油電雙漲更像是壓死駱駝的最後一根稻草，打散了民生信心，也打壓了想創業的念頭。

創新工場董事長兼首席執行官李開復便曾經呼喊：「饒了年輕人吧！給他們一個好的創業環境。」英業達董事長李詩欽也點出台灣創業的四種現象：有創業無規模、有本土無國際、有價值無價格、有得獎沒創業。似乎在這樣的世道下，創業是條看不見未來的不歸路，唯一的獲得就是失敗經驗。然而，我們就應該接受這樣的現況，人人都期待著領每個月的死薪水、平穩過日，只要沒有壓力、悠閒過活，過著這樣「小確幸」的生活嗎？

不，台灣創業固然受到某些限制，但也並非完全沒有機會。

只是決定創業的創業家們必須做好萬全的準備、建立強大的內心、做好最壞的打算。如果你可以接受創業可能帶給你的挫折、願意承受彷彿走在懸崖邊的風險，並且接受人生最壞的低潮就是你創業開始的那一天……那就果敢地去做吧！也許你不能成為鴻海集團的郭台銘、台積電的張忠謀、宏碁的施振榮，但你可能有更嶄新的想法要改變這個世界，成為下一個賈柏斯、祖克柏格（Facebook創辦人），蛻變為新時代的創業家，能從台灣出發、立足世界，俯望著自己由無到

有創造的事業版圖，說出：「這一切都是值得的。」

創業不簡單也絕不輕鬆，錯誤的心態、錯誤的決策、錯誤的商業模式，都可能讓你轉瞬間走上失敗的道路，所以過程中需要有許多人的支援，也需要前人提攜。而我們要做的，就是在你黑暗的創業路途裝上明燈，為你照亮眼前的路，提供你成功的經驗、作為化育你的養分，並且給予你實際的援助，讓你不致一路磕磕碰碰的前進。

想創業，先創富

創業與創富經常是相輔相成，若問十個老闆創業最需要的要素是什麼，有十個都會說是「錢」、「資金」，其次才是人才、技術等。而若你並非擁有數輛跑車能夠炫富的富二代，都不禁要問，錢從哪裡來？跟銀行借，有還貸款的壓力；跟親朋好友借，有人情上的壓力，更重要的是，你有信用借到足夠的創業資金嗎？

就算不為創業，你也希望經濟寬裕，能夠提高生活品質、給家人好一點的環境，能做自己想做的事、享受金錢上的自由。

我們想告訴你的是，其實你不是找不到錢，而是找不到方法找錢！

想成功真的沒有方法嗎？

當你陷入是否創業的兩難、苦無資金購買設備、聘請人員，或是你一隻腳踏入創業的泥淖無法前進，甚至已經經歷過這樣的失敗，為了避免重蹈覆轍，總是會希望有前人的經驗或者豐富的訊息，幫助你在創業／創富的路上少繞一些遠路，甚至可以的話，完全避免失敗的可能。你可能會想追求以下問題的答案：

致富／創業到底有沒有捷徑？

為什麼九成的創業會失敗？

我有好的商品，卻沒有資金實行創業計畫，該怎麼辦？

創業時，我比別人還努力，甚至為了公司不支薪，為什麼還是會失敗？

我的商品要如何超越其他人的產品呢？

我想創業，但要投入哪一產業才有未來？

那些成功的創業家到底是怎麼成功的？是不是因為他們做了某些事、擁有某些特質才導致他們今天的成功？

許多成功者所做的，就是比別人多想一些、多知道一些、多突破

一些，看著他人的成功，你可能會先產生退縮的心態，認為「我不可能像他們一樣辦得到」、「我沒有像他們一樣多的資源」，或是覺得「他們已經做成功的東西，我再跟著做也沒有意義」。當然，你不會與成功人士有完全相同的人生經歷，起跑點也不盡相同，他們的成功模式你不一定完全能套用（硬要套用，說不定反而落得不堪的下場），但透過他們的經驗，你一定可以從中發現一些共通點或啟發，無論是一個小小的創業理念、一個面對挫折不願放棄的心理、一個解決難關的創新巧思……只要將他們的經驗以自己的方式吸收，並且轉化成你能夠善加利用的工具，就能作為強大的後盾，造就更高的成就。

當今的社會競爭日益激烈，創業家要如何具備正確的態度（Attitude）、完整的知識（Knowledge），以及高超的技能（Skill）？成功的企業家很少是天生的，必須經過學習與訓練，才能逐漸成熟圓融。在創意當道的創新時代中，無論在實體或網路虛擬通路的經營，均需要發揮創新與創意才能達到成功。

而在本書中，集結了各方專家、企業家的經驗與心得，要帶你看見創業、創富的更多可能性，也透過文字分享，為你逐漸建立正確的創業／創富思維，打造邁往成功的康莊大道。

亞洲八大
名師首席
王擎天

找錢祕訣大公開！

詳見 P.36

亞洲創業家大
講堂創辦人
張方駿

成功的祕密就在CEO
每天的行為中！

詳見 P.200

人脈經營大師
沈寶仁

用ABC掌握貴人學

詳見 P.216

創業GPS
總培訓師
許耀仁

找到成功方程式，
由逆轉順！

詳見 P.232

Contents 

史上最強《創業企畫書》
在本書P.147~P.198
創業者必讀

教父級
行銷達人
張淡生

自信與魅力是成功的不二法門！

詳見 P.292

網路行銷
借力致富專家
鄭錦聰

借力讓創業更省力

詳見 P.326

中華價值鏈管理學會創辦者及理事長
何建達

找出創新、創意、創業的根

詳見 P.344

自詡為學習長的
典華幸福傳奇
林齊國

學習成功典範的創業心法

詳見 P.350

導言

每一個創業者都應該讀讀本書！

每一個人都曾經想過當自己的老闆、開一間屬於自己的小店、擁有自己的一台胖卡……看著報章雜誌報導的成功創業案例，夢想似乎伸手可及，但從親朋好友那裡聽聞的創業失敗例子，又讓你遲遲不敢走出辦公室開創自己的一片天空。

你在猶豫什麼？

你害怕失敗嗎？

如果是，本書就是你的創業避險聖經！

本書以創業最重要的募資為主軸，搭配人脈經營、行銷、借力、銷售技巧、經營方法等多重面向，加上實際創業成功的頂尖人士經驗分享，全面性地為你搭築通往創業成功的橋梁，盼為創業者們帶來全新思維、成為創業者們通往成就的跳板與堅強後盾。

此外，本書所延伸的「世界華人八大明師＆亞洲創業家論壇」演講活動，更是將書中文字化為實體經驗，讓有志創意、創業、創新、創富的與會者們，皆能直接接受八大明師指導，並與五大創業家現場互動，開創自己的人脈與成功未來！

創業成功的第一步，就是採取實際行動，而本書絕對是你開啟第二人生的最佳捷徑！

「世界華人八大明師＆亞洲創業家論壇」活動詳情請上新絲路網路書店

Part I
明師提點，照亮創業黑暗路

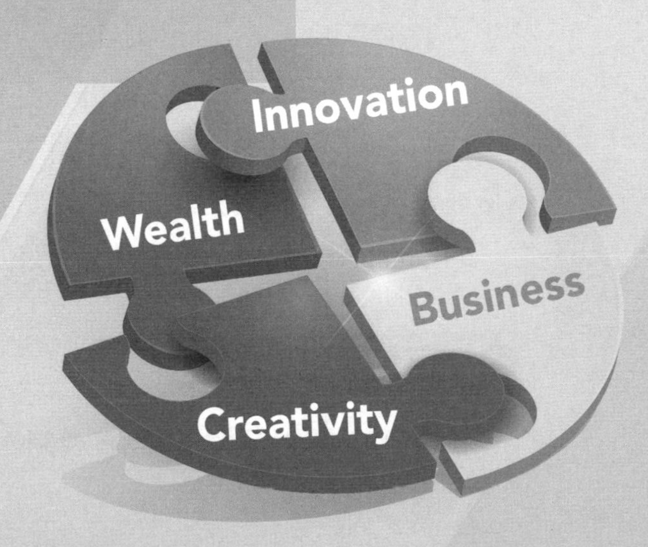

1 全力以赴讓夢想飛！

世界華人八大明師大會執行長　陳亦純

你一定有你的人生夢想和理想，你可能達成了，已經可以悠遊人生、談笑風生；你也可能還距離你的夢想差一大截，還在頭疼到底要如何才能實現理想。

不要小看自己的潛力，只要你願意，每一個人都可以在他的領域裡五年變專家、十年變權威、十五年變成頂尖。

但如何能脫穎而出？你要做一個與眾不同的人。

與眾不同的人，不是看成果，不用蓋棺才能論定，從行為處事就可看出端倪。你想做一個成功者、要讓你的人生目標達成，你有很多夢想、要讓夢想起飛，你必須具備一些方法。

第一屆「世界華人八大明師＆亞洲創業家論壇」在台灣台北舉行，這些明師所提供的，是他們奮鬥的經驗和他們脫穎而出的過程，這是非常值得學習的功課。為了共襄盛舉，身為這場盛會的主辦團隊之一的我也提出看法，把我所知的幾位明師專長跟各位分析。

定位決定地位

有規劃的人生是藍圖，沒有規劃的人生叫拼圖；有目標的人生就是航行，沒有目標的人生叫漂流。未來十年、二十年後的生活，是由你今天的選擇所決定的。選擇大於努力！你必須慎思自己的未來！

這世界上的人大都沒有明確的人生目標，所以他們註定要為有目標的人工作，他們安於現狀，或者說，過一天算一天，不敢奢望、不敢挑戰，甚至不敢去思考萬一這份工作發生危機，自己可能會被取代或淘汰，淪入悲慘的命運。

天生有領導能力的人就大不同了。他知道要帶領大家到哪裡；他會勇於承擔和進行執行的責任；他會堅持前進，雖然困難重重，但他會咬著牙努力排除障礙，經過不懈的奮鬥，成功的局面就會來到。

目標對有企圖心、有能力的人而言，就是他的動力，當想到他的目標，看著目標的藍圖日復一日的實現時，他會更加興奮，因為興奮，他更加有活力，更會像吸鐵般的把志同道合的人吸到身邊來。而相對地，不敢挑戰人生、甘願被領導的人就只好渾渾噩噩度日了。

有個故事是這樣的：在一間優雅的西餐廳裡，大家都安靜地享用佳餚，突然進來一位年青人，被引進位子後，看完了Menu，突然大聲地叫道：「服務生！」

這一叫，把隔壁的老先生嚇了一跳，一失手湯匙掉了下去，他埋怨地責怪：「怎麼這麼大聲叫喊呢？」年青人一面道歉，一面解釋說：「我是賣橘子的，早上一出門，兩簍橘子一下子就賣完了，我可以休息三天不用工作，因為實在太高興了，所以來餐廳叫個大餐犒賞自己！」

老先生搖搖頭說：「年輕人，你太膚淺了！」他從口袋裡拿出一個小盒子，將裡面的東西倒在玻璃水杯裡，咚咚兩聲，說：「你看到這是什麼嗎？」

「好像是鑽石！」年青人回答。

「沒錯，算你有眼光。待會兒有人會拿錢來換這顆鑽石，我三年的生活費都有了，你看我有很高興嗎？」

所謂定位決定地位，世界的大小是因為自己的作為，沒有人心甘情願的困在一個小範圍裡，但這樣的結局是因為自己的視野和態度所造成的。決定十年後生活的，不是十年後做了什麼，是你現在做了什麼，你為未來做了什麼。

曾經有一個調查，現代華人中，最受西方人印象深刻的是誰，答案是毛澤東和李小龍。李小龍不過才演了四五部影片，出道不到十年，為什麼在過世四十年後還能有這麼高的知名度呢？

我們可能認為他是劃時代的人物，或是替弱勢族群行道出氣的英雄，但其實他本身就是一個無可替代的傳奇，尤其是他對自己擁有不平凡的自信。

在他的遺物中出現過一張便籤，上面寫道：「我的明確目標，是成為全美國最高薪酬的超級東方巨星，從1970年開始，我將贏得世界性聲譽到1980年，我將擁有1,500萬美元的財富，那時候我和我的家人將過上幸福的生活。」

確實，他在1970年轟動了整個西方，雖然隨即在1973年7月20日猝然去世，仍不影響他的氣概和形象。

目標會讓一個人有方向、有信仰，並且產生無窮的力量。目標是夢想加上時刻表，有夢人生才會美，但要美夢成真，需要許願、需要發大願。沒有願景的人生沒有燦爛的風貌，有價值的人生才值得稱許，命運就掌握在自己的發心許願上。

所謂做大夢者做大事，做小夢者做小事，不做夢成不了事，做惡夢到處生事。但設定目標時要注意，沒有挑戰性的目標不是目標。參加鄉鎮的比賽只有鄉鎮的成績，參加全國比賽就會有全國成績，參加奧運就會和世界高手比賽，你的成績當然會拉高到世界水平。

暢銷書《心靈雞湯》作者馬克．韓森（Mark Hansen）說過：「唯有不可思議的目標才能產生不可思議的結果。」他還說：「寫下你的目標，因為它可能馬上就會實現。目標一定要寫下來，因為寫下來的目標會產生神奇的力量。」

所以為何說定位決定地位，因為定位不拉高，沒大眼光、沒大格局，看到的只是眼前利益，要的是芝麻綠豆的小收穫，人生怎會發出光亮的色彩、展露艷麗的奇景？

現今最負盛名的成功策略大師博恩．崔西（Brian Tracy）說：「成功等於目標，其他一切都是這句話的注解。」所謂的成功就是實現你的目標，你把目標實現了，就等於得到成功。

世界潛能開發大師安東尼．羅賓（Antony Robbins）說：「沒有不合理的目標，只有不合理的期限。」他還說：「大部分的人都高估自己一年能做到的事情，但是嚴重低估自己十年能做的事情。」

馬雲曾說：「我最遺憾的錯誤是2001年，我告訴我的18位共同創業同仁，他們只能做小組經理，所有的副總裁都得從外面聘請。現在十年過去了，我從外面聘請的人才都走了，而我之前曾懷疑過其能力的人都成了副總或董事。我終於看清兩個信條：態度比能力重要，選擇同樣也比能力重要！」

因此請放寬眼界，勇敢地定出自己的近程目標、中程目標、遠程目標。30歲之前，你要確定你的一生要走什麼樣的路；40歲之前，要在你所選擇的路得到成果；50歲時你已有所成；60歲只需要享受成果。人生沒有後悔的權力，不想後悔，就從當下開始。

本次「世界華人八大明師＆亞洲創業家論壇」的講師們，大都對自己的人生定位很清楚。如林齊國是婚宴幸福專家、張淡生是專業企管講師、沈寶仁是人脈達人、鄭錦聰是雲端行銷專家、張方駿是激勵高手、許耀仁是財富GPS舵手、何建達是創業教育學院的導師，加上王擎天博士，他是眾所公認的文化人和創意學大師。八大明師匯集一堂，必將把成功的火花高高燃起，對有心成長的社會人士來說，能夠一次吸收各家精華，是相當難得的盛會。

態度決定格局

與眾不同、不同凡響的人必有他獨特的行事風格和受讚嘆的人格。先說一個故事：考上耶魯大學的沃爾頓因學費不足而去打工，他承包一個房子的油漆工程，在完工的前一刻，一道門不小心倒下，在牆上劃了一道痕跡，他重新把牆補刷一圈，但又和門窗的顏色略有不協調。雖然不仔細看根本不會發現，但他卻向主人預支費用再買漆重刷。主人說：「這個小缺點並不礙事，你就不用如此費心了，何況你為了重新粉刷，反而花費了油漆費，不就沒賺什麼錢了嗎？」

沃爾頓說：「雖然不能賺錢，也不是很大的缺點，但總是不完美，這是我的作品，不能留下讓人指點的瑕疵！」

主人感佩他負責任的態度和執著的精神，資助他上大學，還把女兒嫁給他，後來還將公司交給他經營。他也不負所望，公司在他手中愈開愈大，甚至遍布全世界，這間公司，就是聞名全世界的零售連鎖企業沃爾瑪（Wal-Mart）。

再舉當今華人首富李嘉誠的故事。

萬通地產董事長馮侖說：「李嘉誠太讓人尊敬了！」他去香港和李嘉誠吃了一次飯，感觸很大。李先生是大陸商人的偶像，大家可以想像，這樣的人與他人吃飯時會有怎麼樣的作為？一般偉大的人物都會等大家到來坐好，然後才緩緩走過來，講幾句話，大家依序坐在他邊上，飯還沒有吃完，李大爺就應該走了。

但他不是，他在電梯口等客人，電梯門一開，他熱誠歡迎並遞給客人名片，李先生的身家和地位已經不用名片了！但是他卻像是做小買賣的商人一樣給大家名片。發完名片後，他給每位客人抽一張籤，每張籤上有一個號碼，是照相時讓大家站位置時不混亂的貼心舉動，他的用心良苦，讓大家都感到舒服自在。

而在照完相後，他又讓大家抽一個號碼，說是飯桌的位置，又是為了大家著想的舉動。開飯時，大家請李先生說幾句，他說沒有什麼要講的，主要是為了和大家見面，大家進而鼓掌請他講，他才說：「我把生活的一些體會與大家分享吧。」他用英語講了幾句，又用粵語講了幾句，把全場人都照顧到了。他講的內容是「建立自我，追求無我」，就是讓自己強大起來，要建立自我，追求無我，把自己融入到生活和社會當中，不要給大家壓力。

吃了一會兒，李先生站起來，說：「抱歉，我要到另一個桌子坐一會兒。」後來，李先生在每一個桌子坐15分鐘，總共4桌，正好一小時。臨走的時候，他說一定要與大家告別握手，每個人都要握到，包括旁邊的服務人員，然後又送大家到電梯口，直到電梯關上才走。

李先生的商業版圖遍布全球52個國家，產業橫跨通信、基建、港口、石油、零售等領域，員工超過26萬人。這麼龐大的事業王國，他卻領悟到：「內心的富貴才是真富貴。」他心靈的豐富程度遠遠超過其事業王國。

報紙上指出：「85歲的李嘉誠，從早年創業至今，一直保持著兩個習慣：一是睡覺之前，一定要看書，非專業書籍，他會抓重點看，如果跟公司的專業有關，就算再難看，他也會把它看完；二是晚飯之後，一定要看十幾二十分鐘的英文電視，不僅要看，還要跟著大聲說，因為怕『落伍』。這種勤奮和自律，非一般人能比。」

他的工作習慣更為人津津樂道，他不論幾點睡覺，一定在清晨5點59分鬧鈴響後起床。他的辦公室陳設非常簡單，桌面上乾淨得一張紙都沒有，因為多年來他堅持今日事今日畢。

李嘉誠是個成功者，但他謙虛、追求無我，因為無私無我，他贏來了大家更多的尊敬。一個人的態度，決定他成為什麼樣的人。

催眠大師馬修．史維（Marshall Sylver）說過：「你的格局一旦被放大之後，再也回不到你原來的大小。」但很多人一直不敢相信自己可以擁有幸福、富足的生活，每天領著微薄的工資，一邊抱怨著社會環境如何不公，一邊指望著自己不做任何改變就能獲得橫財。這裡面有我們的親人、朋友，也包括以前的我們。

格局若是一個小池塘，最多就是一個池塘的水，若是大水庫，則裝的水就更多。當格局愈來愈大的時候，可以裝進去的東西就愈來愈多。所以為何百分之五的富人可以掌控這世界百分之七十的財富，因為他們的格局夠大，他們知道財富的祕密，就是散掉已有的一切，很快地又可以擁有更多的財富。范蠡是最好的代表性人物，三次散盡財產，仍然又成為巨富。

郭台銘說：「格局決定布局，布局決定結局。」你的心有多大，你才能做多大的事。日本首富孫正義說他在創業時只有兩個員工，但卻豪言要成為世界首富！當他成功的時候記者問他：「你覺得成功最重要的關鍵是什麼？」他只說了這句話：「起初所擁有的只是夢想和毫無根據的自信而已，但一切就從這裡開始。」正是那份毫無根據的自信和格局，讓他成了全日本最富有的人！

凡事都要有個醞釀期。但是很多人等不及渡過這個醞釀期就已經把自己給結束了！博恩・崔西說：「你的渴望是你的能力唯一真正的限制。」當你的格局放大、你的感覺產生、你的自信增強，就可以動手規劃你的未來了！

馬雲說：「細節好的人格局一般都差，贏在細節，輸在格局。『格』是人格，『局』是胸懷。兩個都幹好，那叫太有才！」

看了這麼多成功人士的成功過程，我們可以知道有一件事實在太重要了，那就是：「放大你的格局。格局放得愈大，你的人生就愈不可思議。」

創意創造藍海

在非洲的每個早晨，都有一隻獅子醒過來，牠心裡知道，一定要追上最慢的一隻羚羊，不然就會被餓死。而在非洲的每個早晨，都有一隻羚羊醒過來，牠心裡知道，一定要跑得比獅子還要快，不然就會被吃掉。在非洲的每個早晨，當太陽醒過來，不管你是羚羊或獅子，你只能跑得比別人快，才有生存的機會。

成功的人一定有過人之處。能思考別人想不到、做不到、不願意去做的事。

什麼是創意？就是創造生生不息的生意。生意不是紅海，不是拼個你死我活，其中一定有它的法則和方法。

美國某個城市30英里以外的山坡上，有一塊不毛之地，地皮的主人見地皮擱在那裡沒用，就把它以極低的價格出售。新主人靈機一動，跑到當地政府部門說：「我有一塊地皮，我願意把地皮的三分之二無償捐獻給政府，但我是一個教育救國論者，因此這塊地皮只能建一所大學。」政府如獲至寶，當下就同意了。於是，他把地皮的三分之二捐給了政府。不久，一所頗具規模的大學就矗立在了這塊不毛之地上。

聰明的地皮主人就在剩下的三分之一土地上修建了學生公寓、餐廳、商場、酒吧、影劇院等，形成了大學門前的商業一條街。這讓他得到難以衡量的財富。

有一家三流旅館，生意一直不是很好，老闆無計可施，只等著關門了事。後來，老闆的一位朋友指著旅館後面一塊空曠的平地，給他出了個主意。

次日，旅館貼出了一張廣告：「親愛的顧客，您好！本旅館山後有一塊空地，專門用於旅客種植紀念樹之用，如果您有興趣，不妨種下10棵樹，本店為您拍照留念，樹上可留下木牌，刻上您的大名和種植日期，當您再度光臨本店的時候，小樹已枝繁葉茂了。本店只收取樹苗費200美元。」

廣告打出後，立即吸引了不少人前來，旅館應接不暇。沒過多久，後山樹木蔥鬱，旅客漫步林中，十分愜意。當然他也獲得大大的收益。

1974年，美國自由女神像進行整修，堆積如山的廢料急待處理，但紐約垃圾處理有非常嚴格的規定，一不小心就會受到環保單位的起訴，因此公開招標好幾個月，仍然沒有廠商願意承包廢棄物的清運工程。就在此時，有個名叫麥考爾的猶太人正在法國旅行，聽到此消息後，立刻趕往紐約和市政府簽訂承包合約，接下這件吃力不討好的工作。

對於他的行為，許多人等著看好戲，但是麥考爾卻運用巧思，化腐朽為神奇，他把收集的廢棄物加以分類，將銅塊、螺絲和木頭重新熔結、加工，製作成小自由女神像，以及紐約廣場的紀念鑰匙圈，甚至連自由女神像身上掃下來的灰塵，也被他重新包裝以高價賣出。他的創意讓廢棄物提高了千倍萬倍的價值，也使得他成為身價百萬的人。

在台灣也有一件化腐朽為神奇的案例，多年虧損累累的台鹽在政黨輪替後找來了對台鹽一無所知的鄭寶清當董事長，當時大家都等著看他的笑話。

2002年3月他剛接掌台鹽公司時，正好面臨國營企業要民營化的壓力，以及公司即將虧損三億的窘境。面對這雙重的壓力，他以開源、節流打開僵局，並在民營化前先進行企業化的策略，一方面減少公司虧損，另則為全世界之先驅，將醫療級的膠原蛋白研發成美容產品，大力開拓市場。

他還將荒廢的洗鹽池改裝成可治病保健的不沉健康池，並將曬鹽的堆積地製作成類似滑雪場的鹽山，霎時間引來人山人海，成為相當受歡迎的景點。

在全體員工全力配合下，整個台鹽就像「脫胎換骨」一樣，第一年不但沒有虧三億，反倒賺了五億。2003年更好，賺了十億，EPS賺了四塊錢，到2004年10月，又打破台鹽52年來的歷史記錄，創了十二億收入的新高。

華人講師聯盟也有奇蹟，一個平凡的社團，在諸幹部的領導下，每年可以在國內和國外義講，講師們盡情揮灑，用最低的製作成本製作有聲書和文字書，義賣所得捐給弱勢族群，一年捐款可以高達百萬之多。

本次八大明師主辦單位采舍國際集團的王博士也屢創驚奇之作，讓人津津樂道的是他曾帶了一團二十幾人的大陸富二代到台灣，他用深度旅遊，走入深山，走到別人不會去的地方，每晚還給大家一場生命課程，八天下來，團員意猶未盡，深感收穫滿滿，使用藍海策略的王博士，獲利比一般旅行團多了十倍之多。

猶太人「會賺錢，甘願花錢」的特性，是人類史上獨樹一幟的。猶太人一再強調沒有資本不是問題，沒有創意才是問題。他們認為任何行業都需要創意，發明需要創意、創作音樂需要創意、寫文字需要創意、繪畫需要創意。猶太人在美國的音樂界、文學界、電影界、攝影界、科學界中人才輩出，皆與他們的創意豐沛有關。

不二價的觀念、連鎖店的概念、不滿意可以退貨、分期付款、買一送一、不整數定價（99、199、299……）等促銷策略，無一不是出自猶太人的手筆。

星巴克（STARBUCKS）的董事長霍華・蕭茲（Howard Schultz）到義大利米蘭出差，敏銳的觀察到可以移植生意型態到美國，再加以創意改造，就成為星巴克獨一無二的特色。

凱悅酒店（HYATT）的老闆Jay Pritzker去洛杉磯出差，在機場附近的Hyatt House（凱悅酒店的前身）汽車旅館喝咖啡，看到人來人往，沒有空位，嗅到日後機場旅館商機，當天下午就以220萬美元買下這間汽車旅館。猶太人敏銳的嗅覺與快速的行動，可見一斑。

製造出人類史上第一部有聲電影，是何等的創意？研發出牛仔褲、芭比娃娃、Facebook，又是何等創意？這些都是猶太人的傑作，他們賺了大把的錢，富可敵國，而替他們代工的台灣、大陸、東南亞，只能分到一些零頭。

愛因斯坦說：「人要有荒謬想法 ，才會有好成就。」人的腦細胞到3歲就定型，共有1千億個細胞，然後以每秒死亡一個的速度減少；一分鐘60個，一小時3,600個，一天86,400個，一年3100萬個。若還能活100年，腦細胞不過少了30億個，只占總數的百分之三，我們都浪費了上天給自己的大好資源，去開發天賦本能，去創造無窮創意，生命才能更有意義。

人脈就是錢脈

仔細觀察，或許你會發現一個事實：除了明星，一般人臉書上的朋友愈多，人往往愈孤獨。塗鴉牆更新得比什麼都快，卻沒有任何一件是關心你的事。有些人書讀不多，走到哪卻都左右逢源，儘管做人憨直沒有城府，身旁卻有數不清的朋友暗中幫助他。

這就是人緣與人脈的差別！

中國「電力一姐」李小琳，經常掛在嘴邊的就是：「我的成功靠自己！」其實，她成功很重要的原因，在於她有個好老爹李鵬；比爾．蓋茲接到第一張大生意，是因為他母親是IBM董事；巴菲特告訴你他8歲就知道去參觀紐約證交所，原因是他有個國會議員的父親；王石的前老丈人是當年的廣東省委副書記；華為的任正非岳父曾任四川省副省長；馬化騰的父親是鹽田港上市公司董事，騰訊的第一筆投資來自李澤楷……成功雖然大部分的因素來自自己的努力，但具有充沛的人脈，成功的速度和格局絕對是加分的。

在各種資源中，「人脈」資源絕對是一大重點。但很多人其實是用錯誤的觀念在經營人脈，比如說重量不重質、看高不看低，或是眼光不夠遠，使得經營人脈變得很困難。就算辛苦建立了，通常也不夠扎實，往往在需要用到的時候，人脈資源卻無法驅動。

想要擁有好的人脈，必須先提昇自己，並且能夠真誠地表現自己的心意。經營人脈就像行銷產品一樣，產品不好，賣起來就事倍功半。所以，有心經營人脈的人，必須先懂得投資自己，讓別人看得見你，同時也要懂得付出，願意把自己的資源拿出來為人所用，如此別人才會信賴你，進而和你建立關係的聯結。

人脈就是錢脈，關係就是財富！成功學大師卡內基說：「專業知識在一個人成功中的作用只占15％，而其餘的85％則取決於人際關係。」石油大王約翰．洛克菲勒（John Rockefeller）說：「我願意付出比天底下得到其他本領更大的代價，來獲取與人相處的本領。」當代的大師、富豪，都認為人際關係的學習與人脈的建立，對他們的人生產生非常大的影響力。

成功的道路上，人脈比知識更重要。發展人際關係應當是你優先順序中排在第一位的事。在一個人的職場工作生活，或者是創業的過程中，人脈關係是不可少的，打開好的人脈關係就會讓你的生命火紅，但往往最讓人頭疼的是，不知道該如何去建立並打開自己的人脈關係。

沈寶仁是此次的八大明師之一，他是台灣重要的人脈達人，他的ABC黃金人脈經營法素為大家讚賞。Action（立即行動）、Bright（照亮）、Continue（持續），三個要素合稱為「ABC黃金人脈經營法」！只要落實這三個簡單的方式，就能有效將交換名片的人脈逐步轉換成為客人與貴人，對經營者累積人脈資源有非常大的幫助！

Action（立即行動），即把握黃金24小時，先寄出一封問候信，留給對方正面積極的印象。此計畫的另一個重點就是「快」。

Bright（照亮），即訊息分享，用照亮自己的方式，讓對方一直注意到你的存在與價值！換句話說，要「自然而然」地維繫與對方的關係，持續提供價值給對方，逐漸加強信任感後，才有機會發展出互惠關係。

Continue（持續），唯有持續，才能建立信任感，進一步在你的人脈圈建立個人品牌，吸引貴人主動與你結識。

學習才是王道

比爾．蓋茲（Bill Gates）說：「學習的人，領導不學習的人。」享譽全球的管理大師彼得．聖吉（Peter M. Senge）在其名著《第五項修煉》中寫著：「全世界的領導人，都在學習中！」

猶太人占美國諾貝爾獎得主的三分之一，但他們只占美國人口比例的2.2%。以美國科學界的National Medal of Science（又稱美國諾貝爾獎）為例，由1962年到2011年為止，猶太人得獎者有184人，占總得獎人的38%。

台灣人在美國當醫生的不少，也都很優秀。但是，沒有台灣人發明特別的藥品或技術，像沙賓、沙克的小兒麻痹症疫苗，能夠對挽救人類生命有重大貢獻。

猶太人在好萊塢，群星閃爍。導演、明星、製片，全面控制整個電影業，我們耳熟能詳的明星，奧黛麗．赫本（Audrey Hepburn）、保羅．紐曼（Paul Newman）、柯克．道格拉斯（Kirk Douglas）、哈里遜．福特（Harrison Ford），都是猶太人。

這是什麼原因？

1891年，從東歐到美國來避難的猶太人，雖然又窮又沒受過什麼教育，但他們知道，唯有教育，下一代才可能有翻身的機會。因此，他們竭盡所能讓下一代接受最好的教育。當年東歐猶太移民當醫生或律師的，只有10多人。但僅過了十年，人數已增加到1000多人，比起早來的愛爾蘭人、義大利人增長甚多。因為他們的高教育，造成他們族群的影響力在美國所向無敵，影響整個美國的決策力，可見教育的功效。

華盟的創會長張淡生，只要有講師界的名師到台灣，無論價格多高，他都用心去學習和吸收精華，他的課程內容豐富、引喻充實，都是因為他好學之故。

而典華幸福機構的領導人林齊國，儘管他實質上就是企業的創辦人、總裁，卻不以此自稱，而稱自己為「學習長」，為的是警惕自己，不能忘記學習，不可疏忽學習。

宋朝朱熹〈勸學詩〉提到：「少年易老學難成，一寸光陰不可輕。未覺池塘春草夢，階前梧葉已秋聲。」少年時光容易消逝，學問卻不容易有所成就，所以，必須珍惜每一寸光陰，不要輕易浪費。池塘已經長出春草，人們作夢卻還沒有清醒。屋前的台階，很快就會有梧桐葉被秋風掃落的聲音。

宋真宗也有一篇〈勸學篇〉：「富家不用買良田，書中自有千鐘粟。安居不用架高堂，書中自有黃金屋。出門莫恨無人隨，書中車馬多如簇。娶妻莫恨無良媒，書中有女顏如玉。男兒欲遂平生志，六經勸向窗前讀。」說的是只要勤學，書中的學問自能使想要有的物質目標達成。

想成就一番大事業，多閱讀具備學習力是重要的。拿破崙說：「讀書就是力量。」蘇格拉底說：「多用一點時間閱讀別人的書，了解他人所遭遇的艱苦後，就比較容易改善自己的問題。」

1986年美國蓋洛普調查1500個成功人士，他們有五個成功的特質。明白事理、廣博知識、多方面的能力、好的生活習慣、毅力超凡。

張忠謀說為了跟上最新資訊，他每天用五個小時閱讀，中英雜誌和報紙一小時，半導體高科技資料兩小時，書本和書評再用兩小時，這習慣已有十多年。他說讀外文書籍擴大視野；讀名人傳記增加經驗能量。記者問他：「你這麼忙，怎麼有時間讀書？」他回答：「我就是因讀書而忙。」

聲寶企業創辦人陳茂榜是個愛書人，青年時代在日本人開設的商店裡，就是因嗜書如命以致被賞識和提拔。他說：「一個高中生，一周看一本書，一年52本，四年讀208本。必定在知識面贏過一個不喜歡讀書的大學生。」他又說：「學士要維持水準，每天要讀一個鐘頭的書。碩士維持水準要讀兩個鐘頭。至於博士則非要讀三個鐘頭不可。」

讀一本雜誌，快者不到一個鐘頭，看一本書也不過一兩個鐘頭，約是看一部電影的時間，這是最有價值、最經濟的投資。

若還是沒時間，無妨購買「百家講壇」之類的演講錄影片在開車中學習，大陸的「百家講壇」內容多樣化、學者勝出實是有心向學者之幸。

現在是資訊爆炸的時代，要說無法得到知識的力量，這只能怪自己了。

王擎天博士家藏25萬本書，如果以一本書成本一百元台幣來算，25萬本書即要台幣2500萬，他還用每坪超過台幣一百萬的信義區三百多坪來藏書（相當一千平方米，六千多萬人民幣），投資金額讓人咋舌。但高投資才能帶來高效果，王博士能一年寫出數十本書，他的出版社享譽華人地區，且因腹有詩書，演說內涵豐富，被稱為亞洲八大名師，不是沒有道理的。

馬雲說：「現代的學問就是『整』、『借』、『學』、『變』。」整合可用的資源，借別人之長，學自己之未知，再將所得到的知識和資源變成自己的能量。

富蘭克林說：「具有最高報酬率的，就是知識！」為求高報酬，不論在地上的，還是在天上，強化知識是最重要的！

慈悲才能轉命

命能改嗎？坊間有一本流傳甚廣的善書《最大的銀行》，這是一本討論如何改命轉運的書。這本書裡提到，古今中外，凡有大智慧者無不肯定有命運存在，因為改造命運是以肯定命運作為基礎的！中國古代典籍中，改造命運的經典首推《了凡四訓》，因此書在經過自己的實證後，相信確實有命運存在，但更肯定的說「命是可以改造的」。

台大李嗣涔校長說，我們目前所認識的宇宙僅有4%，還有很廣大的未知世界等待開發！無形的重力場、電子場，無法感知的非物質宇宙，不能因不信服而認為不存在 。

氣功大師嚴新說到，早年他的老師在教導他時。重視「德」的培育，如晚上帶他出去修路舖橋，甚至到孤墳去幫忙整修。他強調練氣功要「三分練，七分修」甚至「一分練，九分修」，做好事是打開自身能量的根源，修德才可改命，自怨自艾是沒有用的，要懂得用好德行改造不滿意的一生境遇。

牛頓第三定律「行為反作用力」，如往牆上丟綠色球，回來也一定是綠色的球，游泳時手腳要用力往後撥，火箭升空時氣要往後噴。你尊重人，人更尊重你；你祝福人，人更祝福你；你孝順父母，子孫也孝順你；你施捨助人，你會得到更大財富。

如公司開發環保商品，若因符合時令，可賺大錢，則此念頭可回收十！若商品賺錢，員工和股東可受益，則此念頭可得百！若因此商品可讓「後世子子孫孫與地球受益」，則此念頭可得千！

心是福田，同樣做一件事，用心不同，結果就大不同。轉念即行善，如買保險是為生病做準備，則未來可能會生病。但把繳保費當作修布施，作供養，幫助病苦孤獨者，則一生會較不生病，因你在修不生病的法門。

節約可得福報，少用一點，就可多留一點給這世界，「少花用」就是惜福，點滴善念，即種下無量福德。盡量不開冷氣、少吃一個大餐、省一杯咖啡，你就可幫貧童上學，可多認養一個孤兒！漏稅、占人便宜會消耗能量，得不償失！不要以為人不知，「反作用力」就是讓我們去思考因果的嚴重性。不殺生、放生是救命的行為，也與「反作用力」相應。

謙受益，易經六十四卦中，唯謙六爻皆吉，要改命，就要先從謙作起！

每個人都有夢想，但大部分的人都無法使夢想成真。有一家直銷公司的Slogan說：「人因夢想而偉大！」我認為單單有夢並不偉大，夢想成真才是偉大。因此千萬不要放棄你的夢想！不要抱怨不要灰心，就算年紀已大，還是有機會。

劉邦在40歲的時候一敗塗地、兵馬都沒有，最後建立起大漢王朝。劉備在52歲仰頭問蒼天：我到底什麼時候才會成功啊？但最後在歷史上是與曹操、孫權三分天下。賈伯斯在42歲時候回任蘋果CEO，公司負債10億美金，可是最後讓蘋果用十四年成為全球最大市值的公司。成吉思汗在40歲的時候被安達背叛，兵敗如山倒，逃到小溪邊，最後帶領千軍萬馬踏遍歐亞非。

美國肯德基叔叔65歲還在領社會救濟金，最後創建了全球最大的速食連鎖商業帝國。周朝姜子牙近80歲才離渭水而出山，後封侯拜相成就武王霸業。

所以只要你不放棄夢想，夢想就不會放棄你！你走對了路，你肯下決心，你能勇敢前進！你就有機會創造你的理想！

讓夢想飛，讓寬闊無邊的壯志成功吧！

世界華人八大明師
亞洲八大名師

王擎天博士

明師簡介

- 2006年北大管理學院聘為首席實務管理講座教授。
- 2007年香港國際經營管理學會世界級年會獲聘為首席主講師。
- 2008年吉隆坡論壇獲頒亞洲八大名師首席。
- 2009年受邀亞洲世界級企業領袖協會（AWBC）專題演講。
- 2010年上海世博主題論壇主講者。
- 2011年受中信、南山、住商、康師傅等各大企業邀約全國巡迴演講。
- 2012年受聯合國UNDP之邀發表《未來的世界》專題報告。並經兩岸六大渠道（通路）傳媒統計，成為華人世界非文學類書種累積銷量最多的本土作家。
- 全民財經檢定考試（GEFT）榮獲全國榜眼。
- 2013年發表畢生所學「借力致富」、「微出版學」等課程。
- 2014年獲頒世界華人八大明師尊銜，並發表「三易研究」、「美麗人生新境界」等突破性課程！

創業募資：傳統募資法

王擎天

創業，要有錢！

日前，與筆者所成立的出版集團合作多年的印刷廠老闆娘，她聽聞筆者與其他七位明師意欲出版一本分享創業心得、成功致富的書後，表示十分感興趣。我向她紛紛揚揚說了許多觀點：這本書能夠讓創業主的創意與熱情盡情揮灑、能夠追求穩健運轉的商業模式、能夠創造廣獲肯定的價值主張、能夠讓商品誘惑人心的銷售法門……

這位學歷僅國中畢業的老闆娘聽了我洋洋灑灑的長篇大論，只微笑悠悠說了一句：「創業喔，那要有錢啊！」

對啊！創業，要有錢！就像神創造了天地後，為了讓這個世界能使芸芸眾生存活，於是開口說了：「要有光！」這世界有了光，於是花草樹木、人魚蟲鳥……才得以滋生，進而茁壯。對企業而言，尤其是初創的公司來說，「資金來源」的重要性絕對不亞於那道光。甚至可以這麼說：「錢，就是引導公司走出草創黑暗低潮的那道光！」

需要「創」業的人，絕大多數都不是「富二代」，創業資金必須想方設法來籌募。沒有富爸爸，不代表創業必然起步比別人慢，事實上歷史上很多「動腦」籌資，成為巨富者。在中國航運史上，就有一位「船王」是靠「借錢買船」起家的，他就是環球航運集團創始人，世界八大船王之一的包玉剛。在包玉剛開始創業時，就是向朋友借了一筆小錢。他先用這筆錢，買了一艘又破又小但仍然堪用的船，經過整修後，他就拿了這條船來成為他的「生財工具」！這麼說並不是指包先生他就直接投身海洋事業，跑船去了；相反的，他用了這艘船向銀行抵押貸款，貸款成功後，再買第二艘船。然後，再用第二艘船作抵押，去買第三條船。他就是採取這種「抵押貸款」的辦法，滾動發展了起來！甚至有一次，他竟兩手空空，讓匯豐銀行替他買了一艘嶄新的輪船。他是怎樣做到的呢？

包玉剛跑到銀行，找到信貸部主任說：「主任，我在日本訂購了一艘新船，價格是100萬，同時，我又在日本的一家貨運公司簽訂了一份租船協議，每年租金是75萬，我想請貴行支持一下，能不能給我貸款？」

信貸部主任認為他的這個點子不錯，但還是要有擔保。於是他說：「可以，我用『信用狀』來擔保。」信用狀就是「貨運公司」從他銀行開出的信用證明。因為銀行這裡有貨運公司的「信用狀」擔保，而且這家貨運公司向來很守信用，沒有不良的紀錄；因此，一旦包先生賴賬，銀行可以找這家貨運公司，債權確保不成問題。很快地，包玉剛到日本拿來了信用狀，銀行就同意了給他貸款。你看，船都沒有開始造，銀行就把錢貸給他了！

傳統上，籌備創業資金來源有哪些？

若將創業比喻為開車，資金就如同汽油對於汽車一般的重要，資金是一種「持續的能量來源」，貫穿著你的企業運作。但，這卻是大部分想要創業的人，都缺乏的絕對關鍵元素。那麼，創業主要如何找到資金的來源，為自己的事業加足馬力呢？

絕大多數創業主一開始的資金來源不脫那「三F」：家人（Family）、朋友（Friends）、傻瓜（Fool）。從熟人那裡獲得資金總是門檻較低，更快、更容易一些，親友們不會像銀行、創投等要求創業者提出複雜的商業運作計畫或證明財務狀況的訊息，但親近的人脈絕非「大來卡」，沒有人會因為別人的發財夢而甘願蒙受經濟損失。有些甚至「靠勢」平時彼此之間關係好，大家都是好哥們、好麻吉，沒有白紙黑字寫明，後續糾紛一大堆。這麼做最終還是撕裂了親情和友情。

其實細細想來，還是不乏管道可以幫你籌措創業的第一桶金，但由於每個人的處境不同、際遇不同、能力也不同，因此必須考慮其中隱含風險、利息成本……仔細比較過後，再做抉擇為宜。以下簡列出最多創業主尋求的籌資管道。

一、說服家人或朋友投資

向家人和朋友借錢的傳統由來已久，是調度應急最快，成本也最低的借貸方式。這個方式宛如一把雙面刃，運用得好，可以是一個雙贏的模式，因為這樣做的話，借款利息通常比市場一般借款利率還低，甚至可能完全不用利息。若運用失當，則後果除了失了金錢，也會失了親友，賠了夫人又折兵。但，在當前低迷的經濟環境中，銀行對貸款利率節節攀升，不失為籌資的第一手段。

二、標會來創業

有人說：「標會，就是標一個機會！」這個方法比較傳統，曾在七〇、八〇年代盛極一時，那時銀行家數很少，幾乎全是公營行庫，信用審核條件嚴苛，就算押地押屋十足擔保，想向銀行借錢還是難如登天。於是，純講信用的標會成為唯一的路。標會在金融商品與融資管道眾多的現今雖然已退了流行，但仍在銀髮族、某些團體間具有一定的影響力。唯一要注意的是，這個方法無法律保障、風險較大，因此還是多小心為佳：會員不要太多，會期也不要太長，不要亂換會，更千萬別好高騖遠「以會養會」，或為了搶標一直加碼，甚至超過銀行貸款利率，可就得不償失！

三、創業貸款

創業籌措資金，若將自有資金和親朋好友借貸排除在外的話，政府政策性創業貸款，不僅比較容易取得較高成數貸款，也會因利息較低而減少負擔，所以開店創業者應將政策性創業貸款列入創業集資最優先考慮的借貸管道。

有意中請青年創業貸款者可多利用「0800青年創業免付費諮詢專線」（電話為0800-06-1689），或者參加青輔會每個月在全國各地舉辦的「青創貸款申辦說明會」，即可獲得專人免費解說青年創業貸款之申請流程，或上青輔會網站查詢申辦文件之撰寫方法。

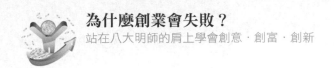

四、壽險保單貸款

即為保單所有者以保單作抵押，向保險公司取得的貸款。這類型的貸款利率約在7%～8%左右，比銀行的信用貸款低，可無借貸期限，本金可至期滿或理賠時才扣除，現在許多銀行或壽險業也提供便利的ATM借款，只需完成首次申請後，即可使用各地金融機構ATM提款機辦理借款。

五、二胎房貸

利用房屋的抵押餘值再做一次貸款，只要原房貸額度不過高，按時繳交款項沒有異常紀錄，就可在銀行不用重新鑑價狀況下申貸二胎房貸，銀行會給予房價10%至20%額度，以目前一般房貸利率3%左右來比較，二胎房貸利率高達10%至14%，然而二胎房貸會比現金卡或信用卡的循環利息低一些。

以上方式是絕大部分人在創業（尤其是初次創業）的籌資方式。但這些方式最大的缺點，不是不得其門而入，就是利率、風險太高。就算是手邊有點資產，能夠使用如同資押貸款、信用貸款或金融卡預借現金等方式，也都承擔著極高的風險。並且，若再考慮上「機會成本」這一項因素，怎麼想都划不來。創業就是要致力於獲利，它的另一面就是要降低風險與成本；願意翻開本書的讀者一定會想，難道沒有其他更安全、更划算的方式嗎？

向親友借款創業要注意

許多創業者在起步階段除銀行貸款外，大多是依靠親戚朋友或熟人的財力創業，要如何向親友借錢便成了一件苦惱的差事；人在急需用錢時，開口找人借錢是件十分困難的事；但其實借錢這回事，不只想借的人一個頭兩個大，被借的人更是避之唯恐不及，只因拒絕借錢給別人也是十分困難的事。我曾問過一個業界的朋友：「親友之間，你最怕什麼？」他不假思索就脫口而出：「我最怕人家找我借錢！」就是這種情況與心態，讓許多想創業的人還沒嘗試這種最方便、最低風險的方式，就自己打了退堂鼓。

其實向親友借錢，還真是一門藝術。其中不只牽涉著人情壓力；還被絲絲縷縷的法律責任所纏繞。但這與審美觀等無關，並非全屬天分使然。只要經過學習與練習，技巧拿捏得當，任何人都可以成為借錢達人！

一、創業資金，請從這一步開始

創業，有些人會不好意思開口，其中的關鍵因素不外乎就是一個面子的問題。私人的借貸關係，大部分都是發生在親朋好友之間，陌生人之間是不會相互借錢的。但，親友間有時為了兼顧情理法，箇中矛盾與敏感程度，實在不足為外人道。於是，大家因為拉不下臉而忽視了這個途徑，實在是平白浪費一個絕佳的大好機會。況且來自家人、親友間的借貸或現金餽贈，也都屬於個人理財規劃中應該要具備的知識範疇。總之，私人之間借貸大有學問，每個人的一生中都一定會碰到，學會處理這個問題，是一件非常必要的事情。就讓我們一起來「參透」這個創業之必須、又蘊含著人生哲理的籌資管道吧！

二、向親友借貸——入門篇

財務心理學家葛妮（Kathleen Gurney）建議：「所有人在涉入親友間的借貸或贈與之前，最好先將所有可能的後果想一遍。」要向親友借錢創業前，你可能要考慮清楚，就算你只向親戚朋友的其中一人借錢，當你事業失敗或是一時錢沒還，很可能消息就會迅速在所有的親友間傳開，親友圈害怕你再開口向他們借錢，他們就會開始躲的躲、閃的閃，造成對你的另一種傷害。

1. 慎選借款對象：

借錢就像談戀愛一樣，有可能事後甜甜蜜蜜、也有可能事後雙方撕破臉。借貸時，功課一定要做足，清楚什麼人借得到、什麼人借不到，如果借不到，那麼會失去什麼，可以得到什麼，你一定要清楚。借貸之前一定要了解對方的人品、信譽。對人品不好、信譽不高的人，寧願事先得罪，也不事後惹麻煩後悔。借錢一定要反應靈敏，這一招就叫保持敏銳，可進可退。

2. 開天窗、說白話：

有些人在向他人借錢時，會找一些藉口掩飾他缺錢創業的真相：「某甲借我的錢，到期了還沒還我」、「先向你調一點，過一陣子就還給你」……其實這些都不對。若是已決定要向親戚朋友借錢創業，就應該直截了當地對親戚朋友提出你的創業想法及做法，讓對方清楚他的錢會用在哪些方面，並做好心理準備。借錢的時候，心裡一定要坦蕩，你不是為了騙財才向對方借錢的。帶著一顆誠心去借錢，勝過千言萬語、千計萬招！

你在向對方開口時，應該開門見山，「見人只說三分話」是錯的，當然是無話不說、知無不言才能坦承相對。千萬不要牽涉東、牽涉西，對方願意借你的話，你不用多說他就會借給你；對方若不願意借你，你說得再多也沒用。不過說話的內容可以斟酌，角度可以選擇，一切說實話，依舊可以保持撲朔迷離的防線。對方若不答應借你，其實並不會發生讓你難尷、下不了台階的情況；若是你擦脂抹粉、謊話連篇，解釋這、掩飾那的，對方卻拒絕，這樣反而會使雙方陷於尷尬之地。

3. 立借據或以匯款方式交付金錢：

實務上常見親友間借款，因礙於情面而沒有寫借據。還有直接以現金交付，結果借方事後不還錢，還否認有借錢的情況，這時如果交付借款時沒有第三者見證，貸方只好自認倒楣。

因此，你若要讓借款人放心，就必須做到讓對方覺得：「我借錢給你沒有風險！」寫借據是最好的方式。你可以幫對方找證人來證明有借錢的事實；在確實有交付金錢的行為之後，主動書立借據。借據上清楚載明「借方已如數收訖借款新台幣〇〇元」是最直接之證明方式。此外，借據應由借方親自簽名、蓋章（最好是蓋印鑑章並附印鑑證明），註明利率和期限，並寫上借方之戶籍地址、身分證字號以備後續追蹤。

如果是書立借據後再以匯款方式交付借款，亦可由該匯款記錄證明貸方已將款項交付給借方。就開立本票這部分，一般人會誤以為只要填寫本票到期日，而不用填寫發票日期。其實這是不對的，發票日期是本票的「必要記載事項」，一定要填寫，如果沒寫，這張本票就是無效票。俗話說，空口無憑，立字為據。這是借貸雙方發生關係的必要前提和依據，雙方當事人都必須嚴格遵守。

4. 合法是最基本的原則：

當發生糾紛時，法律只保護合法的部分，所以如利息的約定等必須以合法性為前提要件。若在借款時沒有弄清楚，不但有可能觸犯民事責任（依民法，利率最高不得超過週年20%），也有可能惹上刑事上的官司（依刑法，在他人輕率、無經驗情況下借貸，取得與原本不相當利息，屬重利罪）。因此若要借、貸雙方皆大歡喜，這些法律上的限制不可不留意。最好在有法律知識或律師的第三方見證下為之，才能避免發生問題。

另外，對於提前和延遲還款也應當事先註明相關的措施，給予雙方當事人必要的約束，才不會因為情勢轉變而不知所措。

三、向親友借貸實戰十招

1. 出門前，做足該做的功課：

機會是給有準備的人！凡事都要謀定而後動。在動身去找親友前，算好金額、計好利息。在開口之前就應該做沙盤推演：如果對方這麼回應，那我應該做何反應？千萬不要讓對方感到你是一問三不知的人。

另外，借錢最忌慌張，你一旦慌張就讓對方感到你的動機不明。要心定神閑地開口借錢，談吐表現方式要符合你的個人風格，如果你平日是個謙恭有禮的人，自然就不能突然理直氣壯，那會適得其反。只要扮演好你的角色，讓對方感到整個過程是自然的、合諧的，那麼你借到錢的機率會大大的增加。

2. 將心比心，讓對方放心：

前面提到，借錢，想借的人頭大，被借的人也苦惱。在這種「你尷尬，我也尷尬」的氛圍下，自然難辦成事。

撇開借錢這個目的，平日我也常做一種自我練習，想像在別人眼中的當時、當刻、當地、當情境下的自己。究竟看起來是什麼樣子？給人什麼感覺？展現出什麼樣的姿態？這個做法的目的就是想像「看見自己」。

能夠看見自己之後，再試圖理解對方，才能想像別人會如何對待自己。「知己知彼」是一個要經過學習、練習的過程，你必須經過這個過程，才能達到「百戰百勝」的境界。

3. 做好被怒目以對的心理準備：

借錢的時候別因為對方看來猶豫的表情，就自亂陣腳，打起退堂鼓來。家庭成員間對於金錢的用途可能有不同的見解。你認為是「投資」，他或許覺得是「投機」！有些時候，讓人教訓一下（尤其是向長輩開口的時候），反而是個好跡象！總不能又要人家借錢給你，還希望別人來巴結你吧！在三國時期，蜀國宰相孔明在赤壁之戰中有一招叫作「草船借箭」，借的時候雖然像是在挨打，但別擔心，借到了之後，箭就在你的手上，運用之權，操之在你。

4. 你要懂得「見風轉舵」：

年少時，我曾經為了要借錢創業，做了個不速之客。到了對方家門口的時候，才剛按下電鈴，就聽見門裡傳來夫妻倆口吵架的聲音，聽起來還是和錢有點關係。當下，我既沒打退堂鼓，也沒硬著頭皮開口借錢。我只是一看苗頭不對，順勢關心對方的家務事，扮演起一個和事佬！或許是因為我這個第三者製造了他們夫妻倆彼此間很好的台階，總之最後是破涕為笑、歡喜收場了。

三更半夜要離開他家的時候，朋友才突然想起來問我的來意。我只說了三個字：「再說吧！」笑一笑就走了。

第二天一早，朋友主動打電話給我，除了對昨夜出的洋相致歉，也直對我道謝，順道又把我當作感情諮詢師說了半個小時。到了掛電話之前，像是為了彌補我似的，他又追問我：「昨夜你登門拜訪是為了什麼事？」我一樣回答了那三個字：「再說吧！」笑一笑就掛了電話。

當天的「三點半」，我才拿起電話撥給那位朋友：「老陳，沒辦法了。別的地方我都試了，幫個忙唄！」結果，我很順利地借到了錢，而且利息很低（我堅持要付），期限還很長。更重要的是我知道，現在我和他們夫妻倆還因此成為交情更深一層的朋友。

5. 充足的想像力讓你一發中的：

借錢是一種談判過程，「想像力」是談判的基本要件。你有沒有想像力？你能不能想像對方的情緒？心境？可能的動作？真正的意圖？

一旦對方借了你錢，彼此的關係就從「朋友」變成了「債主」，那他日後該怎樣處理和你的關係？他被你找上了，腦海裡想的是什麼？怎麼借不吃虧？利息怎麼收？他可能也會覺得，想要藉由借你錢來賺點小錢，但開口跟你收利息又好像顯得自己太貪婪。事先揣摩對方的思維，幫對方找個台階下，讓對方處在愉快的情境下，如此不但成功借到錢的機率大增，更能保有朋友、建立互信關係，穩固彼此情誼。

6. 信心建立很重要：

借錢的時候，千萬別給別人留下多餘的想像空間，那通常會是負面的。你要像在辯論台上一樣，一開口就能主導話題脈絡。千萬不能被對方牽著鼻子走，最好能做到讓對方沒有思考、回避的空間，否則一定功敗垂成。

但如果今日沒能從對方身上借到錢，可千萬別氣餒！那不一定是你的方法有問題，也不一定是對方不支持你創業，可能性有很多，或許對方也面臨資金不足的窘境，又或許只是他今天「心情不好」而已。別想太多，萬萬要堅定信心，過了這個村，還有下個店！天無絕人之路，船到橋頭自然直！

7. 僅此一次，下不為例的「晴天霹靂法」：

我有一位在竹科當工程師的朋友，突然有一天來電話，劈頭第一句話就是：「我要去搶銀行啦！」雖然是半開玩笑的口吻，卻已經把我們一干好友嚇得心驚膽跳，紛紛主動詢問：「有話好好說」、「有問題大家想辦法」、「有困難我們來解決」瞧！開口是不困難的。但這個方式只能在至關重要的時機使用，使用到第二次、第三次，就不再會有人理你。聖地牙哥專業的家庭財務顧問瑞納（Jeanne Renner）曾言：「假如你是個常從親友邊借錢度日的人，他們的忍耐程度很快就會到達極限。即便是父母，如果你一直伸手借錢，他們遲早也會覺得厭煩」。救急不救窮，這個原則連父子都適用，更何況朋友。一次、兩次行，第三次，對不起，我不是印鈔票的，你自己想辦法吧。

8. 誠摯的感激願意協助你的人：

親友借你錢，除了看重你，覺得你的事業值得投資外，有很大部分的原因是，希望與你維持良好的親情與友誼關係。因此，千萬別把人家借錢給你看成理所當然。要時時記得那是理所不然，不只姿態上要心懷感激，心裡也要真的感激。請相信我，「只有真心能騙人」。

9. 永續經營才是王道：

「金錢是一時，人與人之間的關係才是永遠」，即使去借錢就是你心頭唯一的事，但也不能目的一達成，轉頭就走。我再說一次：「借錢是一門藝術！」整個過程的每一秒鐘都要細心經營。但如果出師不利，今天沒借到，就要立刻為明天預作準備，鋪排後路。「人情留一線，日後好相見。」說話別說絕，做事留退路。你怎知道對方是不是以拒絕來考驗你的毅力呢？況且你對他的所作所為，他必然會到處跟他的親朋好友說，而那個「他的親友」，難保不是你下一個準備要借款的對象。

另外，如果對方是願意借你錢的人，那麼你借錢的時候要多借一部分，先還一部分。你需要50萬，就先跟對方借55萬，預留未來還款的緩衝。「好借好還，再借不難！」無論有多大的理由，都應及時還款，如確有困難，一定要向對方說明，取得諒解，千萬不能賴賬和躲避。對於借錢的人來說，必須珍重自己的人格，不論多少，說什麼時候還就什麼時候還，做到「親兄弟明算賬」。否則，就會使白己身敗名裂。創業，最重要的就是人脈，你要讓自己有很多條活路可以走，而且要讓活路和活路之間，彼此沒有不良的印象，有這樣的見識和決心，就可以「永續經營」！路遙才知馬力，日久才見人心！

10. 事成要當面點清，不成也要全身而退：

千萬不要刻意去考驗人性，借款還款時都應當清點數目，驗明真假，也不要請人代辦。借款人在還款完畢後，應及時索回借據，或請對方留下收據。有人說，向人借錢創業就要把身家、尊嚴全部一股腦兒賠進去！這是不對的。要知道，創業是一時的，守成才是一輩子的事。創業一定要有決心沒錯，但一定要給自己留退路，不能把自己的身家財產一次就「梭哈」！「破釜沉舟」只是古代的故事，現代人做事，必得給自己留後路，現代人若真要破釜沉舟，唯一的成立條件是已經有了新鍋跟新船！

We chat more

如何成功向12星座借錢

每種星座的人都有不同的習性，在戀愛方面如此，事業方面如此，當然在金錢觀方面也是這樣。摸清每個星座的金錢觀，順其所好，是一個快速讓自己了解對方，進入狀況，讓以上招術能運用自如的捷徑。就讓我們來了解12星座對金錢的看法，讓自己借錢的手法能爐火純青，更上層樓！

1. 一定要有「閒錢」才願意借的白羊座：

白羊座在12星座中算是比較有規劃的一群，他的錢一定有用處，他也很清楚自己的個性不容易留住錢，所以他總會有一個地方來存放自己的錢，例如交給老婆或父母掌管，或者放進銀行存定存。可是如果身上有一筆閒錢，這時候朋友向他借錢，義氣十足的白羊座一定會答應。反正這些多出來的錢自己一時之間也用不到，為了避免自己把錢拿來到處亂花，借錢給朋友反而成了有效的控管，因此把借錢當作是存錢，還能夠賺點利息，何樂而不為呢？

2. 只肯借小錢的金牛座：
金牛座認為借小錢給人家是無傷大雅的，因為他也不想太計較，所以這種損失得起的小錢，他就會覺得無所謂。如果對方定了日期並很快歸還，例如幾天或一個禮拜之內等，金牛座也會衡量考慮借錢。但是如果給他一種遙遙無期的感覺或答案的話，他是絕對會跟你說：「NO！」因為金牛座並不是真正的慷慨，他們對於用錢很有原則，會在日常生活上做點犧牲來賺錢存錢，賺來的錢或是省下來的錢當然是拿來犒賞自己用的，因此在這方面他們會很捨得花，在友情的道義上，那些小錢就算直接送給你可能也無所謂，但若要他把犧牲換來的大筆錢交給你，那就是一種侵犯了。

3. 交情到哪借多少的雙子座：
雙子座願意借人家錢，但是要看交情。如果是很好的朋友，多少錢都沒有問題；如果是泛泛之交，雙子座會覺得雙方交情不夠，即使是用一些聽起來像是「天方夜譚」的理由，也要把對方打發掉。因此想跟雙子座借錢，你必須先跟他有一定的交情，在朋友眼中送禮大方，素有散財童子之稱的雙子座，也並不是笨蛋，他們就是講義氣，有借有還再借不難，否則朋友散了，交情盡了，他們對於沒有交情的人可是一毛不拔的喔！

4. 唯利息是從的巨蟹座：

巨蟹座的人覺得如果借錢給人家還可以賺利息是一件很好的事情，不過巨蟹座也不敢冒太大的險，他們害怕自己的血汗錢成了肉包子打狗一去不回，若能夠小額借款又按月攤付本利，做到誠心誠意，並讓他們放心，他們會很樂意借你錢，當然他借錢給你最大的誘因在於利息，所以如果朋友要跟他們借錢，又願意付他們一點利息，他們會覺得這種風險是值得冒的，因此付給他們多少利息應該好好考量。

5. 就是不能忍受「激將法」的獅子座：

獅子座其實是很小氣的，如果是跟他不相干的人，絕對無法從他身上借到錢。即使是朋友，直接跟他講到錢，他也會很「阿沙力」的拒絕你。但是用激將法，例如跟他講某某朋友借自己錢有多爽快，然後又藉機稱讚獅子座，之後再順勢跟他借的話，保證手到擒來，獅子座的人會礙於面子掛不住，怕別人以為他財力不夠，或是有了自己十分小氣的傳言，而把錢掏出來，但他其實不是很願意借錢，因此最好不要常常找他借。

6. 異性在場面子很重要的處女座：

處女座很愛面子，尤其是在他感興趣的異性前面。他們總是小心翼翼地在各種場合展現自己最完美的一面，尤其是在他們在意的人面前，若是有異性又是長輩、長官在場，為了得到那些人的賞識，他們一定會幫你幫到底。所以跟處女座借錢時，如果是在他在意的人面前，是比較有機會的，搞不好還會借得比原來更多。否則，你就必須是他本身就在意的人。

7. 要讓他認為這是生意不是借貸的天秤座：

天秤座通常不會拒絕跟自己借錢的人，就算自己沒有錢，他也有可能借錢給對方。對天秤座而言，錢財乃身外之物，講究和平和諧的他，遇到別人有困難都會盡其所能的幫忙，而不論交情深淺。假如對方獅子大開口跟他借錢，天秤座就會衡量自己的能力，但如果跟他說是生意或投資，天秤座在衡量後，仔細評估風險，確定他可以在其中得到利益、覺得值得投資的話，就會樂意拿出錢來。

8. 要曾有助於他才掏錢的天蠍座：

要天蠍座借錢給別人是一件很痛苦的事情，一來因為他會在心中掛念，而天蠍座非常受不了這種感覺，二來天蠍座的人非常愛錢，要他們把自己深愛的錢拿出來借給別人當然是不容易，但是他們對於朋友還是有一定程度的慷慨，而且曾經幫助過他們的人，天蠍座會銘記在心，所以當對方開口時，天蠍座會馬上拿出錢來，若能夠再賺點利息，那是再好不過的了。

9. 悲天憫人的射手座：

射手座認為欠債的人是因為自己處理不好，因此即使被追殺都是活該。但是射手座的人不僅心腸軟，又極富同情心，既有正義感又好管閒事，如果對方跟射手座哭訴自己不僅僅欠很多錢，連家中的人都沒有飯吃了，同情弱勢的射手座就會無法坐視這種事情發生，他們絕對不會見死不救。但請不要挑戰他的正義感，若讓他知道你是虛情假意，假裝可憐，可是會讓他們對你懷恨在心的。

10. 有利用價值就有得談的魔羯座：

想跟魔羯座借錢，要花一些心思，其中最有效的方法就是誘之以利，例如要借錢的前幾天不斷地讓魔羯座知道自己認識很多高層人物、有跟高層接近的機會以及未來有合作的可能等，然後再跟魔羯座開口借錢，這時魔羯座為了希望對方以後幫自己一把，就一定會把錢掏出來。摩羯座的人做事想得遠，善於分析優劣利弊，要他借錢給你，他一定會先詢問你這筆錢的用途，並且替你規劃分析，評估是否可行，若他認為你的想法過於天馬行空，他是不會願意把錢拿出來的，並且會極力勸退。

11. 不到最後關頭不輕易掏錢的水瓶座：
水瓶座覺得「授人於魚不如授人於漁」，因此除非是對方已經是山窮水盡了，要不然水瓶座寧可教對方賺錢的方法，或幫對方找一個機會，正所謂救急不救窮，若你是為了投資創業來向他借錢，他會樂意幫助你，要不就是替你尋求謀生之路，再借你錢。可是當他知道你已沒有後路時，就會伸出援助之手，幫你度過難關，不過為了不被水瓶座看輕，還是不要讓自己走到最後這步田地為妙。

12. 看到「慘」字就不能自己的雙魚座：
雙魚座沒有辦法拒絕苦肉計，生性浪漫多情的雙魚座，總是會不自主的可憐別人，常常把被拋棄的小動物撿回家養，甚至有可能會把可憐的陌生人帶回家！因此當你在他們面前把自己的遭遇說得很慘時，雙魚座就會被你感染，無法拒絕借錢，甚至替你籌錢來幫助你度過難關。

向銀行借錢創業難嗎？

除了身邊的親朋好友以外，一般人想到要借錢來創業，第一個念頭就是「銀行」。根據台灣銀行的統計，全國中小企業大約三分之二的借入款項，來自於各官、民營金融機構。但事實上，銀行和中小企業之間的關係，一直都是處在矛盾中求取平衡的情況。小事業體的老闆常常只能對天興嘆：「台灣創業環境真的不好！」抱怨向銀行借不到錢，創業夢也只能胎死腹中。而銀行也認為對中小企業的放款常如斷了線的風箏、變了心的女友，回不去了。尤其在2008年金融海嘯後，中小企業財務規劃及管理應變能力不足等缺點如同照妖鏡般一一顯露。在如此兇惡的環境之下，創業主要如何成功從銀行募集到創業的資金呢？

一、創業貸款的具體申請流程

面對經濟不景氣的壓力，創業無非是有利的一條管道，「創業貸款」似乎是手中沒有銀彈的朋友們必經之道。因此，想創業的朋友就隨筆者一起從創業貸款的申請程序來了解募資最基本的方式吧！

一般而言，創業主在申請貸款前，你所創的事業應先辦妥設立登記（若為農牧業等無須申辦登記者，可免檢送登記證件）。去銀行前要先準備好相關檢附資料，這些資料包括身分證明、婚姻狀況證明、個人或家庭收入及財產狀況等還款能力證明文件、股東名冊。如果是有抵押物的抵押貸款，抵押方式較多，可以是動產、不動產抵押，貨定期存單質押、有價證券質押，以及流通性較強的動產質押等等。這些抵押物要準備相關的證明文件，如：所有權狀、印鑑證明、戶籍謄本、土地及建物登記謄本、地價證明影本、土地地籍圖及建物平面圖謄本等。

資料準備妥當之後，便需要填寫相關資料，多數銀行要求的資料不外乎：創業貸款計畫書、借款申請書、個人資料表及切結書。

送件後銀行會先與客戶口頭洽談，確認申請者的身分（特殊境遇婦女應先辦理身分證明）後，便初步了解客戶借款用途、所需金額、借款期限、償還來源、還款方式及擔保條件等。

接著辦理徵信調查、授信審核後再決定是否核准貸款。主要內容如下：

1. 創業主及所創事業是否合乎一般授信對象之原則。如申請人或其配偶有違法背信等（更生青年不受此限）。
2. 退票尚未辦妥清償註記、受拒絕往來處分中、有借款延滯等不良紀錄者，可能會影響承辦銀行之授信，多數銀行不受理此類申請案。
3. 實地調查創業主是否依照所填列之「創業貸款計畫書」內容進行創業並實際負責創業工作。
4. 借款用途為購買機械設備、廠房或其他資本性支出，在貸款前已先行購妥者應實地查驗並核對購置憑證（購置時間在向銀行申請日期前三年以內者均屬有效）。

在審查完經銀行核准的案件，會洽請客戶辦理對保、簽約等手續，如果貸款案件有徵提擔保品（估價與放款值由銀行所訂辦法辦理）時，還會請客戶辦妥抵押權設定及投保火險、地震險等各項手續後再辦理撥款（若創辦人為兩人以上，要每個人手續皆辦妥核準後才放款）。

二、創業貸款流程圖

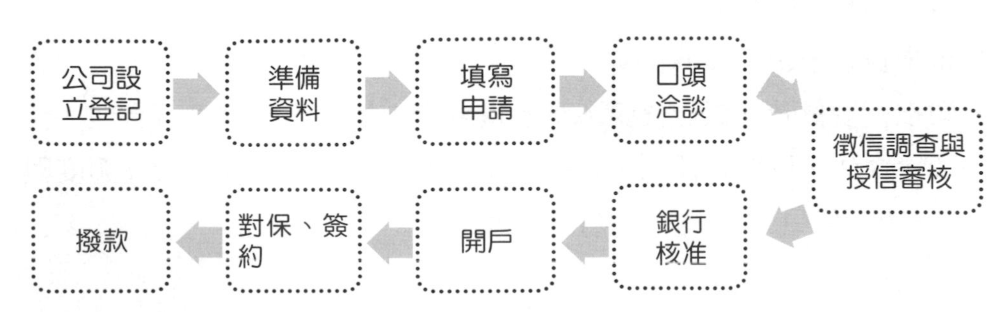

三、銀行怎麼審核要不要貸款

目前國內中小企業的負責人多半是技術或業務出身，原本就缺乏財務專業知識，公司也欠缺專業人員管理財務，再加上本身條件較弱，信用風險遠比大企業大，於是銀行對中小企業普遍信心不足。更不用說銀行為確保放款的安全性，通常會以「5P原則」來審查客戶。

1. 貸款人或企業之狀況（People）：

   對銀行來說，借款戶必須要有良好的信用條件。企業要以責任感、依約履行債約、償還債務及有效經營企業，來取得銀行的充分信賴。這點主要是依據過去的借款紀錄、使用票據紀錄等來評估。銀行對於借款人或是公司負責人的債信條件非常的重視，所以在必要時可藉由借款公司的關係戶、介紹人的良好往來作為保證。

   我們必須了解到借款銀行的內在思維邏輯是：「創業者如果不能珍惜自己最寶貴的信用，那別人如何來相信你呢？」因此，想要向銀行貸款的創業家，一定要非常注意自己的信用記錄。在台灣，所有銀行的往來以及借還款紀錄都會被登記在「聯合徵信中心」上。舉例來說：你曾經遲繳過玉山銀行信用卡利息，往後當你向第一銀行申請借款時，第一銀行就會藉由「聯合徵信」這個系統，查到你延遲繳息的狀況，進而在審核時扣分，認為你的信用有瑕疵，影響你借款的利息與額度。

2. 未來資金用途（Purpose）：

   向銀行借貸時，銀行會要求了解貸款資金的運用計畫是否合理、合情、合法，以做各種風險評估，再決定是否借貸，以及最高額度與利息優惠等。資金用途分為三大類：

⑴取得資產：如購買季節性或非季節性的流動資產。

⑵償還既存債務：即以債還債，如支付稅款、償還其他銀行、機構或民間債務。

⑶替代股權：即以銀行借款替代原本應由股東增認之股款。

以上三類中，又以第一類「取得資產」作為借款理由最為有利，以此原由借款，銀行會認為這家公司有持續運作與未來的發展潛能，比較願意貸出資金；其他兩項因銀行評估償還能力有限，借款之風險較大，擔心資金從此有去無回，而不願釋出，因此較不適合拿來當作借款資金用途。

銀行非常重視貸款資金的用途，畢竟銀行是「風險控管」的行業，必須避免有挪用於不當用途之可能，或籌措短期資金來支應長期性資產的需求（以短支長）之現象發生。尤其前幾年企業集團掏空資產頻仍，將資金挪作他用等不良的授信致使無力還款跳票的案件一一浮上檯面，更使銀行對企業放款無法掉以輕心。因此，創業者必須詳實說明創業資金的用途。

3. 還款財源（Payment）：

這一點主要是必須讓銀行了解公司的收入財源和最佳還款時間，不然銀行預測風險太大、償還日遙遙無期，當然會拒絕放款。銀行評估標準首重資金的安全性，其餘才是收益性、公益性。來源可粗分為「資產轉換型」及「現金流量型」兩種途徑：

⑴資產轉換型：主要以應收帳款的處理與存貨的控管為償還來源。

⑵現金流量型：著重於未來的盈餘分析或外部資金的可靠性。

還款財源這一項對許多白手起家的創業者來說是十分困難的一部

分。草創的公司大多還沒有穩定的收入來源，甚至連財務報表也都不健全，很難說服銀行企業體有還款能力。這時候創業者只能透過「創業計畫書」的呈現，告訴銀行未來每月、每季、每年的營收與獲利狀況，讓銀行了解企業營運後的還款能力。

4. 債權保證（Protection）：

銀行最怕借出去的錢如肉包子打狗有去無回，因此銀行在放款前，一定會要求公司提供擔保品，萬一將來創業者還不了錢時，才可拿這個擔保品來「抵債」，這是銀行對借出去的錢做的「內部保障」。另外，還有一種「外部保障」，著重在保證人、背書人的信用與財力等。創業者最好對銀行的財務分析方式、對擔保品的估價手段以及合約是否有各項的限制詳加了解，以利通過借貸申請。

5. 未來展望（Perspective）：

銀行在接受貸款申請時，會預估放款後的基本風險和將來的報酬利益，這稱為未來展望。對銀行來說，他們不只想做這「一次性」的交易，也著重未來相關業務的合作，並希望能長久來往。因此目前銀行都是希望以爭取客戶持續的業務往來為考量，如果創業者能好好思考資金來源的成本，在衡量風險與利益的前提下，強調其事業體的潛力與未來發展性，並且說明該借款的合理性與借款金額的適當性，只要讓銀行覺得這次的合作風險並非那麼高，而且還有未來合作的可能性，那麼銀行一定十分樂意承貸。

四、創業貸款成功的六大竅門

許多創業主一想到要跟銀行打交道，就直覺式地認為會被銀行占便宜。其實，只要把握好下面分述的這些貸款技巧，就能讓你節省利息，讓你的一分一毫都用在刀口上！

1. 慎選貸款銀行不吃虧：

   近年來，各銀行為了獲取更大的經濟利益、爭取更多的貸款市場，各家銀行在貸款利率上有不少差異。首先，你可以先去電各銀行，探一探銀行對創業貸款業務的積極度；通常，通過的機率與銀行有關，每家銀行策略不同，如果當你去電詢問時，對方態度不積極，那麼就換一家吧。

   再者，針對不同的貸款利率，目前金融機構經營的貸款方式有信用、擔保、抵押和質押等，在不同的貸款方式下，貸款利率不同。所以申請同一期限相同額度的貸款，所承擔的利息支出也迥然不同。借款人應該「貨比三家」，弄清不同貸款方式下的利率價差，看清楚自己手中能擔保的物件有哪些？適合哪一家銀行的限制條件？從中挑選出對自己創業籌資最有利的方案。

2. 讓你的事業不只是「小而美」：

   申請創業貸款最好在創業或開店一年以後再申請，這麼做的原因是要在你提出申請時，讓營業數據能夠漂亮。沒有銀行願意冒大風險投資一家還營業不到一年的公司，營業時間不長，代表你還沒有穩定的客源，無法為自己帶來收入，當然也不可能為銀行帶來源源不絕的業務往來。更不用說銀行會相信你已對這個行業有充分的熟悉，能夠有特別的創新與Know-how來說服他們投資你。因此，在申請前，你一定要把自己的事業塑造成一顆閃亮亮的明日之星。

   有許多工作室型態的SOHO創業族，基於節省經費的考量，多採取住辦合一的模式；這一類的創業主若要申請創業貸款，則更需注意門面的妝點。門口必須設招牌、空間宜陳列作品展示，最好是進門不用脫鞋，讓人感覺以辦公為主、住家為輔。總之，一定要讓銀行的稽核員看見營業事實，才有可能爭取到他們對你的貸款機會。

3. 自己親自找銀行辦理：

由於銀行也會怕借款人無力償還，因此會希望借貸人能夠親自作業，讓銀行了解事業負責人的實際狀況，也讓創業主確實了解申辦創業貸款的每一項流程與後續的注意事項。

透過代辦機構辦理貸款，不僅需支付額外的手續費，甚至還需擔負個人資料被盜用、涉及偽造文書、信用受損的風險。事實上，代辦貸款機構無法可管，並不受金融主管機關管理及規範。為了保障民眾權益，金管會早在多年前就已明令約束各銀行，不得受理代辦公司轉來的貸款案，一旦發現應直接拒絕，民眾透過代辦不僅可能浪費了寶貴的時間，甚至付出高額的手續費，還可能賠上自己的信用。其實，創業貸款的辦理程序相當簡單，並不需要找代辦公司辦理，反而自己辦成功的機率比較高。

4. 一定要保持好你的個人信用：

由於創業貸款屬於個人貸款，因此個人信用非常重要。前面已經提過，台灣有「聯合徵信系統」，借款人一旦在任何一個金融機構有不良記錄，那麼在各家銀行都會遭到「封殺」。

除非你的信用瑕疵問題很小，能說服銀行，否則基本上是「恕不受理」！所以，在申請創業貸款前，請先解決你的信用瑕疵的問題，絕不要聽信代辦公司信用有瑕疵還能夠幫你成功達陣的謊言，否則貸款沒辦成，還要被代辦公司坑一筆代辦費，讓你的創業夢出師不利，賠了夫人又折兵。

5. 公司登記資本額要精算：

許多人會為了報稅、申請免用統一發票等因素，想說如果只是開個小餐館、加盟店，資本額不填太高，只辦理營利事業登記，甚至只登記為商號即可。其實這是一個迷思，報稅與資本額沒有必然的關係！而且還會影響日後是否能夠增資。筆者有一位經營餐飲店的姪子。他實際投資額遠超過了100萬元，登記資本額卻只寫了15萬元。日後，他後來想要擴大服務項目，想到要申貸「青創貸款」50萬元，結果必須再增資35萬元以上，才有可能申貸到他想要的金額，但口袋裡卻已經沒有足夠的資金能夠投入生產，以證明他有這筆投資款項，這個凌雲壯志也只能胎死腹中了。況且，根據經驗，銀行對創業貸款的核貸金額，通常不會高過營業執照登記的資本額，上限常為登記資本額的8折。因此在登記公司資本額時，務必三思。

6. 養成每天跑銀行的習慣：

除了資本額外，營業額也攸關創業貸款的審核，理論上來說，業績愈好，核貸機會、成數愈高。但，小本經營的創業主常遇到一個問題：「如果沒有發票，那我要怎麼證明營業額？」

很多創業主就是懶，收入就往口袋放，支出也從口袋掏，這麼做是不對的。基本上，銀行從嚴認定，記帳本、電腦系統只是參考用，最標準的方式是銀行的存款證明，建議養成每天固定跑銀行的習慣。加強與銀行的互動，最好固定往來行庫，例如創業時的開戶行就是日後申請創業貸款的銀行。所有收入、支出都經由銀行的公司戶頭，讓銀行看到你的現金流。記住！不論向什麼機構籌資，對方最忌諱的就是公私不分。

另外，你也可以適時舉辦活動、促銷，創造熱絡景象。這樣除了能提高事業的能見度，多辦這類活動顯示你的事業是很活躍的，也能提高銀行的信任感。

向創投提案！

創業這事情往往是這麼一回事……起初，你有個夢想，或有個理由，讓你有件事情不得不去做，因此有了開始。於是你一直做下去，遇到很多困難、很多挫折，你一一克服，贏得一些客戶、一些使用者。但這過程如果沒有外界的協助，獨自一人赤手空拳的蠻幹，就如同一場沒有終點的馬拉松，你只是一直在跑道上，像阿甘一樣不停地往前跑，在各大山頭林立的市場當中，要以新創事業邁向成功，遠比登天還困難。

因此我相信致力於創業的你，為了要讓自己的事業體能與環伺的強者鼎足而立，曾經尋求外界的協助；也曾聽說過募集資金能夠向VC（Venture Capital，創業投資）提案這個方式。而且創投除了財務上的投資外，還在創業過程中，扮演著經營策略合夥人，協助推薦業務推展或產品研發資源導入等，能夠讓新創的事業壯大發展。

但，有這麼多好處，卻不知道從何著手、如何和創投來往，因此這個想法也就久久不能落實，最後無疾而終。當年，筆者所創的公司還是一家委身華文出版市場一隅的小出版社時，就曾經向創投提案，憑藉一紙「創業計畫書」，贏得當年以華彩為主的各大公司的資金挹注（容稍後詳述），得以迅速擴張為幅員廣跨兩岸五地的出版集團。因此，現在就來分享筆者自身的成功經驗，讓有志於創業的你能夠少走冤枉路！

一、找創投Step by Step

資金對新創事業是必要資源，沒有資金就無法創業。但如同向銀行貸款一般，並不是只要有申請就能獲得正面的回報，因此在向創投提案時，你必須先確定自己的企業發展到什麼階段，確認各種資金來源的可能性：由於對創投業者來說，他們的考量是市場潛力、團隊執行及應變能力、財務規劃……甚至出場時間及各種風險等構面都要滿足。而且創業資金額度小的公司，對創投業者來說，投資意願不高。雖然說，還是有專門投資早期或是成長期的創投。如果你的事業才剛開始的話，那麼建議你在創業前期所需的資金，先從政府政策性優惠融資，或是區域性的天使投資人網絡等管道來募集。這麼說並不是指只有公司準備要上市了才能找創投，而是對創業主來說，應該要在找創投之前審慎評估時機點，並且找到適合的創投來提案。

二、我要怎麼找創投？

在找創投之前，我們應該先搞懂究竟「創投」是什麼？從定義來說，「創投」指由一群具有技術、財務、市場或產業專業知識和經驗的人士操作，以他們的專業能力，協助投資人於高風險、高成長的投資案，選擇並投資有潛力之企業，來追求未來高回收報酬的基金。簡單來說，創投是一種基金管理行為，他們購買新創公司的股份，然後找對時機把股份賣掉，從中賺取利潤。

由於創投業屬金融業別，重視人脈網絡，因此你可以透過創業朋友、會計師等關係介紹，或在各種新創聚會如「創業小聚」、「Startup weekend」、「Idea show」等場合認識創投業者；剛開始建議創業主不要急著推銷自己的事業，先從結交朋友開始，再進一步了解對方的興趣及投資意願。另外，你也可以上「中華民國創業投資商業同業公會」的網站搜尋，尋找適合自己事業的創投業者。

三、事先了解創投合夥人背景，千萬別亂槍打鳥

有些創業家會把創業計畫書寄給認識或不認識的各家創投。這麼做無非是想要增加募資機會，但創投圈子不大，亂寄計畫書會讓創投覺得這案子在市場上乏人問津，產生先入為主的負面評價。

因此最好在寄出計畫書之前做好功課。由於每家創投的投資偏好和標準都不一樣，創業家最好先了解各家創投過去的投資歷史、投資要求、合夥人背景、產業人脈、退場機制等等，針對所蒐集到的資訊來「客製化」撰寫這份創業計畫書。

知名作家，同時也是「夢想學校」的創辦人王文華曾說過：「光憑一份計畫書走天下是不行的，沒有量身打造的結果，可能就是全天下沒有人想看你的計畫書！」因此絕對不要只是制式化的寄出你那千篇一律的計畫書，「量身打造」才能讓創投公司認同你的提案。

另外，在找創投時，大多初次募資者都會犯同一個錯。他們往往誤以為創投跟ATM差不多，基本上只要能夠最快拿到錢，「撿進籃

子的都是菜」，跟誰拿都一樣。但事實上，「同款，不同師傅」，跟「誰」籌資，差異非常大。因為從你跟某家創投拿了錢的那天開始，這家創投從此就成了你的股東。每一間創投的行事風格與管理模式迥異，為避免合作以後卻「同床異夢」，唯有在提案前做功課，確切了解，才能盡力避免上述憾事發生。

四、上台提案要注意什麼？

創業募資找創投，都免不了要上台對這些未來可能的金主們，報告你的創業構想。去找創投報告前，你一定要了解這些創投們心裡的想法，避免犯了他們的「大忌」，才能博得他們的青睞：

1. 人的特質遠比創業構想重要：

   創業講究「企業家精神」，創投要將他們的錢投資在你的事業上，考量點除了你的Idea夠不夠創新外，更重要的是為什麼一定要由「你」來做？「你」是不是真的有能力幫他們獲利？另外，在實踐創業理想時又要依賴其團隊成員，因此「你的團隊」的組成分子也同樣重要。

   正如房地產會不斷強調「Location、Location、Location」，籌募資金就是看你的「經營團隊」。創投第一個就會問：「有誰參與這個提案？他們能為公司貢獻些什麼？」如果在「人」的因素上，你無法獲得對方充分的信任，那麼必定會大幅提昇所有參與者的風險意識。

   為了要展現出吸引他們的人格特質，你不能只是站在他們面前，說：「您好，我很『憨慢』講話，不過我很實在，這是一家好公司，你們應該要投資我。」這麼講，我敢打包票你的提案百分百會被打回票。那麼，究竟要怎麼說呢？

2. 展現出正直的人格特質：

首先，你必須展現你的正直（Integrity）讓他們看見。記住！上了台，就要演好這齣戲。大部分的創投提案報告應該短於半個小時，在這段時間，你必須傳達給他們最重要的訊息就是：「我很正直！」

投資就是在冒風險，沒有每一位投資者無不盡全力將風險降到最低。因此一個好的創業主必須是誠實與務實的。如果提案者只會一味吹捧自己產品概念的優越性，大力抨擊競爭產品的缺點，完全忽視自己的弱點與不足之處，並且逃避面對創業背後可能存在的風險。「閱歷無數」的創投們必然了解，這種「銷售員式」的創業主是極端危險且不足取的。

如果你的一言一行讓對方感到你企圖不明或另有所圖，那麼，不論你的產品或服務怎麼好，你這個人已經被對方打上了一個×。若你的團隊有缺陷，就坦白地說出來，別讓投資人主動挑出你團隊中的弱點，那樣的場合會讓你十分難堪。你大可以在提報時釐清你所遭遇的問題，並在適當的時機向投資人尋求建議。別忘了，記得保持真誠的態度！

3. 熱情，讓創投感受你的決心：

其次，創投們希望看到他們所投資的標的擁有源源不絕的熱情（Passion）。唯有認同自己正在做的事，才有可能在工作中懷抱著熱情，也唯有這樣的人，才能在工作中展現出「抗壓性」。天有不測風雲，沒有一間公司不曾遇上困境。創業一定要有堅忍不拔的精神，很多人創業可能面臨1次、2次，甚至3次挫折，就不再繼續下去。被視為創業楷模的王品集團董事長戴勝益曾言：「成功十大要素中，抗壓性應占最大。」以他自己為例，其實創業到第10次才成功。

絕對沒有人會相信，一個對自己的公司、對自己的構想沒有熱情的人，能夠面對並度過一切創業會遭遇到的艱苦與困難。另一個非常現實的理由是，創投們能從你的熱情中看見你「誓死捍衛」他們所投入的金錢的決心。你會為了這間公司鞠躬盡瘁、死而後已，無論如何都會盡力保住他們的錢；而且還要賺更多回來。

4. 別讓創投發覺你很「菜」：

你一定要讓投資者看見，你在所創的這個產業裡，是具有豐富經驗（Experience）的。要讓創投相信你在要他們投資的領域真的有兩把刷子，你就必須用你以及你的團隊過去的豐功偉業來說服他們。你必須能大聲的說出：「我之前做過這行。」「之前做過這行」能開創一樁事 業和創造價值，並讓事情有頭有尾。你還可以告訴他們，有哪些關係可以特別幫助你。無論是配銷關係，生產夥伴，或是其他任何的資源，反正要透過實證讓對方知道你不是孤軍奮戰。

曾為自己的創業籌得數千萬美元創投基金，現在個人監管的投資額也有數千萬美元的「提案教頭」David S. Rose就這麼說：「這就是為何我喜愛資助連續創業家。因為即使你一開始沒有做對，但你已學到寶貴的一課，使你將來受益無窮。」

五、讓你的提案再升級的祕密四招

1. 你的報告必須簡潔有力：

不論你的「創業計畫書」寫得如何漂亮，一旦到了上台提案的那天，請丟掉那本厚厚的創業計畫書，投資人請你來提報，就是不想再看這些了！

基本上，創投的耐心與注意力大概只有五分鐘的時間。如果你不能在整場報告的前五分鐘裡引起他們的興趣，那麼，謝謝再連絡。因此，從你一踏進簡報室，就要開始進行一項「整體行銷」，你必須完全掌握對方的情緒。不管如何，你一定要能掌握對方的注意力，讓他們將目光放在你身上。接著你要做的就是一步步將對方引導進入你的思維模式，從頭到尾的一舉一動都要不斷地加強這一點。

在你的簡報上，千萬別放過多的文字，那樣會分散觀眾的注意力！其實你的簡報開頭只需要一個鮮明的公司Logo，讓觀眾的腦中沒有其他的雜質，把注意力全都放在你以及你的公司上。你的整個提案其實用四個核心概念就應該說完：「問題、市場、可能的解答、團隊」。快速地概述你的業務，讓對方抓住其中的脈絡，知道整個公司的主體架構與營運模式。另外，既然你在找錢，對方當然也會關切你公司的財務概況，因此，你必須準備好過去的財務報表，以及讓對方知道未來幾年內他投資報酬的整體藍圖。

不論你的事業是什麼領域，你必須先想好投資人最想問的事情，用短短的一頁專注說明這些。例如：你是在解決實際的問題嗎？你的公司有何獨到之處？為什麼非你不可？你的公司究竟是想不斷成長，還是增資擴大後待價而沽？

總之，你要做的事是用這短短的時間，說一個吸引人的故事大綱。這個故事必須精心設計，讓他們看你的提報就像是在觀賞一場球賽，一定是愈來愈好、更好、再好。讓台下的觀眾對你這支隊伍愈來愈有信心，愈來愈熱血沸騰，最後「砰」地一聲擊出一支漂亮的全壘打，把他們帶往情緒高潮，讓他們馬上掏錢，然後你才帶著勝利的微笑離開簡報室。

想想好萊塢的電影預告都是怎麼演的吧！那是真正高竿的提報啊！試著去學習要怎麼做才能像電影預告一樣，短短的30秒，就能讓觀眾願意掏錢，來把後續的整個劇情發展都看完！

2. 整場報告要流暢：

你向創投的提報要像階梯一樣有邏輯的進程。我前面有提到，「信任」是一切的基底。要取得對方對你的信心，你必須讓對方知道試行結果，從告訴對方市場的情況來做開頭。

這要怎麼做呢？如果你的產品尚未進入市場，在提報之前，你大可以先做一次市場調查，讓你的產品與服務和真實的世界連接起來。除此之外，能證明的方法其實有很多，但一定要是有人已經認可該項目或有其他的外部證明方式，用實證來證明你所言的不是空口說白話。

此外，為了讓整場提報順暢，你要盡力移除會減低對方興趣的可能因素，例如：講了不確定的事物而被對方識破，如此對方會對你的談話打對折。任何讓對方需要動腦思考或是聽不懂的事，都會讓報告的連貫性中斷。你不能將對方假設為這個領域的專家，所以你的報告需要按部就班的說明，刪掉所有專有名詞，最好是到連國小學童都能聽懂的地步。為什麼你要這麼做，步驟X、Y或Z。你要怎麼做？你要做的是什麼事？你要如何達成？整體來看這套流程將從頭貫徹到尾。除了提報的內容之外，還有以下四個小技巧，能夠讓你的提報更加流暢：

⑴千萬不要朝著螢幕說話，你的眼神要和聽眾做連結。

⑵使用遙控器。

⑶不要照本宣科，只唸稿，這樣你來現場報告是沒意義的。

⑷你給的講義要和你口頭報告內容有所不同。

3. 魔鬼藏在細節裡：

「做事要做足，演戲要演全套！」要讓對方相信你的能力，就必須在這場提報中盡力做到「零失誤」。總不能讓對方感到你的提報牛頭不對馬嘴，東一個錯字，西一個缺漏，還要對方相信你的團隊所提供的服務，能做到市場滿意度第一！因此你的報告絕不能出現一些細微但嚴重的過失：

⑴要特別注意錯字，如果有放上英文，應檢查是否為慣用法，避免出現「中式英文」（Chinglish）。

⑵概念中不能出現前後矛盾，比如說這一頁提到三年後獲利能達到150%，但過了兩頁後卻又說是200%。

⑶要注意簡報畫面一切元素的正確性，避免出現不該出現的元件、圖片移位、超連結錯誤……

以上這些問題雖然都不是什麼大事，但一旦出現，就是傳遞一項訊息給台下的觀眾：「如果你連報告都做不好，怎麼去經營一間公司？」所以，切記，切忌！

4.「將心比心」的溝通心法：

做任何事，只要需要溝通，一定要做到「將心比心」。雖然，創業就是解決問題、創造價值，面對客戶與使用者，你要透過產品或服務，改善、改變他們的生活，解決他們的問題，讓使用者愛上你……這些都很重要沒錯，但，你有想過，這些都不是創投所關心的嗎？

「將心比心」的基礎思維就是，你要仔細留意投資人的需求，在一開始就做通盤思考。創業主常會陷入一個迷思，告訴創投自己是成長型企業，期待投資人投資他們，卻沒有替投資人想想，他們想聽到的「商業模式」。他們投資你，當然希望你的事業不能失敗。但，這樣就等於他們成功了嗎？事實上，投資者心裡在意、嘴巴卻不說的是，你是否能讓他們「成功出場」！

他們投資你，就像在買股票一樣，想想看，你在買股票時，在意些什麼？你最怕的，是不是股票就一入手就「住套房」，不能脫身。

創投也不例外，他們要的當然也是「逢低買進、漂亮出場」！

創投公司的首要目標是要在有限時間內取得美好的回收，然後光榮退出。但這一點，說起來簡單，實際執行並非皆如人意。往往就是無法出場。

我常說，一旦籌資成功，創業主與創投的關係就像是「一場婚姻」。創業主如果資金用盡、燒光認賠還好了事，畢竟可以解散清算，就此畫下停損點，「離婚協議書」一簽，不用再花人力、物力、心力。但是半死不活、有營收沒獲利，最是可怕。兩造之間不願隨意仳離，便只有在「不完美的狀態下」彼此忍氣吞聲下去。到此地步，創業與投資這兩件事都失去意義了。如果這種狀況始終未能妥善經營處理，創業主與投資人之間的關係會惡化成內鬥，輕則互相批評譏諷，互不合作，重則爭權勢，造成內部嫌隙隔閡。宛如夫妻失和，把一致對外的戰線無限延長回自己家中茅頭相向，所有的資源就在如此相爭相剋的抗爭之下抵消殆盡了。因此，了解這個「另一半」的核心思維，對籌資成功，至關重要。

資深的創投一定都遭遇過上述情事。所以在評價一家新創公司時，除了公司的本質外，滿腦子其實都在想：「我如果投資這家公司，要怎樣才能出場？出場倍率大約多少？什麼時候有機會出場？」因此，「出場機會」當然是創投重要的評估指標。

所以，你除了要跟他們說：「我要賣A，特色是B，我的服務是C……」這些以「顧客立場」來看的商業模式外，記得告訴他們，你要何時、如何帶他們「成功出場」。除此之外，任何你所要報告的內容，都必須將自己想像為一位投資者，設身處地的思考對方究竟想聽到什麼。

但，絕不能因為對方想聽，而將數據過度美化、吹噓膨脹，一定要據實以對。才能找到真正合適的創投。曾有一個案例在提報時劈頭就說：「我的公司沒辦法在五年內賺錢！」一定要確認了對方可以接受這樣的時程，才開始提報。因此，他找到了真正能夠幫助他們的投資人、創業生涯中真正合適的「另一半」。

We chat more

創投必問的問題

1. 你從創投這裡拿到錢，你會怎麼用？要將錢投入工廠製作，或是投入銷售與市場行銷？
2. 這是你要求實際獲得的金額，我們該如何評定並評價投入的金額？
3. 你目前已籌到多少？有誰投資？你家人或朋友有投入資金嗎？你過去曾有與創投合作的經驗嗎？
4. 到目前為止，資本結構如何？Business Model為何？
5. 你的公司有什麼與眾不同之處？為什麼只有你的團隊有能力執行這項專案？
6. 你的銷售率、成長率這些數字是如何估算出來的？
7. 你的競爭對手有誰？他們有哪些地方贏過你？
8. 從之前的產品跟服務，你學到什麼經驗？
9. 這次募資可以幫助公司達到什麼重要目標？
10. 你創立公司至今遇過哪些挫折與障礙？
11. 你打算如何行銷自家產品或服務？
12. 你的產品有沒有任何責任風險？
13. 你覺得未來的退場機制是？時間點為何？
14. 公司何時開始獲利？在開始獲利之前，會消耗多少資金？
15. 你創業計畫書上的財務預測是根據哪些假設而計算出來的？
16. 你的這項專案已經取得哪些關鍵性的智慧財產權（專利、著作權……）？

創業募資：創意幫你線上找錢

王擊天

免費，讓投資者無法抗拒的募資模式

向親友借錢要巴結、向銀行貸款要面談、向創投籌資要簡報……創業募資的每種方法，幾乎都需要口若懸河的表達能力。許多人天性害羞、不善口語表達，在老一輩的人眼裡看來，就等於沒有生意頭腦。你是否想過，除了前篇所述的傳統方式以外，你還可以有其他條路？

如今，我們活在一個「人人皆是媒體」（Everyone is media）的年代。社群媒體的興起讓每個人都有發聲的機會，以前的媒體注重傳播（Broadcasting）、內容控制（Content control）；現在的社群媒體則是分散（Distributed）、去中心化（Decentralized）。我們可以仰賴無遠弗屆的網際網路，便利的網站平台所帶來的「線上募資」功能，讓創作者無須站到第一線，就能和潛在的投資者、消費者面對面，傳遞一切想表達的訊息，為創業募資開出另一條康莊大道。

線上募資分為兩類，其一為「直接線上募資」，另一個則是「間接線上募資」。顧名思義，「直接線上募資」就是直接將你的專案，不論是產品或者服務，不假他人之手，直接丟上自己經營的社群媒體，如：專屬官方網站、部落格、Facebook、Twitter、Plurk……號召粉絲群以資金支持這項專案。相較於「間接線上募資」，「直接線上募資」最大的好處就是無須支付平台交易手續費，而且籌到多少算多少（絕大多數間接線上募資平台以籌到100％目標金額為撥款前提，若未達成則將款項退予投資者），不失為籌資的一大良方。

但直接線上募資也有缺點，這種方式要能成功，最大的前提是自營社群媒體已有為數廣大的粉絲群與支持者，不然釋放出的籌資訊息，觀眾只有小貓兩三隻，必然無法達到預計的成效。那麼，要怎麼做才能讓吸引的人潮達到最大值，進而成功募資呢？

人是趨利逐弊的動物，如果你能在你的平台提供給觀眾好處，他們當然樂於走進你的平台，與你共襄盛舉。提供好處的方法有很多，你可以像許多部落客一樣，定期寫文章，分享你的專長，不論是實用法律常識、投資的技巧竅門、美味養生食譜……文筆好一點的，甚至可寫簡單的旅遊札記、閱讀心得、影視評論、生活點滴等，長時間經營，都可以吸引到不少死忠的粉絲。但，如果短時間內就要見效，「免費」是一劑快速的特效藥。

在行銷學上，「免費」作為一種吸引消費者的手法，與其他推銷方式有著巨大的區別。其他方式只是進入了另一個市場，免費則能開創一個新的市場。在大多數交易中，消費者都能感受到好處和壞處，但是當某樣商品免費時，你就忘記它的壞處了。免費能讓我們的情感迅速充電，讓我們感覺到這項東西比實際上要值錢得多。因為人們有害怕吃虧的本能，免費的魅力是直接和這種本能聯繫在一起的。但記得，免費僅是手段，目標當然還是要在線上籌到創業的資金。因此「免費」必須搭配著另一個選項——「捐贈」。

在美國科羅拉多州有一家叫做「同一餐館」（Same Café）的餐廳，是由一對夫妻檔所經營，主人是伯納德和妻子莉比。這個餐廳就是使用我所提到的Business Model，它的招牌上醒目地寫著：「所有的食品都免費供應。」餐廳裡沒有收銀台，也沒有收銀員，每種食品都不標價。顧客完全根據自己的需要來點餐，吃完之後則根據自己認為所獲得的價值「捐助」一筆金額給餐廳。沒有人強迫你一定要付錢，任何人完全可以在用餐完畢後毫無阻擋地拍拍屁股走人。

餐廳剛開幕時，方圓數里有不少人慕名前來，想來一探真假。有些人在餐廳高興地用餐，悠閒自得地品嘗著那傳說中的「免費午餐」。伯納德不斷地捧出精心準備的美味佳餚，見顧客如此開心，他也笑臉如花。有一名顧客進餐廳之前就對伯納德說：「真的免費嗎？我吃完可不會付錢。」伯納德笑容可掬的說：「歡迎光臨！當然沒問題！」然後很意外地，這名顧客在用完餐後卻反而給了價值數倍的款項。伯納德納悶了，趨前詢問這名顧客。這名顧客眉飛色舞地解釋道：「我吃過無數餐廳，可從來沒有一餐這麼開心過……我以前去的餐館總是變著法子要我多消費，即使餐點真的很可口，內心卻總是不舒服。」

這家餐廳開業以來至今，尚未因為這樣的經營策略而虧損，收入反而比預期還要多。有的人不僅付了自己的帳單，甚至還在餐廳裡的募捐箱裡捐了不少錢。因此，儘管餐廳所在的街區較為偏僻，但它獨特的經營方式卻吸引了各色人等，不僅包括販夫走卒，也吸引了教師、銀行家等白領階級。伯納德夫妻獲得了快樂，也贏得了源源不絕的財富。

除了實體的店面以外，出版業更在虛擬的網路平台將同樣的經營策略運用得淋漓盡致。知名的美國恐怖小說大師史蒂芬·金（Stephen King）在學生時代，就自編自印一本恐怖小說賺了一筆錢。後來他更直接在網路上販賣《植物》（*The Plant*）一書，該書的第一部分讓讀者自由下載，但之後的內容是否繼續寫下去則視全體下載讀者憑良心捐贈的比例是否超過70%來決定。另一位全世界超級暢銷書《心靈雞湯》作者馬克·韓森亦採用相似的模式出版獲取豐厚的利潤。該書在全球56個國家發行，銷售約一億五千萬餘冊，翻譯成四十多種語言。

你或許會懷疑這種商業模式是否只能在國外行得通。其實，這種「免費——捐贈」的模式，在台灣也有一個很好的例子。在國內線上書店排名第三的「新絲路網路電子圖書城」從2008年開始提供了讀者大量免費下載電子書的服務。2010年更建置完成了電子書原創作品的e化技術工具及服務平台，提昇電子書出版之質與量。已成功發行上千本電子書，建檔於各大圖書館、知識交流平台、電信業者下載平台。這個網路平台提供了許多優質的電子書，讓讀者無論在電腦（Windows、iOS、Linux）或手持式設備（iPhone、iPad、Android、Windows phone、BlackBerry……）上，達到跨平台、跨載具、無接縫的雲端閱讀經驗。短短幾年來，受到廣大的會員讀者熱烈迴響，已累計數萬次電子書下載記錄。其中平台的營運資金來源之一，便是仰賴讀者免費閱讀電子書過後的「捐助」。

看了這麼多的例子，你還在等什麼呢？許多事都是這樣，「吃虧就是占便宜」，創業初期，凡事都需要外在力量的協助，尤其是資金。許多創業主會覺得籌資困難，那是因為沒有從投資者的角度來想。其實只要秉持著「將心比心」這一項法則，先給他們甜美的果實，當他們感受到你的誠意的時候，必定對你投桃報李，還以豐碩的報酬。

讓線上群眾募資挺你的創業夢

許多人都曾有過透過創業來實現夢想、改變世界的想法，但要把腦海中的構想化為現實，不論是懷有創新的專利研發、想要開一家個性咖啡店，還是像當初的魏德聖導演一樣，想拍攝一部動人的台灣原住民史詩電影，總歸需要一筆為數可觀的資金。這樣的夢想，你認為要先砸錢才能要達成嗎？那已經是舊石器時代的思維了！眼巴巴的等著銀行貸款？小心長江後浪推前浪，最佳的創業時機就被你這樣蹉跎浪費，再也「回不去了」！現在的你可以有另一個選擇，藉由「團結力量大」的概念，跟上這波「線上群眾募資」的潮流，用別人口袋裡的錢，來幫自己達成夢想。集結網友的小額捐助，為創業者募到實踐創意的第一桶金。

一、群眾募資的四大性質

「線上群眾募資」（Online Crowd-funding），又稱「間接線上募資」，可說是新一波創業時代最受到矚目的募資模式。第一次接觸到這個名詞的朋友，千萬別還沒嘗試就說不可能。其實「群眾募資」這樣的概念已行之有年，最早的群眾募資應該是中國人發明的；在18

世紀貝多芬也運用此方式向他人募集到作曲的資金，再以完成的譜曲回贈；而台灣早期的「標會」，藉由同事、鄰居或親朋好友的資金相助，就是群眾募資的雛型。

現代的群眾募資說穿了，就只是過去的借貸模式加上科技化後的網路平台，透過這個網路平台能夠讓創意發想者展示、宣傳計畫內容、原生設計與創意作品，並向廣大網友解釋如何讓這個構想、作品量產或實現的計畫。你的計畫放上募資平台後，交由網友來給分，評分的方式就是實際掏錢贊助。只要在限定時間內募到目標金額，提案者就能拿著這筆錢達成夢想。

現代化的網路平台連結起支持者與提案者雙方，讓願意支持計畫的投資者最大化，讓募資觸角無遠弗屆。支持者能輕易在網站上看見提案者的創新構想，進而以資金支持他的活動，讓此計畫、設計或夢想實現。目前全世界所施行的群眾募資可概括分為以下四種：

1. 捐贈性質：

   台灣目前的群眾募資平台，皆屬此類。贊助者投入資金後，可以獲得提案者承諾的回饋品（或以優惠券的形式來回饋）。這屬於附條件式的捐贈，價值可能和當初捐助的金額有相當大的懸殊；若提案者並無承諾回饋，那麼贊助者投入資金就只是單純的捐贈。

2. 預購性質：

   這種方式是屬於具有對價的方式，如同預售屋一般，贊助者出資就等同於事先預購該產品或服務，在未來商品上市後，出資者可以用較優惠的價格或是優先使用到該項商品。

3. 債權性質：

債權性質與向銀行借錢沒有兩樣，提案者向個人或組織募集資金，並在未來某個承諾的時間點償付本金與利息。對贊助者來說，等於是借錢給計畫發起人，專案提出者必須證明自身的信用及還款能力，以取得他人的信任。

4. 股權性質：

這種模式跟出資成立公司也很類似，贊助者投入資金後，獲得提案者公司的股權，成為新創公司的股東。若未來該公司營運狀況良好，有賺錢，則贊助者獲得的股權價值也相對提高。但目前台灣的法令並不允許提案者以現金紅利或有價證券作為線上募資的回饋方式，需特別注意。

二、五花八門的群募提案

放上線上募資平台的案子還真的是「什麼都有，什麼都來，什麼都不奇怪！」被投資的專案可以是創業募資、文化創作、自由軟體、設計發明、科學研究以及各類型的公共專案等。有些成功集資的案例更是跌破眾人的眼鏡，讓人不禁驚呼：「啥？這個也能募到錢！」

對於這種現象，哈佛商學院教授克里斯丁森（Clayton Christensen）認為：「群眾募資是種標準的『破壞式創新』，隨著這種新形態的經濟活動竄起，將破壞傳統做生意的方式，甚至會顛覆創投業的營運生態。」

全球產業正從過去大量、低價製造的獲利模式，走向小量、客製化的「長尾模式」。而支撐這種營運模式的資金來源，正是這樣以網路為平台的新興募資形式，這種積沙成塔、集眾網友之力以成其大的運作方式，讓初出茅廬的素人在眾多大企業環伺的環境下，也能找到成長的縫隙，走出屬於自己的成功之路。

全世界第一筆利用「群眾募資」的案例可以追溯到1997年英國的Marillion樂團，他們從廣大的群眾募集了6萬美金，成功地完成了美國巡迴演出。往後至今，群眾募資風潮在國際上如火如荼的發展。

而首先將這個點子搬到網路上的，則是2007年出現的提案網站，包括以電影工作者為目標的IndieGoGo，以及以教師教案設計為目標的DonorsChoose。但是將群眾集資模式帶到主流，並確立領導地位的，則是2009年方始成立的Kickstarter，其2012全年所完成的募資金額就高達3.19億美元，為目前全球募資金額最大的網站，被《紐約時報》譽為「培育文創業的民間搖籃」。

Kickstarter這個網站由年輕的華裔青年陳佩里（Perry Chen）所打造，據說他當年做Kickstarter的緣由，就是因為他自己年輕時有過一段破碎的音樂夢。他當時想參加美國南方紐奧良爵士嘉年華的表演，卻籌不到活動所需的資金。這段遺憾促成了後來 Kickstarter平台的誕生。

Kickstarter成立至今已成功為全球近五萬個提案募到資金。其中最著名的就是「Pebble智慧型手錶」這個案例，Pebble智慧型手錶締造出了募資逾1,026萬美元的紀錄，是目前Kickstarter募得金額最高的專案。

另外要注意的是，能在線上群眾募資成功的案例，決不僅限於「開發產品」。其實，任何能吸引人心的活動或構想，都能受到網友的青睞。

舉例來說，紀錄片《新郎》是一個在Youtube點擊超過300萬人次的故事，主角Tom跟Shane是一對不被法律承認的同性戀，相戀了六年卻因現實因素無法論及婚嫁，進而引發了悲劇。在Tom因故離開人世後，Shane無法保留Tom的遺物，在法律上他們的關係只是同居人，所有關於Tom的個人訊息Shane全都無權過問，因此無法以家屬身分詢問相關事宜，甚至連喪禮都不能參加。只因為沒有法律保護的婚姻，讓Shane完全被Tom的家人排斥及隔絕，像是他們相互扶持的六年不曾存在一般。

Tom過世一年後，Shane決定要挺身而出，將他們的故事製成影片放上Youtube，希望看到影片的人不論本身是否為同性戀，都能為同性戀發聲。導演Linda決定將他們充滿愛與承諾的關係，拍成紀錄片《新郎》，讓更多人聽到。為了成功讓《新郎》這部紀錄片在美國上映，Linda利用群眾募資網站在一個月內募得了30萬美元，有高達6,500位的支持者，創下該網站電影募資的新紀錄。

三、台灣的群眾募資平台

群眾募資在台灣雖然起步較為緩慢，但也在2011年底由優質新聞發展協會成立了「WeReport調查報導公眾委製平台」，可以說是國內群眾募資平台的濫觴。2012年興起了一波開設群眾集資平台的浪潮。這一波開設的群眾集資平台有嘖嘖zeczec、flyingV、weReport、We-project（已停止服務）。隨後陸續成軍的有 HereO、Limitstyle、Opusgogo、104夢想搖籃等平台。而目前flyingV是台灣最大的募資平台。

flyingV於2013年8月與金管會櫃買中心簽訂合作合約，合作推出「創意集資資訊專區」平台，是全世界第一個與主管單位簽訂合作的群眾集資平台。此舉不但代表政府積極採行國際間已風行多年的群眾集資模式作為協助新創事業募資的管道，更代表政府將創意、創新與創業三創最後一哩的關鍵核心，也就是資金血脈的罩門補上，讓素人也能借力創富！至今，線上募資的風潮方興未艾，已累積了不少成功的案例。

近來，最著名的群眾募資案例非《看見台灣》莫屬。這一部上映時造成全台轟動的紀錄片，是由導演齊柏林計畫拍攝的。2009年初，齊導演耗資近300萬元的積蓄，從國外租用專業空拍設備，總共花了30個小時環台一圈，從空中拍攝台灣動態的影像紀錄。八八風災後，台灣山林受到極為嚴重的創傷，齊柏林乘著直升機飛入災區拍照，看見滿目瘡痍的景象，讓他深深感受到，只有平面的影像不足以讓觀眾真實地感受到台灣正在面臨的危機。

雖然已繞著台灣飛行一圈，但齊導演仍然認為還有更多地方是值得被記錄下來的，因此下定決心扮演大家的眼睛，引進專業空拍設備，開始了台灣首部空拍電影紀錄片《看見台灣》的計畫。他花了將近3年的時間拍攝，在全台灣的上空飛行。 為了讓更多人都能看見各式各樣的地貌，美麗的、感動的、生態的、開發的、建設的甚至是天然災害的台灣。這部紀錄片的首映會募款目標200萬台幣，最後在flyingV成功募得了近250萬。

另一個著名的案例是「進擊的太白粉（ATTACK ON FLOUR!）」路跑活動。由一群熱愛路跑、熱愛台灣這塊土地的青年發起。志在要讓想熱血運動的人，都有機會享受健康、快樂、神奇的灑粉派對！這場「台式」的彩色路跑活動，原本募資目標為150萬台幣，最後募得了630萬，完成率400％以上！同時也成為素人崛起的里程碑，顯示大型的主題活動不再需由財團、企業主辦，素人也可以做得到。

不僅限於創業，線上募資平台更能完成你所有的夢想。曾有人因為憧憬成為拯救世界的超級英雄，以回收鋁罐、漆包線等五金材料，打造一款仿鋼鐵人的「超能心臟」為號召，沒想到竟獲得廣大迴響。最後獲得近兩百人贊助、成功募得12萬元，是原本設定金額的四倍，連計畫發起者自己都嚇了一大跳！

看了上述國內外的線上募資案例，好像都是新潮的玩意，可別就以為群眾募資只有年輕人才玩得起！事實上，只要你的構想找到與你「心有戚戚焉」的同好，就能集資成功。就有這麼一位年逾六十歲的爺爺級人物，也透過線上募資平台，完成自己的願望。

銘傳大學中文系教授徐福全，他專精於台灣禮俗文化研究，畢生心願就是修正錯誤百出的《家禮大成》一書，讓後世能使用正確的婚喪喜慶禮俗。徐教授的故事讓網友大為感動，短短三天就募到目標金額，最後共有150位網友捐款支持，幫助他完成夢想！

四、台灣著名線上募資平台一覽

名稱	flyingV	嘖嘖zeczec	weReport
收費	8%	8%	10%
贊助者清單	公開	公開	公開
募資制度	All or nothing制（未達募資目標則全額退還）	All or nothing制	超過募資目標一半以上則視為成功（專案募資金額可在提案審核期間調整）
特色	1. 綜合性的群眾募資平台。 2. 創辦人為無名小站創辦人之一林弘全。 2. 所有專案（包含成功及失敗）均永久可閱覽。 3. 全世界第一個與政府主管單位簽訂合作的群眾集資平台。	1. 以設計、文創產品為主的平台。 2. 失敗案件不可被閱覽。	1. 募資製作報導新聞為主的平台。 2. 失敗案件亦不退款而由平台統籌分配於其他專案。 3. 所有專案（包含成功及失敗）均永久保留。
知名成功案例	1. 台灣需要白色的力量（柯文哲等醫師發起）。 2.「進擊的太白粉」路跑活動。 3. 超電能飛行腕錶。	1. UPUP舉牌加油小人產生器。 2.「你好！台灣當代首飾創作聯展」赴德國慕尼黑展覽計畫。 3. ATOM 3D印表機。	1.《那些年，他們一起搞垮了公共電視！》紀錄片。 2.《不能戳的祕密》紀錄片。 3.《孩子的未來，碗中的現在》校園午餐調查報導。

名稱	HereO	Limitstyle	104＋夢想搖籃
收費	8%	根據服務項目不同收取不等的手續費用	服務費5%＋金流處理費3.2%～3.9%
贊助者清單	公開	不公開	不公開
募資制度	All or nothing制	All or nothing制（專案募資目標不可下修）	All or nothing制
特色	1. 以設計、音樂與表演為主的群眾集資平台。 2. 所有專案（包含成功及失敗）均永久保留。 3. 協助提案者進行拍攝集資影片。	1. 以商品預購為主的平台。 2. 結案案件不可被閱覽。	1. 主打群眾募資與人才募集。 2. 結案案件可被閱覽。 3. 除了現金贊助，提供募資者服務者亦可能得到回饋。
知名成功案例	1.《BadAmis壞阿美人》首張EP發行。 2.《Urban Soul》鄭雙雙個人首張黑膠EP發行。	1. 階梯肥皂盒。 2. 鵝卵石行動電源。	1.「鐵人一哥」謝昇諺，力拼2016巴西奧運。 2. 熱血威爾《跟著戰國武將玩日本》預購。

五、線上募資的優點

首先，顯而易見的，創意能夠獲得網友青睞的創業者，能從這類平台中獲得資金。以前還沒有這種平台時，傳統的創業者只能從銀行、天使、創投等專業投資單位來募資。這些募資方式不是門檻相當高，就是需要提供嚴實的營運模式、財報、評估……這對許多初出茅廬創業的朋友來說，簡直是一項「不可能的任務」。更不用說透過這個平台來募資，無須提供股權，能夠維持公司股權的完整性、運作上的獨立性，在營運與創意發想上不為股東所制肘，不用擔心外力介入而失去主導權。而且可以用「贈送實體產品」的方式來回饋投資者，更靈活的資產利用模式，大大降低了創業者所需面臨的風險。

其次，群眾募資平台提供了產品一個絕佳的「試水溫」場域。在國外，這個模式已有不少的成功案例，用圖文或影音的方式將產品展現給網友（投資者）看的同時，也等於是將未上市的產品丟給未來的消費者檢驗。能藉此測試市場對產品或服務的反應和它受歡迎的程度，在產品上市前驗證你的創意是否可行。「最嚴格的審核者絕對是消費者」，網友們在網路上按「讚」或留言支持都很容易，但真要掏錢出來的那一刻，個個可是相當精明！一定要有足夠的資訊來說服他們，這是一個有發展性、前瞻性的案件。因此，會對你的產品投資的人，必然認同你的理念，肯定會是未來的消費者。尤其以「贈送實體產品」的方式來回饋投資者這個模式，根本就是辦了一場「預售發表會」。經過這個關卡洗禮獲得資助的案件一推上市，多頗獲好評，這功能可說比起「市場問卷調查」還精準。

此外，藉由群眾募資平台來曝光的方式，可以和網友直接互動，取得他們對產品或服務的意見和回應，進而修改發展方向，讓產品更趨完美。而且投資者對透過Facebook、LINE、Google+及口耳相傳，這群「螞蟻雄兵」為產品做的一切推廣來自於本身對產品產生的認同感，絲毫分文不取，替你的產品達到免費宣傳與行銷的效果。況且成功的案件還可能引起媒體的興趣，得到更大量的曝光機會。

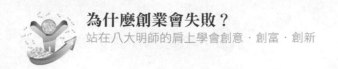

六、群眾募資前這些一定要準備好！

1. 規劃好你的募資進程：

 大眾集資活動就像是出版一本書一樣，有前置作業、編製期，和上市期。你必須盡其所能的在你的專案推上募資平台前籌備好你準備給大家看到的那一面，並且預先規劃好一切可能發生的事情。

 舉例來說，你必須事先計畫好所需的成本，撰寫文案、拍攝影片、繪製成品模擬圖……都需要耗費時間與金錢。如果在成功獲得資金前你就燒光了「小朋友」，那麼一切努力，也是枉然。

 另外，找找和你性質相似、並且已經成功獲得大眾資金的專案團隊，仔細研究，和失敗的做比較。想想成功的專案是哪些特點獲得網友的青睞；失敗的又是缺少了什麼？然後再反過來思考自己的專案是否有這些優缺點。由於募資平台的受眾大多為年輕族群，因此過程中要不斷的問自己，我的構想是否已經是陳腔濫調呢？是否能讓大眾耳目一新？唯有不斷透過這樣問題來檢視自己的專案，不斷的修正，才能讓它在大家的眼前盡善盡美。

2. 一定要製作專屬於你的影片：

 在將自己的創業構想推上平台之前，你必須至少拍攝一部影片來說明你的點子。有影音短片而成功募資的專案是沒有影音的兩倍，因此若是沒有完成這個步驟，集資的活動很難引起眾人的注目，非常容易失敗。而在製作影音之前，建議先看過至少十部已成功募資的影音短片，截取他人的優點，加入自己的專案中。而這個影片需要包含兩件重要的事：第一，你必須證明這些資金可以完成你的目的。許多時候，募資失敗並不是網友不認同你的構想，而是對於你的構想了解還不夠徹底，導致信心不足。記住，投資者都希望自己所投資的事業能夠成功，而非石沉大海。因此你必須在影片中充分展現你的技術和特色，讓他們認為這是一項有前瞻性、值得一試的提案。

第二，你必須更體貼的對待你的潛在客戶。在影片中你必須展現你的熱情。人都喜歡有活力、有熱情的感覺。讓你的場子熱起來，並且用八歲到八十歲都能看得懂的方式呈現，這樣更有可能達到病毒式行銷的效果。

3. 建構你的社群網路：

在將你的專案推上募資平台前半年，你就應該在Facebook、Twitter、Google+、Plurk等社群網站建立起你的聯絡人網絡。此外，與你這項專案有關的任何網站也不能忽略。舉例來說，如果你要募資的專案是有關食品安全的領域，那麼你必須和食品製作的上中下游、相關的檢測儀器廠商、以及這個領域的民間團體成為好朋友。甚至是建立相關的記者清單，這清單應該包括報導群募產業和與你專案相關的記者。特別是與你專案相關文章的撰文者與採訪者都應該設法與他聯絡，這對行銷你的專案會有很大的幫助。

另外，自己身邊的親朋好友也是不能少的，研究顯示超過30％資金來自你前三層關係的社群網絡；若是和個人需求相關的群募專案，這個比例甚至會超過70％。

4. 擊中要害，你需要了解投資者心理的「小聲音」：

其實，最成功的產品不一定來自最棒的創意，但是它們都有一個共通點：可以用一句話來概括描述。就拿Twitter發文來說，如果你可以在140字以內表達你的點子，你就成功了。

因此，募資平台要成功，「易於理解」是最基本的要件。你必須設法讓你的想法容易被大眾記得，因為短而有力的敘述，將會是你在大眾的腦海中留下印象的最佳利器。若你做得很成功、容易傳達，人們自然會幫你宣傳。相反的，若是你的點子難以表達，那麼即使你的構想被觀眾接受後，他們也難以幫你傳播。

除了容易理解之外，我們還必須研究觀眾的喜好，並不是酷炫的廣告就會吸引投資者的目光，更重要的是要適合他們的品味。在回應每一則提問、每一則留言之前，務必花一些時間來了解觀眾的價值觀是什麼。雖然這方面的努力不一定能直接轉化成投資者的金錢挹注。但你會有更高的機率取得認同，這是對觀眾的基本尊重，如果你打算要玩這個遊戲，你必需學會尊重和替你的觀眾們著想。

5. 讓你的專案透明化：

在撰寫專案時，你需要詳細的說明關於專案本身的各個面向，包含專案的期程、經費的使用流向、參與人員……除了專案的本身以外，其實觀眾也會對發起專案的「你」感到好奇。你需要給群眾一個故事，他們會想知道為什麼你會發起這個專案？為什麼你的專案有機會成功？為什麼要支持你的專案？除了理性層面的「成功」之外，要讓觀眾支持你，你還必須訴諸「感性層次」。藉由一個好的故事讓觀眾感受到，你正在做的事很「不一樣」！並不是所有同領域的人都能夠做到的。

6. 經營起這項事業——你必須工作，工作，再工作：

除非你的名氣已經超過周董或林志玲，否則千萬不要預期你只要秀出專案，錢就會滾滾而入、從天而降。況且就連周董或林志玲成功的原因也是因為他們不斷地投入時間，年復一年地經營他們的支持者，直到他們的名氣響徹雲霄，才得以嘗到甜美的果實。美國一份調查顯示：成功募集超過10,000美元的案例，平均每天都必須投入將近十個小時；而即使每天平均投入超過五小時，大多還是只能淪為失敗的案例。從這項數據中我們可以想像得到，投入大眾集資活動將會耗費你這段時間絕大部分的光陰，因此事先的計畫和持續不斷的工作是非常重要的。你可能會問，不是將專案放上平台之後就開始「靜候佳音」了嗎？其實勝敗的關鍵就在這一個觀念，在你的專案曝光後，你還必須「時時更新」內容。更新代表集資者花了更多的心力。這麼做能讓已經知道這項訊息的人能持續收到通知，感受到你的誠意；另外，你需要走出你的舒適圈，向外尋求更多人的注意力和支持，告訴更多人：「嘿，我在這裡！」以增加成功的可能性。

七、為什麼我在群眾募資平台上募不到錢？

上面細數的種種優點聽起來很美好，對創業者來說，群眾募資完全顛覆了傳統募集資金的遊戲規則。但現實總有它的殘酷面，群眾募資只有當創業者在時間限制內100％募到目標款項時才算成功。所以為了免於募款失敗，千萬別犯下這些錯誤：

1. 沒有告訴網友「為什麼」要投資你：

創業者最常犯的毛病就是「直線式」思考，只專注於自己要做的事。但在募資平台上看見你的構想的大多是一般社會大眾，引起他們興趣的不只是投資了之後會拿到什麼成品、得到多少回報等「理性面」的訴求，我們必須告訴支持者「為什麼要做這些事？」及「為什麼你應該在意？」支持者願意投入金錢來資助一個構想，通常還帶有「感性面」的成分。我們需要告訴支持者計畫背後的來龍去脈，跟他們細述一則則這個計畫的故事，讓他們感到這個計畫不只是機械式的投入與產出，更富有暖呼呼的人情關懷與生命力。

2. 過度依賴「文字」來表達你的訴求：

科學研究已證實，人類實際上能夠專注的時間很短，因此「TED」演說限制每位講者的發表時間只有18分鐘。要引起觀眾的注意，一張圖片勝過千言萬語，一個影片又勝過千百張圖片。要成功獲得支持者的青睞，吸引他打開荷包掏出鈔票，「圖像化」的功夫不可省。適時的將你的構想、成果乃至於團隊成員化諸影像與圖片，可以讓你的計畫更具體、更真實，當然也更能受到支持者的喜愛。

3. 你需要有領頭羊拋磚引玉：

好的開始是成功的一半，當募資活動開始，絕不能讓網友覺得這個活動人氣低落，因為人們總是比較喜歡錦上添花，願意雪中送炭的人非常的少。所以當你將案件放上平台後，一定要先拉一些身邊的親朋好友來支持，確認至少一定有支持者是跟你站在同一陣線，以竟「拋磚引玉」之功。如此一來，不認識你以及你的事業體的網友在網路上看到你的企劃時，絕不會是「淒淒慘慘戚戚」的光景。他們會看到已有人捐款，而不是一個大鴨蛋。你絕對沒看過任何一個乞丐或是街頭藝人收錢的帽子裡是空空如也的，對吧？這樣的道理顯而易見，你應該能夠了解！

4. 你沒讓支持者看懂錢的用途：

作戰時絕對不能失去明確的目標，同樣的道理，商場如戰場，群眾募資在訴求相當明確的時候，才能達到最大的成效。投資者需要知道如果募資達標後，將會完成某件具體且明確的事情。一開始就說清楚你要做什麼，這是一個讓人們可以了解你的企業，感覺成為其中一分子的重要機會，尤其是當人們在你的願景上下了賭注。所以，讓一切變得透明是很重要的，包括將如何使用這筆資金，以及你會遇到哪些挑戰。

5. 丟訊息、發廣告，曝光度這回事一定要多多益善：

試著回想一下你每天都會逛的入口網站，頁面上有哪些廣告呢？一定無法一一說出，對吧？雖然你可能覺得繁複的發出同樣的訊息是在騷擾接受者，但事實上有許多人其實要到三次以上才會真的注意到你的請求。所以如果你只對網友送出一次的訊息來推薦自己的計畫，結果必然是石沉大海！還有創業者也要盡量最大化自己計畫訊息的能見度。不同年齡、不同領域的人習慣接收到訊息的媒介不同，每個人對於不同的媒體有不同的反應，所以不論是實體或虛擬的媒介，都要盡力尋求曝光機會。

6. 亂打「名人牌」：

許多人為了讓自己的計畫有亮點，會使用訴諸名人推薦的模式。但這一招不是萬靈丹，有時甚至會帶來反效果。這其間的差異在於你要確認你請求的那個名人與你的募資計畫主題是有關連性的。如果找到的名人是這個領域的負面指標，那麼絕對是「請鬼拿藥單」，花了錢還得不到效果。如果你的計畫是追蹤與研究核電廠對環境所造成的影響，或是研發相關抗輻射產品，那可以向該領域學者或關心環境的作家、部落客尋求幫助，而不是去找羅志祥或蔡依林。

八、籌到資金之後……

只要是人都喜歡得到他人的關懷與問候，付了錢的金主更是希望他所付出的金錢不會石沉大海，那樣只會讓他感到失望並且對計畫的進行產生疑竇。所以希望事業穩定成長、受到投資者的肯定，你必須經常和他們Keep in touch。舉例來說，每週發一封Email給支持你的人，表達出你誠摯的謝意，並且也讓他們知道計畫的進度。甚至可以在這封信中夾帶一些廣告與進一步的援助計畫。讓支援你的人感到窩心，進而持續支持你的計畫。

上述的這個方法也可以在你的Facebook、Plurk、Twitter、Google+等其他介面同步進行，別忘了，我前面已經提過，投資你的人通常也是最樂意替你傳播廣告訊息的人，你可以請他們協助將你的產品、服務以口語或在各自的平台，分享給他們的朋友，讓你的事業幅員擴散到世界每一個角落！

然而，網路募資可以算是另類的「民氣可用」，但「水可載舟，亦可覆舟！」對投資者的承諾必須要致力去兌現，不然小心「民氣反撲」！支持你的人，當你的承諾無法兌現時，會是被你傷得最深的那一群。舉例來說，著名的「進擊的太白粉」路跑活動，計畫發起人聽到質疑彩色路跑粉末造成環境汙染的聲音，隨即在其官方Facebook上探詢是否路跑不灑太白粉，此舉立即引發眾多網友大罵詐欺，並要求退費。最後折衷是減少用量與改變噴灑方式，但已造成贊助者的不悅，為其後各地路跑的籌資蒙上陰影。

INFO

給即將成功的創業家：

各位成功與即將成功的創業家們，大家好！

我是小王，瑪蒂森（Madison）。也是亞洲八大名師——王博士，目前輩分最小的入室弟子。我這輩子做過最大膽的投資之一，就是慕名上過王博士兩天出版實務的課程之後，掃光亞洲八大明師「頂級VIP」的所有座位。王博士的個人丰采，與對提攜後進不餘遺力的大器，真的只有親身經歷才能領略。

首先，我要大大地歡迎懂得自我投資，熱愛學習，積極拓展人脈的諸位，恭喜你們選擇了一門物超所值的世紀盛會！我確信，這兩天的課程，絕對可以讓各位嘉賓，猶如醍醐灌頂。不僅僅打通各路英雄好漢「創意，創業，創新，創富」的任督二脈；以小女子對「王博士」的了解，必定還能讓大家「滿載」而歸。

當然，王博士與其他七位世界華人八大明師的魅力，你在他們的著作和有聲書可以一窺一二。但是如果你像我一樣，對結識物以類聚的成功人士有迫切的需要；如果你也想望百聞不如一見所謂「巨人的肩膀」。您不能錯過這個絕無僅有，一次與八位巨人，數以百計的英雄豪傑「面對面」的大好機會！

By the way，「VIP」總是與「限時限量」畫上等號。敬請各位好朋友把握機會，火速與瑪蒂森聯絡。我們成功頂峰見囉！

禾多移動多媒體股份有限公司財務經理
瑪蒂森
madison14913@gmail.com

創業募資：讓政府拉你一把

王擎天

要借錢，找政府

看過了先前向銀行借款的方式後，大家一定覺得「哇！創業的第一桶金要向銀行貸款，真麻煩！」的確，白手起家的創業主，由於規模小、財務結構不健全與財務資訊透明度低的特性，信用風險相對較高。只能萬丈高樓平地起，相對大企業而言，其資金籌措能力較為薄弱、融資管道也較為欠缺而不易取得融資資金。

若創業需要借錢，筆者絕不將「直接跑去找銀行」列為第一考量。若單純以申請額度、申請難易度以及貸款的成本來說，筆者極力推薦目前政府致力推行的政策性創業貸款。

政策性創業貸款通常被一般人所忽略（尤其是年輕的一群）。但，看中年輕族群的創新能量，他們也是政府目前最積極推動政策性貸款的目標年齡層。台北市政府所提供的「青年創業貸款」甚至是完全免利息，由台北市政府補貼，這對於創業者的資金成本而言，相對輕鬆許多！

一、破解迷思：為什麼大企業借款比較容易？

一般而言，公司在創立初期，由於規模小、缺乏獲利記錄與經會計師查核簽證的財務報表，企業資訊是封閉的，加上經濟不景氣的影響，金融機構的放款態度趨於保守，獲得外部資金愈發困難。這也讓中小企業容易面臨融資的困境，陷入資金需求的惡性循環。對銀行來說，中小型企業與大企業向他們融資主要的差別在於以下數點：

1. 中小企業規模較小，先天體質上較脆弱， 財務結構普遍欠佳。
2. 中小企業經營能力或經營績效欠佳。
3. 中小企業缺乏擔保品與適當保證人，擔保能力不足。
4. 企業本身的財務報表品質不良，或為節稅考量，未能真實表達實際經營狀況。
5. 以家族型態為主，且經營者大多為技術或業務出身，缺乏財務背景，無法提出具體償還計畫，且會計制度亦不健全。
6. 銀行授信風險較大，貸款成本較高，信用評比明顯較大企業為低。

當公司進入成長階段，營運擴張使得公司的資金需求增加，同時隨著公司規模擴大，可用於抵押的資產增加，並有了初步的獲利記錄，資訊透明度有所提昇，公司對於金融機構的外部融資就會漸趨穩定。

在進入營運成熟階段後，企業的獲利記錄與財務制度趨於完備，但這時你的公司已逐漸具備進入公開市場發行有價證券的條件。從銀行等金融機構融資的比重應會逐年下降。

二、申請政策優惠創業貸款前要知道⋯⋯

政策優惠創業貸款大致上分為兩種，一種是「青年創業貸款」、另一種是「微型創業貸款」。青年創業貸款為政府政策性優惠利率貸款，協助輔導創業青年開創事業資金之融通，也可簡稱「青創貸款」。青創貸款最大的好處就是利率低，**它跟許多國家低利的政策性貸款一樣（如勞工住宅貸款），利率非常低，你可選擇信用貸款或是抵押貸款**。只要是20～45歲的創業主，公司設立在五年以內都可以申請。創業主只需要提供詳細的「創業計畫書」，信用正常，通常都可以獲得所需的資金。惟須特別注意，每人一生不論創業幾次，僅限申辦青年創業貸款一次。

若是年齡比較大的創業主，則可申請「微型創業貸款」，簡稱「微創貸款」。此種貸款最基本的條件是必須年滿45歲，最高到65歲，且公司成立未滿兩年、員工數未滿五人，相當適合退休人士重新開啟事業的另一片天。

另外，如果妳是女性要創業，勞委會有一個「鳳凰創業貸款」，女性同胞申請這一項貸款，通過機率會增加許多。而且鳳凰創業貸款不需保人，大大降低了貸款的門檻。

申請這些政策性貸款之前，政府會要求創業主先至大專推廣部、育成中心、政府機關或相關的法人團體上課，以「青年創業貸款」為例，必須修習20小時以上之創業培訓課程，其中包含創業適性評量（詳見下一篇章）、行業選擇、風險評估、地方政府資源介紹、創業開業準備、稅務法規介紹、商品服務管理、市場行銷規劃⋯⋯課程中都會安排顧問指導，讓創業主在此分享成功創業經驗。有的課程還結合各行業之微型企業共同提供至企業見習活動，以提倡創業前體驗經營的理念。

但如同其他的籌資管道，筆者建議創業主盡量不要在一開始創業時，就申請這些政策優惠貸款。因為雖然是政策性優惠貸款，但是審核放款的生殺大權還是在銀行手裡。而銀行十分在意申請事業的還款來源。

筆者在去年舉辦了一場「借力致富三部曲」的課程，其中有一個學員想要創業開一家線上銷售女性成衣的小公司，希望跟銀行辦理青年創業貸款。但是當銀行看完了他包含創業計畫書的所有資料之後，卻予以回絕。拒絕的原因是這公司一年來並沒有開出半張發票，也就是沒有任何的收入來源。因此，在事業開創一年後，務求能夠有一張漂亮的營業數字成績單，再來申請政策優惠貸款為佳。

建議讀者想要創業時，除了完善的創業計畫書之外，最好是你所創的公司已經有穩定的收入來源，這樣銀行才會願意借錢給你，不然就只能提供擔保品了。總之，想要創業的朋友們務必有個完整規劃，才能跟銀行順利地建立往來關係。

另外，由於「加盟事業」不能申請青年創業貸款，所以銀行也有推出專門針對加盟事業主的貸款，想要透過加盟創業的創業主們，可以向各家銀行詢問，有些銀行也跟某部分的連鎖加盟體系相互配合，銀行甚至會把某些行銷資源回饋出來幫助加盟業者，所以想申請創業貸款時，務必貨比三家。

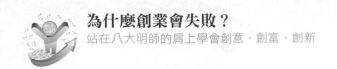

三、成功申請政府優惠貸款攻略

1. 徹底了解政府優惠貸款申請規定：

其實申請政府優惠創業貸款並不難，許多創業主的申請案之所以未竟全功，其實是因為對於相關的申請規定不了解，導致身分不符、資料不齊、條件不對……但這些其實只要用些心力，就可以事先打預防針。而且創業主的這些問題，都可以直接向相關單位詢問。

舉例來說，經濟部所提供的「青年創業貸款」若需進一步諮詢輔導，可直接電洽經濟部中小企業處馬上解決問題中心。而且他們不只是回答你的問題，還能對財務困難的公司提供融資協處服務，協助公司健全財務會計制度與提升財務管理能力，並透過中小企業信用保證基金提供融資保證，以提高銀行承貸意願，兼輔以投資業務，協助中小型企業取得營運所需資金。

政府所提供的創業貸款，利率確實較為優惠，但需要特別注意一點：貸款人本身一定要有實際營業的「地點」及「營業登記」，否則是無法辦理的。也就是說，目前若是單純想創業且尚未成立公司的朋友，一定要在申請前辦理好營業登記。

2. 選擇適當往來的銀行：

公司雖然可以隨時選擇並更換最主要往來的銀行，但你要了解到，更換了銀行，也代表你的公司必須從頭開始建立與該銀行之往來關係、重新培養累積信用，所以不可不慎。最好能在設立企業時就慎選銀行，尤其是要申請政府優惠貸款之創業主，最好選擇有承辦該貸款業務之銀行往來，未來如向該行申貸，成功機率較大。

一般而言，申貸成功的機率與銀行有關，而每家銀行貸放政策不同，所以也可先去電各銀行，探一探銀行對該貸款業務承辦的積極度，不積極就換一家。以下提供幾個選擇適當往來銀行之條件：

⑴開辦政府專案低利貸款，注重中小企業之銀行。

⑵分支機構眾多，距離企業近，停車方便。

⑶服務品質佳、態度親切。

⑷電子化程度高，能提供方便之金融資訊服務。

⑸提供金融商品符合你的公司需要。

⑹經營方式朝「綜合化方向」，可配合企業成長。

3. 選擇適當的申貸時機：

申請政府創業貸款方案，一定要有營業事實，所以最好在創業、開店一年以後再申請。重點在於提出申請時，營業數據有一定要有業績支撐。所以你的公司可以善用以下融資機會點，例如：因應產銷旺季提出季節性銷售旺季週轉需求、接獲大筆訂單提出臨時週轉需求、市場供需失衡配合增加生產提出週轉需求等。

或者是在銀行拓展放款期、結算期時申請，例如：銀行配合政策推動各項專案性貸款、推動新種放款業務（如：中小企業小額週轉金簡便貸款）、為衝刺放款業務，以期提高營收、市占率及降低逾期比率等時機。

在這邊要特別提醒的是，申請貸款需要經過一定的銀行貸款作業流程，所以企業最好在需要用錢的前3～6個月即行申請，不要等到急需用錢才來申請。

4. 你的財務報表絕對不能出現這些問題：

⑴營業額起伏過大：你的公司營業額起伏過大，代表著營收不穩

定，你的還款能力當然易受到銀行稽核員的質疑。

⑵**連續3年虧損：**這代表銷貨收入長期未達損益平衡點，獲利能力無法改善，雖然不是絕對不能貸款，但要有更充分的理由證明獲利情況會改善。

⑶**應收票據與帳款不宜過多：**有呆帳或虛灌營業額之嫌疑。

⑷**應收帳款及應收票據科目餘額很小：**與其申請的客票融資金額不成比例，或應收票據帳列金額與銷貨條件收票比例不符。

⑸**存貨過多：**代表可能有呆滯或虛增之資產，將使公司流動性風險加大。

⑹**負債比率（負債除以淨值）過大：**一般企業負債比率只要在200％左右，仍屬於正常，超過300％以上則已明顯偏高，表示自有資金不足，不利銀行貸款。

⑺**銀行短期借款占營收比重過高：**週轉性貸款不可以超過年營業額，超過時即表示資金用途不明，有可能企業以短期資金來支應長期用途，有違財務健全原則，在辦理企業週轉性貸款時會有困難。

⑻**「股東往來」科目出現在借方（即資產負債表之資產中）：**顯示資金有公、私不分之嫌。

⑼**淨值不能為負數：**代表企業長期或巨額虧損，企業前景不樂觀。

⑽**帳冊上的營業收入與稅額申報表不符：**切忌為達節稅目的，刻意短報營收。

5. 你不能不知道的銀行貸款審查「6C原則」：

為了確保貸出去的款項安全與盈利，商業銀行對借款人的信用調查與審查，在多年實際操作中逐漸形成一整套衡量指標，即所謂的6C原則。創業主在撰寫「創業計畫書」時，一定要思考這些原則，投其所好，才能大大提高申請成功的機率。

⑴Character（品德）：主要指企業負責人的工作作風和生活方式、企業管理制度健全程度、經營穩妥狀況及信用記錄等。但是不能用客戶的信用評級代替財務的分析。

⑵Capacity（才能）：主要指企業負責人的才幹、經驗、判斷能力、業務素質等。

⑶Capital（資本）：充足的資本是衡量企業經濟實力的重要方面。

⑷Collateral（擔保品）：在中長期貸款中，借款人必須提供一定數量的、合適的物質作擔保品作為第二還款來源，擔保的存在可以減少或避免銀行的貸款風險。

⑸Condition（經營環境）：指借款者面臨的經營環境及可能的變化趨勢。包括整體經濟狀況、同業競爭、政府的行業政策、勞資關係、政局變化等內容。

⑹Continuity（經營的連續性）：指對借款企業持續經營歷史和前景的審查。企業經營的連續性反映了企業適應經濟形勢及市場行情變化的能力。

6. 審慎填寫貸款額度：

大多數創業主對於申請政府的創業貸款，如青年創業貸款、微型企業創業貸款、鳳凰創業貸款等，都有一個共同的痛，就是後悔當初貸款額度「寫太低」！申請時要申請最高貸款額度，因為銀行一定會往下砍，所以即使你寫了最高的貸款額度，也未必寫多少就能貸多少。

另外，填寫表單時一定會有一欄要求你填寫「貸款用途」，盡量將你的貸款用途填寫購買儀器設備等需求，讓銀行認為你有未來的發展性。盡量避免填寫週轉金方面的需求，尤其是週轉金寫的金額愈高，銀行砍的額度就愈大。另外自有資金盡量要超過申請貸款總數，如此就很容易通過！

四、重點是創業主的心態

創業是一門很大的學問，而創業的第一門課——籌資，更是每一個創業主必須面臨的問題。總的來說，創業主想要「八面玲瓏、左右逢源」，勢必要健全自身的財務管理制度、建立良善的企業內控流程、且與銀行保持密切的互動、以及善用政府財務融通輔導體系等，這些都是改善初創公司的融資困境，並增強資金融通能力的對策。

創業主也應該衡量自身處於哪一個生命週期的階段，考量融資金額的多寡、資金成本的高低、融資期限的長短、融資工具的差異，以及融資機會的時點等因素，如此方能選取現階段最佳的融資方案或政府貸款補助方案，以配合事業的發展。

不管如何，最重要的是在選擇創業這條路之前，務必做好所有完整且正確的評估，讓創業貸款的效應發揮到最大，不然萬一創業失敗，只是讓自己的身上又多了一筆債務而已。

五、各類政策優惠創業貸款一覽表

	青年創業貸款	青年創業逐夢啟動金	台北市青年創業貸款	微型鳳凰創業計畫	幸福創業微利貸款
政府單位	經濟部中小企業處	經濟部中小企業處	台北市政府產業發展局	勞委會	新北市政府勞工局
對象	1. 20～45歲。 2. 公司成立未滿五年。	1. 20～45歲。 2. 所創事業負責人。	1. 設籍台北市一年以上。 2. 20歲未滿46歲。 3. 經營事業在台北市未滿五年。	1. 20～65歲婦女。 2. 45～65歲民眾。 3. 稅籍登記及營業登記設立未滿兩年； 4. 員工數滿五人。	1. 設籍新北市四個月以上。 2. 20～65歲。 3. 符合中低收入戶。 4. 設立登記所創或所營事業於新北市未超過三年。
額度（新台幣）	每人最高400萬，其中無擔保最高100萬元。	1. 特定優予對象最高200萬元。 2. 其餘最高100萬元。	最高300萬元。	1. 營業登記最高100萬元。 2. 稅籍登記最高50萬。 3. 免保證人、免擔保品。	最高100萬元。

貸款期限	1. 擔保貸款：十年。 2. 無擔保貸款：六年。	最長六年。	1. 擔保貸款：最長十年。 2. 無擔保貸款：最長七年。	七年。	最長七年。
貸款利息	按郵政儲金二年期定期儲金機動利率＋年息0.575％。	按郵政儲金二年期定期儲金機動利率＋年息0.575％。	不用利息（由台北市政府全額補貼）。	1. 前兩年免息。 2. 第三年按郵政儲金兩年期定期儲金機動利率＋年息0.575％。	台灣銀行定儲指數利率＋0.05％，前兩年由新北市政府補貼，第三年至第七年超過2％以上之利息，由新北市政府補貼。
貸款用途	購置生財器具、設備或週轉金。	事業籌設期間至該事業依法完成公司、商業設立登記或立案後，六個月內之各項準備金、開辦費。	購置廠房、營業場所、機器設備或營運週轉金。	購置生財器具、設備或週轉金。	購置生財器具、設備或週轉金。

創新，國發天使基金就給你一桶金

手握創業藍圖，懷著滿腔的抱負，站上衝刺的起跑線，但你好像口袋裡還是少了一件很重要的東西——沒錯，那就是錢！

創業的路艱辛，每分錢都得來不易。「一文錢逼死英雄好漢」，沒有錢，再偉大的雄心壯志，也只能原地踏步。現在，政府為了加強國內創業動能，鼓勵民間技術創新及應用發展，加速產業創新加值，促進經濟轉型，預計在五年內，投入10億元，不限產業、不限規模、不限領域，只要你有創新的構想，就可以來申請，讓政府支持你的創業夢。

一、國發天使基金是什麼？

國發天使基金，全名為：「**國發基金創業天使計畫**」，是102年年底行政院經建會為了激勵創新亮點，拍板定案的創業天使計畫。政府打算在五年內用高達10億元的預算，每年補助60家初創公司或有創業構想的創業主（即使還沒設立公司也能申請！），由國發基金提供資金協助。

每個個案核准額度以不超過營運計畫總金額40％為限，而同一申請人或受輔導企業之累計核准額度最高可達新台幣1,000萬元。換句話說，創業主準備2,500萬元創業規模計畫，就能取得國發基金最高1,000萬元補助，對創業者而言可以說是「補很大」。如果從事的產業類別屬於資訊服務業、華文電子商務、數位內容、雲端運算、會展產業、美食國際化、國際物流、養生照護、設計服務業……還可以爭取國發基金100億元的「加強投資策略性服務業計畫」，一魚兩吃，獲取到創業的第二桶金！除了資金以外，還提供獲選的公司或個人經營管理、財務行銷等相關輔導，而且這些輔導全部都是免費的！

二、有什麼限制？要準備些什麼？

1. 申請資格：

這一項由政府釋放出來的大利多，可以說是有史以來申請門檻最低的一項，只要符合以下兩點的任何人，不分產業業別、不分規模、不分階段，都可以憑著一紙「創業計畫書」，向政府申請這創業的「第一桶金」。

⑴任何規劃要在國內成立獨資、合夥事業或公司的人（大學生也可以申請！），但無公司者的申請案一旦獲通過，隨後必須設立公司，才能拿到補助金額，天使基金的專家小組會從旁協助。

⑵成立未滿三年（認定方式以經濟部商工登記查詢核准設立日期為基準）之國內獨資、合夥事業或公司（這點可以說是本計畫申請資格的「唯一門檻」，讓計畫中不會有大企業跑進來這場競賽中攪局，出現弱肉強食的馬太效應）。另，外資在台成立之子公司或轉投資企業，只要屬於中華民國公司法所成立之公司，且有繳稅事實，皆可以申請補助。

⑶同一申請人若成立好幾家公司，原則上皆可以申請這個計畫，但累計核准額度以新台幣1,000萬元為限。

⑷另外，這個計畫補助標的是公司的整體營運，因此若同一家公司有不同內容之計畫，僅能彙整成單一計畫書來申請。

2. 應該準備的資料：

申請人除了上「行政院國發基金創業天使計畫」官方網站下載填寫其申請書之外，須另外提供自己事業構想的創業計畫書及相關佐證的資料（需備資料包含聲明書、信用證明文件等，細項可上官網查詢。其中若已成立公司就要公司及負責人的證明文件，如果是未成立公司，只需要負責人的即可），向執行機構提出申請。而創業計畫書中至少應載明計畫目標、計畫內容、實施方法、資金運用、預期效益、風險評估等事宜。目前這項計畫的承辦單位為台北市電腦公會，創業主若有任何疑問可直接到台北市電腦公會辦公室親蒞諮詢。而當你的計畫送件後，將由產官學審議委員會評選出最佳案源、給予補助。

三、申請國發天使基金的正確思維

1. 這會是一場新秀間的硬仗：

對任何創業主來說，「國發基金創業天使計畫」是個新玩意。這是政府因應目前「悶經濟」的情況下，試圖想走出的一條新路。其實，台灣的民間創意絕不會輸給他國，只是苦無創業門路，於是藉由國發基金提供，釋放出資源給能創新、有創意的業者，輔導其站上國際舞台，也能因此獲得回饋。

這一項計畫案其實立意很好，對於新創團隊而言，可以說是所有政府計畫當中門檻最低的，彈性也最大。不過凡事都有兩個面向，這優點同時也會是個缺點，從機率角度來看，正因為門檻很低，只要公司成立三年內皆可申請。因此申請的公司或團隊數量必然非常可觀，要在這些新秀中竄出，還必須真有一身硬功夫。

2. 創業計畫書一定要有亮點：

創業天使計畫鼓勵創業者不怕犯錯，若創業失利，由國發基金承擔後果。但執行單位仍會與受輔導的公司約定「回饋機制」，於受輔導企業經營達一定里程碑時，依約定比例及金額將資金匯回專戶（最高不超過當初補助金額的2倍），以促進資金有效運用，來協助後續創新創業者。畢竟政府所釋放出來的資金是來自於國民的稅收，這筆錢必然不能完全像丟到水裡一樣無聲無息，甚至希望能從團隊身上拿到回饋金，篩選申請者時一定是找未來有發展潛能的公司。因此，你的創業計畫書一定要秀出與眾不同之處，才有可能受到評審青睞。若想多知道國發天使基金資訊的創業主，可以上其官方Facebook來了解及最新動態與資訊。

3. 注意核銷問題：

凡是參與政府的計畫都必須結案。以這個計畫來說，通過後，會先撥款補助金額的20％作為你的啟動金，剩下的額度要依照支出憑證核銷。比方說，如果你通過計畫300萬補助，通過後會先給你60萬，剩下的240萬額度就在後續經營過程中用發票核銷。為符合這個程序，在編列預算時就會有「會計科目」上能否核銷的問題，這點所有政府計畫皆然。換句話說，並不是你的任何發票政府都願意幫你買單。另外，這筆資金名義上是「投資」，實際上在會計科目內會算在你的「其他收入」，因此要課稅。但未來依「回饋機制」你要「回饋政府」的時候，那筆回饋金則不能抵稅，要特別注意。

4. 注意計畫與計畫間的「互斥性」：

就這一項計畫來說，申請通過後並不排斥創業主也申請其他政府補助計畫，但其他政府計畫是否會排斥這一項計畫，就要依其規定辦理了。因此申請創業天使計畫之前，請特別留意手中已申請的計畫或未來想申請的計畫是否互相排斥。若遇到這種情形，請考量何者對自己有利，擇優申請。

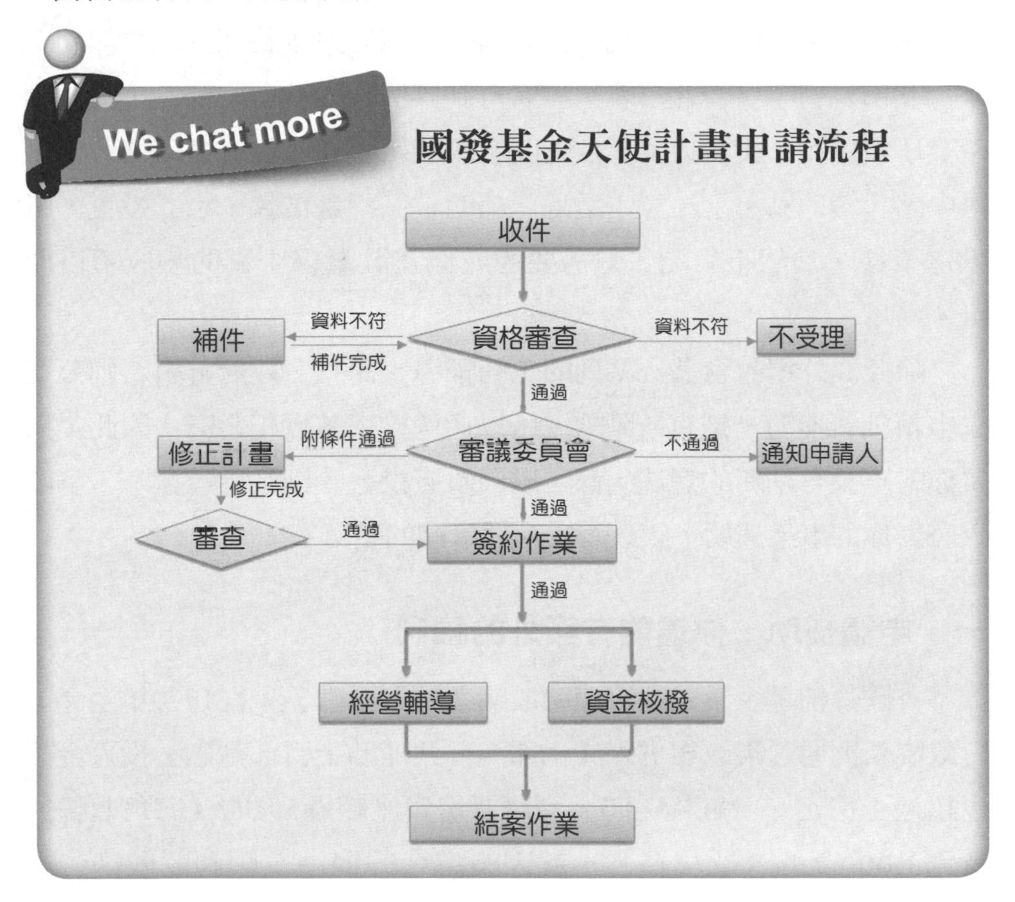

創業可以跟政府借錢免還？

你可能會想：「王博士，別唬弄我啊！天底下哪有這麼好的事，我家還在讀國小的小孩也知道天底下沒有白吃的午餐，怎麼可能借錢免還啊！」

但這就是事實，經濟不景氣，愈來愈多人憑著一技之長跳出來創業，而近年來，政府補助中小企業發展創新研發的勢態也越趨明顯。中央有中央的補助；地方也提供設籍該縣市的民眾相關的創業補助。以台北市為例，《台北市產業發展自制條例》中就有一條：「為鼓勵產業研發創新，投資人從事技術開發或創新服務研發計畫所需費用，得申請『補助』。」注意！這是「補助」，不是借款，也非投資，所以這筆錢，當然不用還！只需要達成你在計畫書中寫的驗收項目即可。

除此之外還包含著一系列的工商輔導。而且，政府針對新創公司去申請創新補助，是有鼓勵的，所以通過機率其實相當高。因此，只要你的事業有創新的想法，都可以向政府投遞「創業計畫書」，爭取政府對你的事業補助，讓政府成為你事業的墊腳石！

一、申請補助，你還能有額外的福利

「國片輔導金」是政府補助最明顯的例子之一。從1990年至今，行政院新聞局（現改組併入文化部）一共補助上百部電影，投入金額也超過上億元。曾紅極一時，台灣票房賣座超過5億的《海角七號》及逾3,000萬的《囧男孩》，就因輔導金的挹注，順利開啟籌資之路。其中《囧男孩》製作人李烈就不諱言地說：「原本這部片籌資並不順利，但在得到輔導金後，代表國家認可，就順利很多。」

由此可見，成功申請到政府補助，除了引入一道活泉，一解創業缺乏資金燃眉之急的那把火之外，更能藉由政府的這項「背書」，獲得外界的肯定，之後其他業務的合作，也能更加如魚得水、無往不利。

如果你的公司剛在起步階段，申請政府補助案，更是最容易、最無負擔取得第一桶金的方式，還可以藉由這個機會，可以好好的審視自己的創業計畫，讓評審委員們幫你審視你的創業計畫，修正公司發展方向，降低創業失敗的機率。何樂而不為呢？

二、申請政府補助第一步：我該跟誰申請？

大多技術出身的創業主最常聽到的政府補助莫過於「SBIR」了，指的是「中小企業創新研發計畫」（Small Business Innovation Research），這項由經濟部技術處主辨的計畫，政府每年會編列幾十億的預算，由財團法人中國生產力中心執行，補助近五百家的中小型研發型公司，以幾十萬到數百萬不等的補助金額，補助其研發經費，鼓勵國內中小企業加強創新技術、創新服務、數位內容與設計領域的研發能力，對新創公司很有助益。

但，其實不只經濟部，有提供這類的輔導與補助的政府機構很多，舉例來說，文化部對電影產業有相關的輔導與獎勵措施；對出版產業也有出版獎勵與補助計畫。其他如工研院、資策會、農委會、勞委會等，都有提供相關的補助與輔導。對於身心障礙的朋友，許多縣市的勞工局甚至有提供專屬的「身心障礙者自力更生創業補助」。

讀者若是剛從學校畢業、初出茅廬的社會新鮮人，教育部的青年發展署有一項「大專畢業生創業服務計畫（簡稱U-START計畫）」以產學合作計畫的模式，讓年輕的朋友能適時利用微型創業的彈性及育成協助，提昇畢業生的創業機會。這一項計畫只要審核通過，就補助創業團隊創業基本開辦費35萬元，獲補助之創業團隊若於第二階段獲得優異成績者，還有機會補助至100萬元！這些相關的最新資訊都能夠從學校裡的生輔組或者創新育成中心獲取。

三、中小企業主，你SBIR了沒？

雖然說因產業領域不同，每家公司所能申請的政府補助也大異其趣。但申請政府補助通常就是這麼一回事，即使是不同的產業、不同的承辦單位，業者所需繳交的資料一樣，撰寫計畫書的格式雷同，審核程序大同小異，就連審核官員所在意的重點也相差無幾。有的產業有其「跨領域性」，甚至可以一魚多吃，申請多項政府補助。創業主只要完成其中一項計畫案，之後遞送其他的補助案時，便可很快地修改成另一個計畫案的格式，也就是核心概念都不變，只消在內容上稍加修改即可。現在，就以最多行業適用的SBIR為例，讓我們一起來破解中小企業申請政府創業補助的各種「眉角」吧！

四、申請政府創業補助步驟

萬事起頭難，申請政府創業補助更是如此，千頭萬緒，理不出一條遵循的方向，以下以簡圖表示申請補助案的步驟：

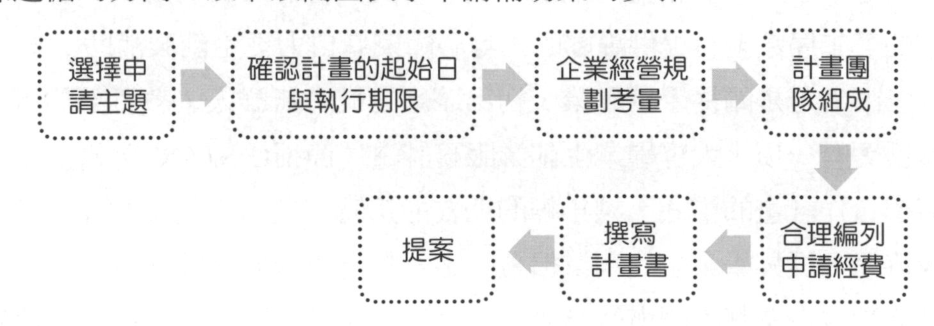

1. 慎選申請主題：

選擇申請的主題，是申請計畫的第一個也是最重要的工作。俗話說：「好的開始是成功的一半！」如果這裡沒做好，那麼即有可能「一步錯，步步錯。」讓自己的申請案處處碰壁。

選擇申請主題首先要了解企業本身的行業屬性，適合申請哪一項政府補助。就SBIR來說，分為「先期研究／先期規劃」（Phase1）、「研究開發／細部計畫」（Phase2）與「加值應用」（Phase2^{+}），如果創業主手上的題目，是目前業界首創的想法或創意，筆者建議從SBIR Phase1開始著手，一來能藉由專案執行過程進行一些更深入的研究與評估，二來通過率也比較高。總之，這些分類著重點與限制都不同，創業主一定要慎選，避免資格不符而慘遭出局。

其次，由於SBIR審核重點在「創新」，創業主必須思考自己的公司、產品是否屬於可研究發展創新的技術？但也無須過度故步自封。所謂「創新」的定義，並非無中生有，只要在既有技術上，增加新的功能，或者改善現有流程、突破現存的技術瓶頸即可。

此外，必須弄清楚自身產業的主題是否符合政府的方向，審核機關是政府部門，跟著政策的腳步走準沒錯。SBIR的負責單位經濟部為國家發展新技術研發的主管機關，所制定的方向政策可作為民間企業依循的根據。申請計畫通過成與否，80%與所制定的研發方向主題有關，而目前政府所推動的重點項目內容，可自行由經濟部小型企業創新研發計畫（SBIR）的官方網站查詢。

2. 確認計畫期限：

申請政府補助必須時常注意各部會的公告，除了行之有年的補助案之外，近年來，政府也在「創新」這一塊做了許多嘗試，推出了許多激勵年輕族群與中小企業的補助方案，但這些都有申請期限，若錯過的只好「明年再見」，甚為可惜！

而政府所提供的補助計畫案都有一定的執行期限，以研發計畫來說，通常不會超過一年，端視研發技術的難易度而定。但企業主通常會認為研發時間長，補助經費就會多，這完全是不正確的觀念。企業絕不能為了補助經費，寫了一個天文數字的申請期間，如果技術研發較為簡單，建議申請期間不要超過一年。因為不論時間多久，企業都必須要考量是否順利完成目標。過程可能有許多經濟、技術、市場競爭等風險因子存在，因此不要讓你的計畫案拖太長的時間。

3. 做好自身經營規劃考量：

由於研發需要投入大量的資金與人力，企業在申請計畫案之前，一定要考量是否有這筆經費投入研發創新型的技術。絕對不能企業明明處於虧損，卻認為可以靠這一筆補助，硬要去研發一項不屬於自身專長的技術來扭轉劣勢。如此，一旦計畫「幸運」通過，執行期間若遭遇市場不景氣，那麼你的公司將承擔虧損與必需投入創新研發的雙重打擊。

另外，以技術層面來看，政府補助的額度最高僅為總計畫經費的49%，而且通常金額不會核定給到這麼高，若天生體質不良的企業為了政府補助的經費而硬要去申請，其實是冒著非常大的風險。因此不論是否申請政府的補助，經營者正確的心態應為了「永續發展」而行動，切莫為了暫時的利益而亂了自身發展方向。

況且，企業申請政府補助企畫時，承辦單位必然會要求提供至少一年的財務報表，包含資產負債表或損益表等。若連年虧損或營業額勉強持平，那麼這些都會加深評審委員的疑慮。創業主一定要有一個正確的觀念，政府補助計畫案乃「錦上添花」，絕非雪中送炭！況且即使僥倖通過申請案，不代表能夠順利結案，若未能結案不但經費需繳回，還會失去與政府的良好關係，不得不三思！

4. 計畫團隊組成：

創新技術研發必須要靠團隊執行，因此對一項研發計畫而言，參與人員至關重要。在申請SBIR的計畫案中，團隊人員的組成包含三個部分：

⑴既有的研發人力：指的是仍在從事公司裡既有技術的研發、管理人員，包括了研發主管與研發管理人員。

⑵新增人力：指的是因新技術的創新發展，規劃招募的全新研發人員。

⑶研發顧問：指的是因應新技術創新研發，所要招募的研發顧問。

其中需要特別注意的是，申請政府補助案的團隊人員必須是公司內部的正式員工，送計畫書時，專案辦公室會要求公司提供薪資證明或勞保單等，所以申請補助案的公司必須要有自己的研發團隊，萬不可「全然」由「外包」研發人力來執行。而且這些人的專長必須要與申請主題相符，如果申請的主題是生計研發，結果研發人力的專長卻是通訊領域，這是萬萬說不過去的。

5. 合理編列申請經費：

針對自籌款以及補助款的經費編列，也是在申請政府補助計畫的重頭戲，補助計畫的經費編列，一般來說，包括了以下四個主要項目：

⑴人事費與顧問費。

⑵技術引進費。

⑶委外研究費。

⑷設備使用費與維護費。

前面已經提過，政府補助研發計畫案的預算上限為49%，這點絕對要在編列時特別留意。而能夠申請到多少經費，端視「申請主題」而定。研發技術愈複雜、門檻愈高，核定的經費當然更高。

款項編列的原則除了要合理化外，更重要的是要記得每筆款項的來龍去脈都要交代清楚，其中人事費是補助的重點項目。若技術引進或委外開發的經費反而高於人事費，會大大降低計畫的通過率。這是因為若計畫都是委外開發，那麼評審委員會認為，該公司原有的正式雇員工專業背景與能力根本不符合申請那項研發計畫案。另外，購買設備的費用必須符合技術研發的內容，數量、價格等條目務求清楚交代。創業主最好在申請計畫案前確切了解相關會計編列原則，以免研發內容沒有問題，卻在經費編列上不符要求而遭淘汰。

6. 撰寫計畫書：

撰寫「政府補助研發計畫書」其實與撰寫向民間籌資的「創業計畫書」（在之後的篇章將有範例）大同小異，以下僅就政府研發補助案的關鍵重點做一闡述：

⑴通過的關鍵在於創新：政府提出補助案的用意就是要藉由資金的

投入，帶動民間創新研發，所以「創新」絕對是計畫案通過與否的關鍵。但這並不是說，我們必須發展出舉世無雙的構想，只要是有別於台灣現今發展產品或是服務，都可以是很好的提案。

經濟學大師熊彼得（Joseph A.Schumpeter）就將創新定義為：把各種已發明的生產要素，發展為社會可以接受並具商業價值的「新組合」（New combination）。近年來有學者提出「**重組式創新**」，可作為研發的創意發想根源。

另外，你一定要在計畫書中展現出你強烈的企圖心，緊抓著你的核心創意不放，畫出這項計畫可成為標竿產業的藍圖，讓審查委員認同你的創新研發。

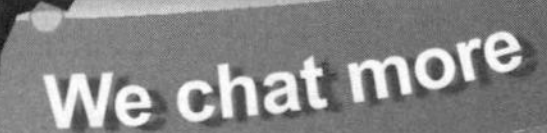

重組式創新（Recombinant Innovation）

愛因斯坦曾言：「重組是創造性思惟的本質。」有學者對1990年以來國際上最重大的500項科技創新進行分析發現，「重組式創新」就占了65%。中國大陸學者許立言和張福奎提出了「12個聰明方法」，可作為重組式創新思惟的依據：

1. 加一加，能在既有的產品上添加些什麼？
2. 減一減，可以在既有的產品上減掉些什麼？
3. 擴一擴，把既有的產品擴張後會怎樣？
4. 縮一縮，讓既有的產品縮小會怎樣？
5. 變一變，改變形狀、顏色、聲音、氣味或是組合次序會怎樣？
6. 改一改，既有的產品存在什麼缺點必須改進？
7. 聯一聯，把既有的產品與其他事物聯繫起來，可以達成什麼效果？
8. 學一學，模仿其他事物的結構、原理或技術，來改造既有的產品，會有什麼結果？
9. 代一代，有什麼東西能代替既有的產品？
10. 搬一搬，把既有的產品搬到別的地方，能不能有其他用處？
11. 反一反，把一既有的產品正反、上下、左右、前後或裡外顛倒一下，會有什麼結果？
12. 定一定，為解決某項問題或改進某個既有的產品，需要規定些什麼？

⑵**事先準備好可能被質疑的點：**凡事豫則立，不豫則廢。沒有任何計畫會是完美的，創新研發的領域更是如此。一項產品或服務須考量的因素千絲萬縷，會被評審委員質疑的點，就要先提出堅強的解決方案。假設一項整合手機APP程式與台灣本土農產品的產地直送銷售服務的計畫，可能就會被質疑物流的成本、消費者意願、平台設計、是否已有配合的廠商……請在計畫書中先做好相關數據的計算與市場調查，才不會面談時面對質疑啞口無言。

⑶**清楚了解評審委員的查核點：**能成功達成目的的計畫書才足以稱為一份良好的計畫書。因此，撰寫計畫的重點，往往在於評審所注重的查核點。從最基本的計畫書形式來說，由於評審委員清一色全為政府官員與學者，所以計畫書必然得是「學術型」文章。舉例來說，計畫書的「背景緣起」絕非要業者寫出諸如：「五十

年前，家父胼手胝足、篳路藍縷創立了這家公司……」這類的情緒抒發文章，評審委員想看的，是針對台灣的這個產業，你看到了什麼瓶頸？遇到了什麼困境？而你的構想、你的團隊能如何扭轉這個局勢、幫助台灣產業升級。

再者，評審委員的角色除了審核之外，還要負責結案的成果驗收，如果查核點具體，又有實際成果產出可供驗證，功能性可操作，具體量化效能指標KPI，重要技術突破點還可以實際展示效益，那麼等於幫評委解決「如何驗收」的這個大問題。因此切忌以空洞的形容詞來描述，務求「具體化」、「數據化」顯示。

此外，創業主應該注意在撰寫此部分的內容時，要小心避免過度誇炫其計畫成果，如此不僅會在面審時遭到質疑，也可能會在以後計畫通過時，產生執行上的困難。

(4)秀出你的加分亮點：SBIR競爭激烈，因此計畫書除了主題正確、預算編列無誤、市場趨勢分析……這些最基本應達成的條件之外，你應該還要展現出吸引評審委員目光的特色，才能獲得青睞。

首先，你除了提出有創新的案子之外，還要寫出你來做這個案子的競爭優勢為何。找出你的公司的獨特性，跟競爭對手的差異性。另外，你可以去找任何能夠讓委員相信你可以把案子執行好的人選來為你背書。以上述的農產品產銷結合科技為例，你可以去找農業、物流、行銷……各領域的專家來當你的顧問。這樣會對你的計畫書大大的加分！

五、SBIR計畫期程及補助款編列原則

1. 階段Phase 1：

	個別申請	研發聯盟
計畫期程	以六個月為限。	以九個月為限。
補助上限	100萬元。	500萬元。

2. 階段Phase 2：

	個別申請	研發聯盟
計畫期程	以兩年為限，但生技製藥計畫經審查同意者可延長至三年。	同左。
補助上限	1. 全程補助金額不超過1,000萬元，補助款上限依計畫期程按執行月數依比例遞減。撥付補助款每年不超過500萬元。 2. 先申請Phase 1且經審查結案再申請Phase 2者，全程補助金額不超過1,200萬元，補助款上限依計畫期程按執行月數依比例遞減。撥付補助款每年不超過600萬元。	全程補助金額以成員家數乘以1,000萬元為上限，且最高不超過5,000萬元，補助款上限依計畫期程按執行月數依比例遞減。撥付補助款原則每年不超過成員家數乘以500萬元。

3. 階段Phase 2^{+}：

	個別申請	研發聯盟
計畫期程	以一年為限，但生技製藥計畫經審查同意者可延長至1.5年。	同左。

補助上限	全程補助金額不超過500萬元，補助款上限依計畫期程按執行月數依比例遞減。	全程補助金額以成員家數乘以500萬元為上限，且最高不超過2,500萬元，補助款上限依計畫期程按執行月數依比例遞減。

（資料來源：經濟部技術處）

相關補助計畫洽詢窗口與聯絡方式

計畫名稱	聯絡電話	主辦單位
小型企業創新研發計畫（SBIR）	02-23412314＃603	經濟部技術處
創新科技應用與服務計畫（ITAS）	02-23412314	
業界開發產業技術計畫（ITDP）	02-23412314	
協助傳統產業技術開發計畫（CITD）	02-27090638＃210-218	經濟部工業局
主導性新產品開發計畫	02-27044844＃102-109、126、139、144-145	
協助服務業研究發展輔導計畫	02-27011769＃231-239	經濟部商業司

5 創業適性評量

王擎天

你是做生意的料嗎？每個人都有潛在不同的職業性向與特質，但不是每個人都適合當老闆。自行創業，沒有固定收入，你能支持多久？下定決心，又能堅持多久？花10分鐘做完下列測驗，檢視自己是否具有創業的先決條件，依照你的個性、人脈、專業、資金等四大方面來評量你是不是做生意的料。

每部分有10題，每題有A、B、C、D四個答案，答完後，請對照分數評量，看看你是否具備創業者條件？或適合哪方面的創業方向。請依序作答。

◆個性方面：計【　】分（本項滿分40分）

1. 你是一個自動自發的人嗎？

A. □是的，我喜歡想些點子，並加以實現。

B. □假如有人幫我開個頭，我絕對會貫徹到底。

C. □我比較寧願跟著別人的腳步走。

D. □坦白說，我很被動，甚至不喜歡想事情與做事情。

2. 你願意一星期工作60小時，甚至更多？

A. □只要是有必要，當然甘之如飴。

B. □在一開始創業，或許可能。

C. □不一定，但我認為還有許多事情比工作重要。

D. □絕對不能，我只要一天工作下來就會馬上腰酸背痛。

3. 對於下決心要做的事，是否能堅持到底？

A. □我一但下定決心，通常不會受到任何事的干擾。

B. □假如是做我自己喜歡的事，大部分的時候都會堅持到底。

C. □一開始可以，但一碰到困難，就想要找藉口下台。

D. □經常自怨自艾，覺得自己什麼事都做不好，完全不能堅持。

4. 你對於你的未來，規劃如何？

A. □已經可以看得到十年後的目標。

B. □只規劃好五年以內的道路。

C. □只做了一年的規劃。

D. □從來都不做生涯規劃，走到哪裡就算哪裡。

5. 在沒有固定收入的情況下，你和家人可以維持生計嗎？

A. □可以，如果有這種情況的話。

B. □希望不會有這樣的情況，但我了解這可能是必要的過程。

C. □我不確定是否可以。

D. □我完全無法接受這樣的狀況。

6. 對於常常必須 1 個人孤獨工作，你的看法是？

A. □很好，工作效率可因不受干擾而提高。

B. □偶爾會寂寞，不過大致覺得自由。

C. □挺無聊的，會想辦法找機會排遣。

D. □會活不下去，只要一天不跟人說話就會發瘋。

7. 你是非常個人主義，還是寧可安於現狀呢？

A. □我喜歡自己發想，照自己的方式做事。

B. □我有時很富有原創性。

C. □只求交給專人負責就好，比較沒有個人主義。

D. □我一直認為個人主義者有點怪異，甚至討厭。

8. 你是否能妥善地處理壓力方面的問題？

A. □可以在幾分鐘之內回復原來的狀態，不致影響工作情緒。

B. □必須要等半天以上才能自己回復。

C. □必須找別人傾訴才能解除壓力。

D. □即使和別人交換意見或是發洩之後，依然久久不能釋懷。

9. 如果客戶當面給你難堪，你會如何？

A. □還是笑臉迎人，覺得無論如何客戶都是對的。

B. □雖然還是扮笑臉，但是一轉身就罵個不停。

C. □當場垮下臉來，強自忍耐，不過不會回嘴。

D. □當場回嘴，和客戶爭個長短。

10. 喜不喜歡你所選擇的創業行業？

A. □非常喜歡，覺得這個事業是這一輩子最想做的事。

B. □喜歡，但是換別行做做也無所謂。

C. □還好，只是因為一出學校就做這行，所以別無選擇。

D. □不喜歡，不過看在錢的面子上勉力苦撐。

◆人脈方面：計【　】分（本項滿分40分）

1. 你在幾家公司任職過？

A. □5家以上。

B. □3家以上。

C. □1～2家。

D. □無。

2. 你平均多久可以發完一盒名片？

A. □一個月。

B. □一～三個月。

C. □三～六個月。

D. □超過半年以上。

3. 假設你現在是業務員，你覺得你目前擁有多少潛在客戶？（請翻閱你的名片，參考作答，含所有親朋好友）

A. □50人以上。

B. □30～49人。

C. □差不多10幾20來個左右。

D. □不及10人。

4. 自學校畢業後，你曾經參加過幾個社團組織或讀書會活動？

A. □5個以上。

B. □3～4個。

C. □1～2個。

D. □從來沒有參加過。

5. 萬一今天你接到很趕的案子，你覺得你有多少人可立即動員支援？

A. □5人以上。

B. □3～4人。

C. □1～2人。

D. □只能靠自己獨撐大局。

6. 目前手頭上擁有的名片數有多少？

A. □超過200張。

B. □超過100張。

C. □超過50張（含50張）。

D. □不及50張。

7. 你擁有的名片中有多少是客戶、潛在客戶與上、中、下游協力廠商的名片？

A. □30張以上。

B. □20張以上。

C. □10張以上。

D. □不及10張。

8. 你每週花費在活動交際的時間有多少？

A. □每週至少5～6小時。

B. □1週4小時。

C. □1週2～3個小時。

D. □從不參加。

9. 你是否願意和客戶進行應酬？

A. □當然，可以每天應酬維持交情，大力推銷本公司產品。

B. □看情況，如果有必要的話，我可以試試的。

C. □我比較不喜歡應酬，因此頻率不要太高。

D. □獨來獨往，我不喜歡應酬。

10. 與潛在合夥人（含上司、親友、同事、上下游廠商）相處的狀況如何？

A. □只要有合作的機會，他們一定會第一個想到我。

B. □只有和其中幾個人比較熟，但是多數合作機會都是由我主動促成。

C. □合作經驗還算愉快，但還是比較獨自行事。

D. □之前的合作經驗並不愉快，所以日後可能不會再合作了。

◆專業方面：計【　】分（本項滿分40分）

1. 你是否能夠勝任多重商業任務：會計、銷售、行銷等？

A. □我對自己很有信心，一定可以的。

B. □我可以試一試。

C. □我不確定。

D. □我沒什麼專長，應該不能。

2. 你是否從事過你想要創業的這個行業？

A. □是的，且非常熟悉。

B. □有過幾次經驗。

C. □不太確定，但以前求學時代有學過。

D. □完全沒有。

3. 你看得懂財務報表嗎？

A. □完全沒問題。

B. □簡單的還可以。

C. □惡補一下就可以。

D. □完全沒概念。

4. 曾經被挖角的次數有多少？

A.□至少在5次以上。

B.□3～4次以上。

C.□1～2次。

D.□從來沒有。

5. 你懂得很多生意技巧嗎？

A. □是的，我非常擅長做生意。

B. □還滿懂的，至於欠缺的部分我也樂意學習。

C. □大概多少懂一些吧。

D. □不，我不太懂。

6. 擁有多少張專業證書或執照（專長或才藝均可）？

A. □3張以上。

B. □2張。

C. □1張。

D. □完全沒有。

7. 你曾憑著專長參賽得獎或遭表揚的次數有多少？

A. □3次以上。

B. □2次。

C. □1次。

D. □完全沒有。

8. 你每月平均花多少時間看財經相關雜誌或書籍？

A. □14小時以上。

B. □6～13小時左右。

C. □偶爾才翻。

D. □完全沒有。

9. 你是否參加過有關財務或做生意相關教育訓練？

A. □5次以上。

B. □3～5次。

C. □1～2次。

D. □沒參加過。

10. 你覺得自己很有競爭力嗎？

A. □天質聰慧過猶不及。

B. □當然，還不錯。

C. □不一定，看哪方面。

D. □很差。

◆資金方面：計【　】分（本項滿分40分）

1. 如果從現在開始創業，是否有資金？

A. □目前資金不是問題。

B. □可以撐上一～二年。

C. □只能準備一些預備金。

D. □可能連一個月都撐不了。

2. 若你是藉由貸款而創業之後，是否想過還款來源？

A. □我沒想過，因為我不會用貸款創業。

B. □有，我本身對於還款計畫很有概念。

C. □我曾經想過，但目前沒有很具體。

D. □還沒想過還款計畫，只想先創業。

3. 你是否有多重投資管道？

A. □是的，我本身很會理財。

B. □我只有部分投資管道。

C. □我正在學習如何投資。

D. □我完全沒有概念。

4. 你的債信紀錄如何？

A. □我認為我的債信良好，經得起檢驗。

B. □我沒有向銀行借過錢，所以沒有此方面的紀錄。

C. □有過幾次遲交貸款的紀錄。

D. □曾經跳過票，或曾被銀行列為拒絕往來戶。

5. 如果你現在有一個很好的創業計畫，你有很多管道籌資嗎？

A. □很多，因為平常我就定期找資料。

B. □還好，但是我相信可以找到管道的。

C. □只找到一些，但不確定是否可行。

D. □完全沒有。

6. 若為合夥生意，你目前的股東的經濟狀況如何？

A. □全數的股東都是拿多餘的錢來作投資，完全不在乎虧損。

B. □有半數以上的股東，可以容忍一年以上的虧損狀況。

C. □有半數以上的股東可以容忍幾個月的虧損。

D. □多數股東都還是必須靠這份事業生活。

7. 你的週轉金可以因應多久的虧損？

A. □至少一年以上。

B. □半年以上。

C. □三個月以上。

D. □頂多只能容許虧損2個月。

8. 除了銀行存款外，你還使用幾種投資工具？

A. □4種以上。

B. □2～3種。

C. □1種。

D. □沒有。

9. 如果你現在缺現金，你第一時間最先可以立即找到誰幫你？

A. □父母。

B. □親戚。

C. □朋友。

D. □完全沒有。

10. 如果有急難發生，你可以調到多少頭寸（指向親友或是銀行借貸，不含地下錢莊）？

A. □上千萬元。

B. □數百萬元。

C. □幾十萬元。

D. □不到十萬元。

【計分方式】A：4分／B：3分／C：2分／D：1分；每部分10題滿分40，全部總滿分為160分，請每部分加總後再計算最後分數。

合計：性格＋人脈＋專業＋資金＝______________分。

【評測結果說明】許多初次創業的人會覺得，這份評量的最後結果跟原本想法有很大的出入，不過相信經過此測驗，你會更了解自己，並可深層了解創業背後的一些現實面，進而檢討關於創業，自身還缺乏哪些元素。

1. 總分131～160分（創業評比：★★★★★）：哇，你兼具了創業的特質與技巧。一定是位好老闆，你不創業真的浪費人才了。可以說是「萬事具備，只欠東風」，你目前所欠缺的只有金錢了，趕快利用本篇所介紹的各項募資項目，挑選出最適合你的管道，尤其是政府的創業資源，這能讓你的新創事業如虎添翼！
2. 總分111～130分（創業評比：★★★★☆）：你並非天生的創業人才，大致具有獨當一面的雛形，或許創業初期會有些波折，但創業是可以學習的，當你真正花時間去了解這個市場、了解你的競爭對手、和會計師談過、和其他已經創業成功的人談過、開始找人、找通路……經過時間的鍛鍊，一定可以成為成功的老闆。
3. 總分90～110分（創業評比：★★★☆☆）：其實你很有潛能創業，但離自立門戶還有一段距離要努力，建議先上班一段時間累積經驗，你可以在上班時好好的觀察一家企業的運作方式，例如去哪裡找到經營團隊、怎麼設計產品、怎麼行銷產品、有哪些協力廠商、怎麼帶領團隊、怎麼節省開銷……等徹底了解如何經營一家企業之後，再依照你的專業與性格，找到適合你創業的領域，才不至於冒過大的風險。
4. 總分90分以下（創業評比：★★☆☆☆）：創業並不如你所想像的那麼簡單，除了眼睛所能見到的買賣過程以外，還需要培養許多其他的能力，如創新、不怕失敗、找到好人才、說服別人、管理資源的能力……你最好先做一些自行創業以外的事情，請多多學習別人的創業經驗，或參加相關教育訓練，再重新思考創業的可能。

（資料來源：勞委會）

6 籌資的關鍵因素：創業計畫書

王擎天

創業籌資的管道有很多種，但萬變不離其宗，相信眼尖的讀者一定有發現，在前面提到的各種籌資方法中，除了「向親友借貸」以外，所有籌資管道的關鍵影響因素都指向同一件事——你的「創業計畫書」。其實，創業就像一場充滿冒險與驚奇的尋寶歷險記，而「創業計畫書」就是那張尋寶圖，只不過這張尋寶圖不只是展現夢想而已，還必須能夠讓你按圖索驥、實現夢想。更重要的是，這張藏寶圖的用處絕非敝帚自珍，而是需要讓它在大眾面前曝光，作為向外界籌資溝通的工具。幾乎所有的專業投資者與融資機構都必須要看到一份確切可行的執行計畫以後，才會評估是否值得投資。因此不管是向銀行、創投或政府機關提案，創業計畫書都是必須事前準備的重要事項。

而創業計畫書的本意，就是要讓創業主清楚的了解，你的創業是否具可行性，是否真的需要這筆錢，是否了解未來公司該怎麼運作，而撰寫創業計畫書的過程，正好能夠幫你好好檢視自己一番，也是幫助自己在事業上能夠更明白怎麼走。當然最重要的，是能夠藉著這份計畫書，讓創業主展現自己的公司、團隊與創新概念，以募得創業所需資金。

創業計畫書——速成篇

創業這檔事，真是千頭萬緒，尤其是募資所需的「創業計畫書」，每個提案的創業主都給出厚厚的一本，密密麻麻的條目一大堆、要檢附的資料更是多如牛毛，真不知道創業主要如何「生」出來。

其實，會這麼想是正常的，尤其是第一次創業的「首創族」，對自己的公司定位尚未明朗，在尋求募資管道之前也從沒聽過創業需要寫什麼計畫書。其實不管有沒有募資這個目的，筆者建議每一個想要成功創業的朋友，都應該寫出一份創業計畫書。因為當你寫下你的創業計畫，你會在自己的事業上做研究，進而獲取在該產業上的知識，知道自己在做什麼。而寫計畫書時，就如同在做一項完整的「產業分析」，可以幫助你釐清顧客的習性、了解自己所在的市場的情況如何，以及競爭者的能力。如此你將能看清楚自己需要建立什麼優勢，也能先看到自己的弱點。

那麼，一份好的企畫書，到底該怎麼下手呢？

雖然企畫書沒有一定的頁數，也沒有規定的格式，但還是有一定的資訊必須提供給創投、評委看到，以利他們做決定。尤其有的創投公司每年所審的Case可能多達數千件，直接寫對方想看的，絕對是對彼此都有利的策略。如果你是沒有向創投提案經驗的人，那麼以下的架構能讓你切中核心，精準回答創投業者想看的、想知道的問題。看完之後多想、多動筆，保證讓你一回生、二回熟、三回成高手！

一、摘要（Business Overview）

須包含創業動機、計畫目標、公司團隊簡介等三個部分。在撰寫這個段落時須強調計畫的重要性，你可以在此簡述公司成立時間、形式與創立者；參與人員的學經歷與專長；因為什麼契機或看到了哪些發展的可能性讓你起心動念想創業。並在最後以結論總結摘要。

二、產品或服務的介紹（Product or Service）

這個段落要正式介紹你所端出來的「菜」是什麼。可以提出你的產品或服務在這個市場上的定位，以及詳細敘述產品或服務的內容。以內容介紹來說，可以用以下架構來描述你的產品與服務：

1. 產品的原生概念。
2. 性能及特性。
3. 產品的附加價值具有的核心競爭優勢。
4. 產品的研究和開發過程。
5. 發展新產品的計畫和成本分析。

另外，請務必附上產品原型與照片（或繪圖）。若你的產品已取得專利或建立品牌，那麼更是需要強調的重點。另外，你的說明要準確，也要通俗易懂，使不是這個領域的專業人員（即投資者）也能明白。

三、產業研究與市場分析（Market Analysis）

除了介紹你的產品優點之外，創投重視的當然是未來能獲利與否。所以你必須告訴他，你的產品或服務，並非「叫好不叫座」。所以，首先你必須分析這個領域的產業概況與背景，讓對方了解你在這個市場並非一無所知就要跳進去做；其次，你需要分析你的目標顧客、市場規模與趨勢，以及你的競爭優勢，然後再依此預測市場占有率與銷售額。除此之外，還可以依以下各項逐條分析：

1. 該行業發展程度如何？現在的發展動態如何？（至少要讓對方認為你的事業並非「夕陽產業」，不至於走入削價競爭的血海戰場啊！）
2. 創新和技術進步在該行業扮演著一個怎樣的角色？
3. 該行業的總銷售額有多少？總收入為多少？發展趨勢怎樣？
4. 是什麼因素決定著它的發展？
5. 競爭的本質是什麼？你有哪些競爭者？你又將採取什麼樣的戰略？（如果你的商品和別家賣的一樣，那我為什麼要和你買呢？）
6. 經濟發展對該行業的影響程度如何？是否有政府的相關輔導與政策協助？
7. 進入該行業的障礙是什麼（資本、技術、銷售通路或是經濟規模……）？你有什麼克服的方法？該行業典型的投資報酬率有多少？
8. 市場上有什麼功能相似的產品或服務？（除了UPS、DHL這種快遞業，連Email這種「非同業」也著實搶走了郵局不少生意！）

在這個分析中，如果發現市場進入障礙高、替代產品少，則有利於創業主進入這個產業；反之，創業主就必須說明為何自己的技術、產品或服務，能夠在激烈競爭中存活下來。另外，創業主也應說明自己的事業如何在市場中占有一席之地。而對這份專案的分析方法很多，有些企業會採取SWOT分析，找出公司的競爭優勢（Strength）、劣勢（Weakness）、機會（Opportunity）、威脅（Threat），以擬訂經營策略供其參考。

以華碩電腦為例，其在創業初期，童子賢等四位創辦者因其生產主機板技術領先他國各廠（優勢），鎖定了主機板的研發。在創業策略上，考量到當時台灣電腦業者在規格制訂上並不具有發言權（劣勢），甚至中國與韓國的生產技術已急起直追台灣不放（威脅），為了降低風險，他們制訂了「緊隨半導體龍頭英特爾」（機會）的創業策略。

這種追隨老大的結盟方式，使得華碩能夠在短期內隨著全球領導品牌打入各個市場，帶來高成長與高獲利，讓華碩能夠在創業初期急速擴張，站穩在資訊產業的立足點。

你可能會想，這些比較、分析的東西，我連資料都沒辦法找到，怎麼可能寫得出來呢？別慌！其實以上所需的資料，我們可以利用政府的出版品、大學的論文、公會資訊……這些圖書館都可以找得到的資料，其中就有很多現成的分析。如果希望能夠有更精闢的觀點，你還可以直接打電話到該行公司詢問，或問該行的親朋好友。經過這樣的過程，相信你的創業之路不再是「摸著石頭過河」，通往成功的道路已儼然成形！

四、行銷計畫（Promotion）

行銷計畫指的是你整體的行銷策略，通常你的產品賣得好或不好，並不完全取決於產品本身，更大的影響因素在於跟產品搭配的行銷計畫。通常會以行銷學上的4P著手：「產品（Product）」、「價格（Price）」、「促銷方式（Promotion）」及「通路（Place）」。藉由上述的觀念，你可以在這裡敘述你對產品的定價、未來的服務與品質保證、廣告與促銷方式、通路與產品的行銷。

五、管理團隊（Management Team）

這部分你可以寫公司的組織系統、職掌、主要投資人、投資金額、比例以及董監事與顧問。現代的公司組織已打破過去金字塔式或傳統式工作分類，所以，可能出現扁平式組織、工作外包或分包等新的工作模式。

六、財務規劃與公司報酬計畫（Financial Overview）

包含成本控制、預計的損益表、預計資產負債表、預計的現金流量表、損益平衡圖表與計算。對這部分不熟悉析的創業主可主動請教會計師，讓他們來為你的公司財務管理做一次完整的健檢！

七、結論與願景的期許（Conclusion）

綜合前面的分析與計畫，說明你的事業整體競爭優勢，並指出整個經營計畫的利基（Niche）所在。期許你的事業未來能夠藉由對方的投資之力，尤其強調投資案可預期的遠大市場前景，這項投資能讓你的事業從良好到卓越（Good to Great），使彼此邁向雙贏（Win Win）的局面。

八、附錄（Appendix）

附上能夠證實前述各項計畫的資料、詳細的製造流程與技術方面資料、各種具有公信力來源的佐證資料、創業家詳細經歷與自傳等。

創業計畫書——精進篇

看過上面對創業計畫書的介紹，相信讀者已經對一份完整的創業計畫書該有的架構與格式有了清楚的了解。但要獲得創投的青睞，光只是結構完整、內容精確還不夠，這樣只有讓投資人或銀行了解創業者的狀況及需求，並未能夠達到讓投資者見到就愛不釋手的程度。畢竟「架構是死的，必須有靈魂才行！」究竟要有怎麼樣的靈魂，才能吸引投資者的目光呢？

一、量身訂做，對審核者投其所好

有些創業主的創業計畫書不受金主青睞，最主要是因為他們的計畫書太過以自我為出發點，內容寫得紮實卻非對方想要的。創業計畫書可能用於申請政府專案貸款、向創投公司集資募款，既然是向外籌資，你必須以對方的思路來思考，為什麼他們要投資你？他們需要什麼樣的提案來得到效益？對象不同，撰寫內容與重點也略有不同。

舉例來說，給貸款銀行和給創投公司的創業計畫書，重點就不盡相同。銀行借錢給創業者，回收本金遠比能不能從這個創業案賺取高額報酬來得重要；因此，創業計畫書的可行性、創業者的個性穩健與還款能力，是銀行在審核時的重點。太先進、太獨特的產品對銀行來說，反而風險較高，會降低他們的投資意願。因此在創業計畫書中應多強調創業主穩健踏實的一面。

對創投公司來說則正好相反，他們希望創業者的技術、產品具有獨特性，以獲得未來爆發性的報酬。因此，創業計畫書要以獨特的技術、產品、專利以及將來的獲利來說服創投公司。

二、不要刻意隱瞞弱點

不管多有自信，絕不能在創業計畫書中說自己沒有競爭對手。對你來說，這可能是你的「第一次」，但卻可能是貸款銀行或創投公司這星期看到第二個或第三個類似產品或服務的提案了！創業主在撰寫計畫書時，最容易犯的毛病是過分強調自己所熟悉的業務，而刻意忽略不熟悉的部分。一位技術背景出身的創業主，可能花費一半以上的篇幅描述技術功能，以為這樣子就能迷倒一票金主，卻用不到一頁來說明市場行銷。

所以當你撰寫創業計畫書時，除了清楚告知投資者有關事業經營的過程與結果，還是要努力做足功課，明確地將公司內部競爭劣勢、外部機會威脅與可能遭遇到的問題找出來，有可能是優勢相當的同行，也有可能是類似的產品，卻對你的產品有取代性。如果你將經營遠景及市場評估描繪得過於樂觀，只會損及投資者眼中對你的信任度，對吸引金主毫無助益。

三、數字、金額要合理

籌資就是找錢，說到錢，最重要的不外乎「金額」。投資者通常都會請創業主評估他們需要多少錢，其實在投資者的眼中，也就等於他們的公司或產品「值多少錢」。所以創業主在撰寫計畫書時，就應該要先做好基本的功課，提供投資者詳細的投資報酬分析。在計畫書裡的任何金額，必須明確地說明所採用的任何假設、財務預估方法與會計方法，同時也應說明市場需求分析所依據的調查方法與事實證據，並事先找好資料來佐證自己的計畫案。如果你過於高估獲利，卻低估成本支出，即使募資成功，在後續的實際執行過程，還是很有可能會遭遇資金周轉不靈的窘境。

除了資金的需求與報酬金額之外，募資金額運用的占比也必須合理。曾有一份向創投公司提出的創業計畫書中，創業主很自豪的指出將運用營業額的35%來從事研究開發，這個比例遠較同業平均水準高出了近10倍。或許創業主對其技術研發有遠大的理想，但創投公司等金主看到的卻是其行銷等方面的資金遭到嚴重排擠，不知一旦投入資金，何年何月才有機會回收？

募資成功後的創業計畫書

好的開始是成功一半，花了許多時間與精力完成的創業計畫書，在成功募得資金之後，是否還需奉為圭臬一字不變地比照辦理，還是從那一刻起就已功成身退了呢？

我們藉由世界軟體巨擘Adobe來看看他們是怎麼運用創業計畫書的。Adobe創辦人Geschke和夥伴提出了創業計畫書，想把印表機跟軟體整合在一起，在當時這個構想很新穎，許多創投都對他押寶，於是成功募到了250萬美金。

這時Digital的高登．貝爾（Gordon Bell）找上了Geschke說：「我不需要你的印表機，因為我已經有印表機了，但我需要你的軟體，你是否願意把正在開發的軟體賣給我們？」Geschke回答：「喔，不，我們的創業計畫不是這樣，我們是要結合印表機和軟體。」所以貝爾很失望的離開。

後來Apple的賈伯斯也來問他要不要把公司賣給他，他說不。賈伯斯又說：「那你把軟體賣給我使用好了。」Geschke依然拒絕賈伯斯，並說：「那不是我們的計畫，我們已經募資，為了按照公司計畫執行，我們要結合印表機和軟體。」賈伯斯說：「喔！你們一定是瘋了。」

後來Geschke向董事會主席威爾斯說明這兩次拒絕合作的經驗，經過威爾斯的建議，才明白創業計畫書的目的只是用來募資，於是在這之後，他們依照客戶的需求重新規劃，不到一年就開始獲利了。

創業是一種高風險的挑戰，如果沒有任何依循的方向，很容易就在市場上的眾說紛紜中迷失。而創業計畫書，正是扮演著指引創業主方向的明燈，絕非籌資成功後就可以束諸高閣。但創業初期的構想只是一項新事業的開始，好的創意也只是個開端，計畫書的內容再完美都只是假設。外部環境在變，遇到的機會也在變，好的創意不見得在任何時間、任何地點皆一體適用。創業者一開始擁有的資訊不足，經驗也不夠，所以不可能一次就做出正確的決策。應該隨時檢視計畫書的構想，從客戶給的反應來檢討，不斷反覆質疑與驗證之後，再系統地調整內容，適時添加新的元素，才能夠釐清創業路上的每一步，讓你的創業計畫書與時俱進，也讓你的事業逐步成長茁壯、蓬勃發展。

7 創業計畫書範本

王擎天

「創業計畫書」是將您腦內創業的想法具體地以「白紙黑字」的方式「企畫」出來！寫給自己看！給團隊看！也給創投天使們看！讓大家都來看看您未來創業的腳本！「計畫書」可分為務實型、創意型、配套型、混搭型、分享型與夢想型等等。而的重要元素包含了：Business Overview、Business Model、Management Team、Product or Service、Financial Overview、Competition、Niches、Valuation等。

1999年至2000年間轟動當時網路界的華彩網路創業競賽www.softchinacapital.com.tw/，以一億元創業基金與二千萬的獎金吸引了近兩百個團隊參賽，結果由王擎天博士領軍之「擎天網路書店」勇奪第一，以下之「創業計畫書」由王擎天博士於西元2000年初提出，順利募集了華彩創投、和通創投、台北富邦銀行、台灣工業銀行、中國電視、仁寶電腦、國寶人壽、中租迪和、東元集團、東捷資訊、凌陽科技、力麗集團等數十位大咖股東，使王博士的企業體由台灣一隅之傳統出版社，迅速擴展為輻射兩岸的華文內容與文創產業集團，並在兩岸五地持續發光發熱，被譽為「台灣射向全球華文的箭」。

諸君，宜妥為研讀再青出於藍啊！

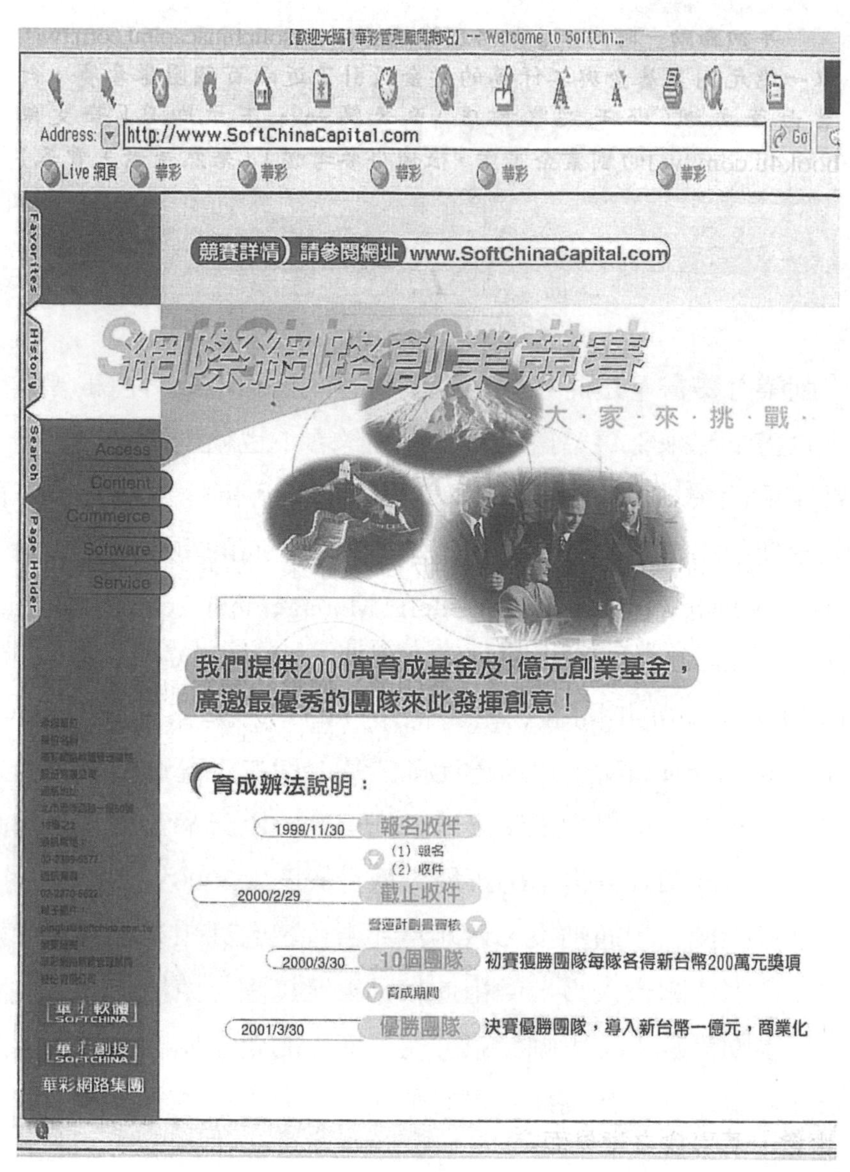

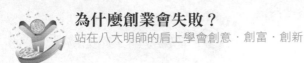

當年「華彩網路創業競賽」官網首頁

一、計畫緣由與發展方向簡介

「EP同步」（詳見附件一）與「線上出版」，五年來一直是我們的夢想！初期我們希望在網路上設立一家以客為尊的書店。藉由網路服務，提供各類知訊型產品的販售及流通。以網路書店為起點，開啟出版業、物流業及印刷業（含印前、印中與印後）無盡的鏈結與發展空間。

中期則背負華文文化傳承之使命，進行繁體字、簡體字雙軌圖書電子書之出版及兩種字體版本的轉換印刷（數位印刷方式進行，以適應多樣少量的特性），在累積大量的圖文影音資訊後，即可著手建立免費的（或付費的）華文網路圖書館與網上讀書會，並以「內容」為後盾，「IC進階」（詳見附件二）為戰略，進軍中國大陸之出版業與互聯網ICP。

長期則發展非實體EC，以資訊仲介者角色從事數位產品的買賣，並以資訊服務網站的身分同時服務網路世界與實體世界的消費者，開創EP同步的電子商務營運模式（詳見附件一）。

長期間將發展為文化訊息的入口與終點網站（兩者可並存，詳見附件三），至於是否要往華人購物的入門網站發展，則須視發展規模及股東會、董事會之意見而定。

由於本店始終定位為「華文圖書含電子書與紙本印刷（實體與數位並存）最低價且最齊全的供應者」（居然還會有獲利，分析詳見附件四），勢將開創一股Attention Economy（Excite創辦人Joe Kraus的

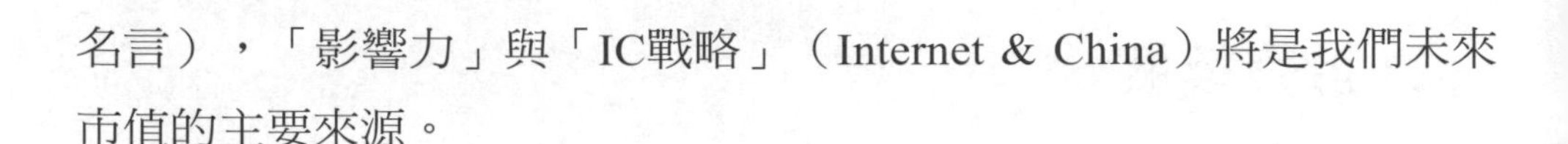
名言），「影響力」與「IC戰略」（Internet & China）將是我們未來市值的主要來源。

二、團隊背景

1. 團隊領導人王擎天是統計學博士，深具人文素養與文化使命感，有領袖特質並善於溝通。其職業（事業）是老師（教授），希望能帶領一群他的學生在第三次結構劇變（第一次是硬體，第二次是軟體，第三次是通訊與網路）中以華文文化社群的身分，不致缺席。他常說：「不想看到將來買華文書也要找Amazon.com」，至於數位內容與電子書，更應趁中國尚未有動作的此時成為先行者！
2. 團隊執行者王寶玲係台大經濟系畢業，已投身出版界十五年，並經營著兩家（一中一小）實體書店。具備出版與圖書販售的專業領域知識（Domain Knowledge）及經營方法（Know-how）。曾在艱困的環境下，領導十餘家小型出版及圖書業者，突破大型出版集團與連鎖書店業者的排擠而殺出重圍，另創一片天地。私下被台灣中小型圖書業者譽為小出版社的經營之神。
（詳見附件五：建構出版平台與微集團概念）
3. 經營團隊重要成員之一吳韻芳女士係田美圖書有限公司負責人，多年來，一直在座落於有名的補習街——也就是南陽街上，從事出版及書店管理的實務經營，為補習班的莘莘學子們，提供一處淨化心靈之正當休閒場所，並期能提倡優良之讀書風氣，進而建立一個「書香社會」。
田美圖書公司橋大書店，除販售一般圖書之外，尚提供如：參考書、電腦用書、文具、禮品、流行商品等等多元化商品，以因應各階層的客源，由於每月均舉辦各型主題書展，並隨時發掘及推出最新的時髦商品，即使在大部分同業叫苦連天的這幾年，仍能維持穩定的成長。

吳女士累積了多年的實務經驗，對於流行的趨勢及文創商品的敏感度，均已培養出高度的市場觀察力，但卻深深體會「實體書店」的經營存在著若干的地域限制，更完全無法突破「時間」與「空間」的瓶頸，面對這一波網路資訊的衝擊力，她絕對相信唯有「實體書店」與「網路書店」的共存，才是突破現況及面對新紀元的唯一出路，更是這一波大變革中的唯一主角！

4. 團隊組員歐綾纖畢業於東吳大學中文系，為資深圖書出版人，在財經企管、經典文學、語言學習、心理勵志、親子育兒等各類型出版領域皆有豐富歷練，對於多元出版平台之經營企劃及策略規劃有理論及實戰經驗，專精圖書大環境與出版動態分析，擅長傳統出版與數位出版模式之整合，並結合數位化科技與閱讀新趨勢，賦予出版多元型態之呈現。另外對於圖書市場定位及出版品評估、規劃及銷售稽核，圖書通路推廣，特殊促銷方案等，亦多有專研。歷任閱世界出版集團執行長、文化造鎮圖書出版部總編輯、集蘊文化總編輯，現任華文聯合出版平台總編輯，並同時擔任中國九家出版社之出版顧問。

5. 團隊組員蔡靜怡由輔仁大學日文系畢業後，即進入王擎天老師創辦之閱世界出版集團從事編輯工作，負責日文版權引進台灣出版事宜，並策劃財經管理、趨勢預測等商業叢書之出版。熟悉書籍編輯流程、編輯經驗豐富，專精圖書市場與出版趨勢分析，經歷多種跨部門工作，包括編輯、企劃、行銷與大陸部門等。規劃的書系產品多元且深具口碑。曾任閱世界出版集團副執行長，現任文化造鎮圖書出版部副總編輯。

6. 團隊組員許哲嘉畢業於國立宜蘭農工專校電機工程科，當時的畢業專題為遙控搬運車。退伍後於雄獅旅遊資訊室任硬體工程師，工作內容有Novell、Win98網路硬體維修架設，NT網路研發等。目前是國立台灣科技大學電機工程系的學生（將於六月畢業直升研究所碩士班）曾經做過微處理機應用專題：步進馬達速度及位置控制，完成介面卡一片及驅動程式一份。畢業論文專題為：三軸平臺控制印章雕刻機之理論與應用。

   在網路經驗方面，由於曾經在雄獅旅遊的資訊部門擔任硬體工程師一年，工作內容為Novell網路架設及維修，NT、Win98網路開發及研究，以及Visual Basic、VBA等在資料庫方面的應用，工作期間曾設計一套網路版採購庫存用資料庫程式，以Access建構資料庫Visual Basic連接Word文書軟體，現仍在該公司使用中。很高興能參與王博士網路書店的創業計畫，由於自己對於PC介面軟硬體的開發、研究及網路相關問題具有濃厚的興趣，勇於接受挑戰。希望能藉由這次的計畫發揮專長，配合所學，繼續從事新科技的研究與開發工作。

7. 其他團隊成員背景資料請參考附件三、四、五、六、十四、二十五等，均有相關之描述。

三、目標市場

1. 目前全球經常以華文上網的人約一千二百萬人，2002年時會有七千萬人以上華人上網，屆時將是全世界第二大（以語文分類的話）的上網族群。
2. 本團隊已有特殊管道可在台灣大專院校及中等學校迅速打出知名度，並與其網站連結（鍵結），推廣學生商務。
3. 「上網人口」並不代表「上網購物的人數」，但上網人數已呈現驚人的成長，而上網購物的人口更以驚人的速度成長著！

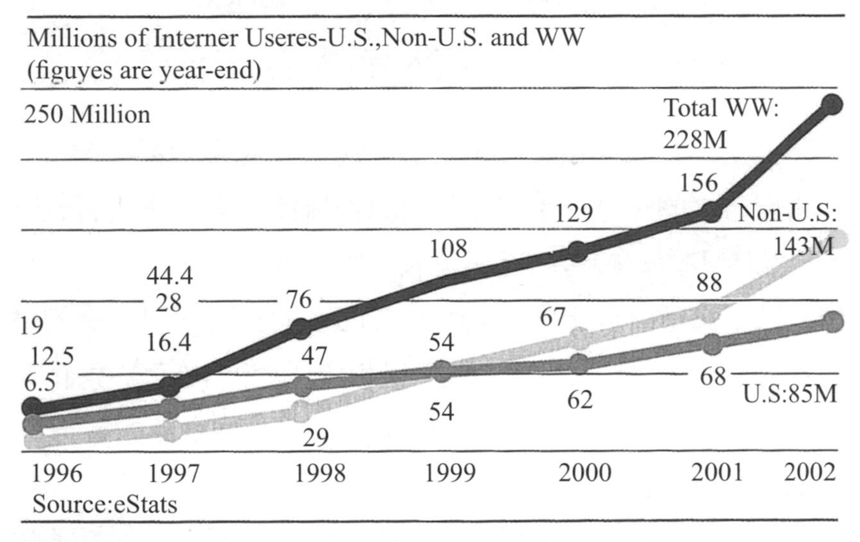

資料來源：eStats

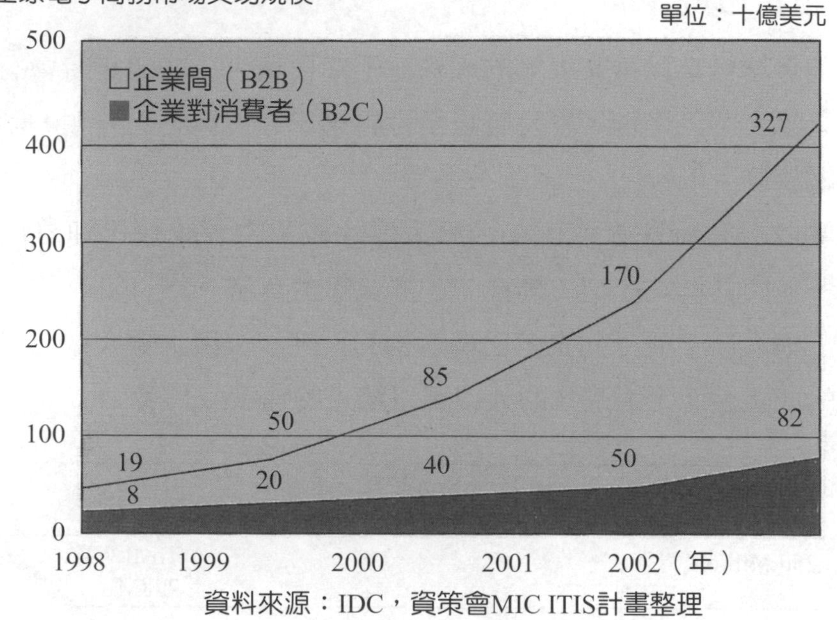

資料來源：IDC，資策會MIC ITIS計畫整理

4. 傳統書店最大的缺點是不齊全：台灣很難找到一家書店有五萬種以上的上架圖書（一般書店都只有大約數千種）。而網路書店卻可輕易擁有數十萬種（線上的）Title及其簡介，且可利用多樣的檢索系統在浩瀚的書海裡迅速精準地找到想要的書。再者，實體書店受到時間與地點的限制。且愈來愈多的消費者喜歡無拘無束的感覺（比如穿著睡衣買書），買的書亦不希望引起他人的側目（如同志書）。以此觀之，目標市場不容小覷，難道您不想一邊喝著咖啡，一邊輕鬆下單買書嗎？

5. 由於創業初期便成立第二與第三事業部門（詳見附件六與七），所以我們的目標市場不僅止於Consumer，也會擴及於Business。也就是說，我們一開始便是B2C（BtoC）與B2B（BtoB）並重，且B2B

的部分將加入建構中的E-Commerce Portal。我們的競爭對手均無法做到B2B的部分，其中大部分是沒有能力故到，少部分是有能力但不願去做（詳見附件八：競爭對手營運策略分析）。

6. 王博士領軍的出版體系是全球華文出版系統中，最早將數位（電子）版權融入出版契約中的團隊（詳見附件九：出版合約樣本），對未來電子書的市場已做好準備且已積累了逾萬個品種的Title，是「IC發展策略」的最佳後盾！

四、經營模式

1. 初期以兩極化定價的繁體字網路書店（分實體書與電子書兩塊）切入市場。兩極化定價策略就是：針對會員購買暢銷書及一般圖書提供全國最低售價之服務（如何能辦到？詳見附件十）。但是對別處不易買到的書則以較高之折扣出售，以維護書店合理利潤。所謂「別處不易買到的書」舉例如絕版書、稀有罕見的書、有知名作者簽名的書、可提供免費後續服務的書（例如購買家教班名師的書可提供面授或遠距教學的服務，購買股市名嘴的書可提供投顧會員的服務等）。

   中期則以華文網路EP同步，實體與電子書店擴及全球華文圖書及網路出版市場，在網上做繁、簡字體版本之內容與數位出版，翻譯與字體轉換亦頗具商機，並兼具文化傳承之正面形象。此時期並將建立華文網路圖書館。

   長期發展則須結合電腦網路與生物科技，開發新一代的圖、文、字與影音結合的圖書介面、改寫出版業的定義並與虛擬實境的知訊取得介面溝通，可以開發具文字、相片、音檔、插圖的新載具。

2. 從高中（本人高中就讀於台北建國中學）起，我就是一個愛書人，也是一個Information Hunter。所以我一直在找尋附有影印服務的書店，但不幸的是，找到後店員或老闆往往不准我將書的一部分影印攜出！因為我有興趣的常常只是一本書中的幾頁或一期雜誌中的一篇而已，最後只好整本買回，至今家中存書如山，堪稱「四庫全書」。所以，在兩岸著作權保護日趨成熟後（指標：將書Copy也觸法並會被取締時），我們將以較高之價格（以比例計算，相對上）出售「書或雜誌」的一部分。而所謂「付費的網路圖書館」其實就是一種「低價的網路租書服務」——每種書都有繁體字與簡體字的紙本與電子版，可全部或部分出售或出租（對「資訊」而言：出售與出租都是一樣的）。為因應此種經營模式，我們在與上游出版社或作者簽約時會周詳地載入。另外，圖書資料庫的建立將儘量採用全書掃描或完整鍵入法，而非只Key-in簡介與Cover而已。電子書資料庫若能做好，可逆向為上游出版社做目錄、型錄與電子書B2B2C等服務（詳見附件十一），這也是一種可建立良好公關的B2B2B。也可以代各大企業建構其專屬的電子書網站。

五、競爭優勢

1. 消費者願意上網購物的第一誘因便是：「便宜」，本書店初期對會員將以20%～50%的折扣售書，其主要優勢在於經營團隊的出版界與圖書業背景。中期跨入電子書並進軍大陸簡體字版市場（IC並進發展方向）的優勢則在於經營團隊早於四川成都成立直屬工作室

（詳見附件十二）。此外，企業創立時即設立第二與第三事業部門，從事網路出版與華文數位內容整合系統（含印前、印中、印後諸系統），可同時發揮垂直整合與水平整合之功能，並成為穩定獲利之來源。

2. 依網際網路的特質，任何商品的原製造廠上網銷售最具競爭優勢。因為他們的成本最低，甚至以邊際成本（而非平均成本）銷售即可存活。但大部分的原始生產廠商（尤其是有品牌的大廠）都會遇到原來傳統通路商的反彈。中、小型的原廠雖然缺乏網路銷售的技術與經驗，但在實體世界絕難翻身的他們卻有在網上成為第一的機會（詳見附件十三）。
3. 本計畫書及附件十三所明列的現存網路書店比較表中，我們是最晚進入市場的（但是，其實早已在資料庫建檔並規劃了兩年）。但網上購物一向是沒有什麼忠誠性的，且先進入市場的公司並沒有建立起什麼進入的障礙，我們反而「後出轉精」，並「後發先至」，一改他們（已開店的網路書店）已見到的缺點，以更權威的簡介與方便的檢索系統與數位內容電子書取勝。
4. 原始經營管理團隊主要出身出版界，其次來自圖書業，最具知識分子的特質。擎天網路書店未來將與出身科技界的博客來、新絲路，和出身實體書店業的金石堂、三民、新學友、誠品同台競爭，懂得網路特質的人不難看出三種背景中，何者較具競爭優勢。不過，畢竟科技只是一種工具，「人」才是最重要的。由「人」所踩出的歷史軌跡，運用網路保存並傳播，網路世界中的文化資產方得以成型，這正是網路書店與網上出版和未來的電子書最有價值的部分。

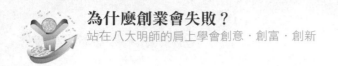

我們深信，本團隊擁有出版界與圖書業最優秀的人才。

六、行銷技巧及策略

1. 不僅替消費者找書，也替書找買主。
2. 保證全國最低價，不怕比價！勢將引爆Attention Economy！
3. 電子郵件行銷與社群行銷。
4. 話題媒體行銷，首頁及推薦專區對相關新聞事件反應要快！
5. 以既有版權為基礎，建構數位內容電子書資料庫。
6. B2C與B2B並重（詳見附件十四），並鼓勵讀者、消費者C2B，C2C，並以電子書庫發展B2B2C，例如圖書館之數位典藏規劃等。
7. 積極開發衍生性文化商品，並將知訊與出版業數位化。
8. 初期之書店與中期之圖書館、讀書會可根據作者、出版社、書名、主題、關鍵字等任何一項皆可查調，全文檢索亦可。
9. 「量」的排行榜與「質」的排行榜並重！
10. 標準流程下，56小時內送達指定地點，並設法與新興的超商系統結合。
11. 精緻禮物、文具包裝寄送服務。
12. 對讀者喜愛的作家主動做新書通報與試讀本（線上與實體並行）之服務。
13. 良好的售後服務，可無條件退貨。
14. 方便且完全安全的付款方式（10,000元以下有保險機制）。
15. 多元的複合式物流系統（並開闢環島雙向In time物流系統）。
16. 與客戶（互動）互相學習，共同成長，建立體驗式行銷模式。

17. 建立「簡介」、「書評」與「推薦書」的權威性。
18. 單品下方顯示著瞬時更新的銷售排行榜。
19. 信用卡消費安全保證及保險。
20. 歡迎讀者將個人的書評上網Post。
21. 發行免費的電子報和以「書和雜誌」為主角的書或雜誌（詳見附件十五）。
22. 翻譯書採中英對照方式呈現，並連結至原文書網頁或告知原文書在Amazon.com等國外網站上的位置及售價等資訊。
23. 網上與網下（離線部分）制定兩種行銷策略，並互相整合以泛出綜效。
24. 強調在地化的華文利基（相對於科技走向的英文全球化）。
25. 強調無形商品未來宏偉的發展。
26. 一對一個人化行銷策略，與替讀者設立網上圖書館。（詳見附件十六）。
27. 以「包裹」的方式尋求整批電子書的買主（詳見附件二十五：數位內容的B2C、B2B & B2B2C）。

市場概況及機會

1. 全球華文圖書市場規模大約六千八百億新台幣，其中台灣繁體字市場約七百億元整，其中大部分是單價60元至300元的低價位商品，但台灣已累積有效書種超過60萬種。「書」具有運送方便且單一產品標準化的特性，其「內容」透過本網站可直接由網路下載或租用（電子書）。目前台灣出版社約二千家，年度新書總印量約八千萬冊，其定價、印量、開數、外購版權數、閱讀習慣與通路調查等諸多問題請詳見附件十七：台灣圖書出版市場研究報告。

此外，華文世界中，僅台灣一地，網路用戶數便居世界第八，上網普及率世界第九，連網主機數居全球第七。以寬頻網路上網普及率兩年內即可達90％，固網完成後連網效率指日可待。即：所謂的「Last mile」在2002年前一定會完全鋪好。

2. 台灣目前每年出書總量為三萬種左右，相對於台灣的人口與面積，出書種類高居全球第一！（果然是文化大國？）結果全台灣的書店，除了專業書店外，均只賣暢銷書與新書。「全球華文書市」已不可能在實體書店業內成形，大型（指種類齊全）的網路書店勢必蓬勃。新書的生命週期由三週延長為無限期，這是各方都樂於見到的現象。

   美國網路書店前三大分別是Amazon、Barnes & Nobles、Borders，短期內名次會有變化的機率相當低。台灣市場在2002年前均是一片混沌，前幾名尚無法確定，且由於主客觀因素限制（附件七與九），台灣的大型網路書店不可能很多，擎天網路書店一進入市場便可望擠進前三名，隨者規模經濟的擴展，短期內我們有把握坐三望二。

3. 台灣網路書店雖如雨後春筍般一家一家地冒出，但絕大部分是附屬於出版社，只販售自家出版社的書。綜合性的大（網路）書店，已營運的有博客來、新絲路、金石堂、三民、新學友和誠品等六家，剛開設與規劃中的尚有華文網與凱立等。其中「華文網網路書店」與「新絲路網路書店」背景渾厚（華文網詳見附件三～六，新絲路科技背景詳見附件十八），且本計畫正與其洽談合作或策略聯盟。若三家（擎天、華文網與新絲路）合併，極有可能在五年內席捲兩岸網路購書之市場；若不能合作，擎天網路書店也將力爭上游並另尋策略聯盟之夥伴，後出轉精，在上市或上櫃後，有兩年內奪下台灣紙本書第三但電子書第一的企圖心。

4. 兩岸三地書籍在網路上整合、交流，理論上，應以出書量作指標。即：以全球華文書籍為內涵的網路書店設在中國大陸最好，次佳的選擇是台灣，香港原來沒有什麼機會，但目前卻是以香港的博學堂書店做得最好，以香港一年只有數千種書籍出版，相對於台灣年產三萬種圖書，中國大陸年產五萬種圖書，香港博學堂想要完成完整的華文網上書庫，勢必要付出比大陸業者和台灣業者更多的成本。
5. Amazon.com已進軍德文書及法文書，華文書焉可再讓其獨領風騷？所有的電腦與網路科技都可以複製，但「文化」與「背景」是複製不來的。尤其網路書店勢將創造知識的活力：即使再冷門的書，只要有人想讀它，就有管道可以找到並買下它。有心人可以輕易在網上發現一本他極有興趣卻根本不知道曾出版過的書。傳統商業模式「坪效」的考量將蕩然無存。值得注意的是：針對小眾（分眾）市場而直接在網上出版的冷門書，配合2000年已商業運轉的數位印刷與POD模式，將頗具商機——這是未來本公司第二事業部門營運內容之一。

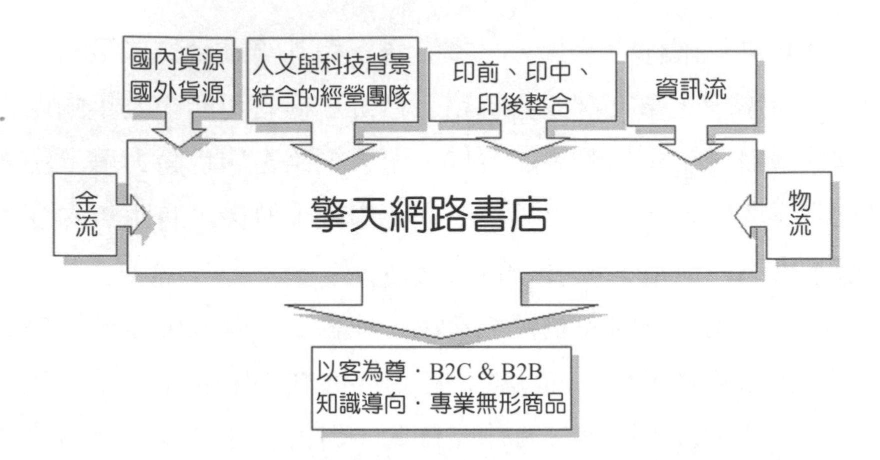

6. 台灣總（信用）卡數已達台灣總人數的1.2倍，專業的信用卡付款安全機制已完全成熟，幾乎所有的銀行都代辦附有安全機制的轉帳付款購物的業務，所以金流部分完全沒有問題。物流部分擬採物流中心與策略聯盟雙軌方式同時進行（詳見附件十九）。

產品與服務之競爭優勢

1. 根據經濟部商業司電子商業協盟調查統計，成功的電子商務應具備的各項要件本計畫皆完全符合：

⑴販售產品：以資訊密集、不會變質、規格化之產品及消費者已熟悉了解其產品特性的商品、適合個人化服務的商品，較適合在網路上販售或提供服務。

⑵產品價格：電子商務的商品因為降低了中間商的成本、去中間化的行銷成本，所以價格必須比實體世界更便宜，最好是比市價便宜一成以上，尤其是以單價在3,000元以下的商品較具賣點。

⑶行銷空間：電子商務為一不占空間、無店鋪租金、成本低以及以

全市場為銷售方向的虛擬通路，因此國內電子商店應將眼光放遠一些，以全球華人市場為發展及行銷對象，將是一條寬廣的路。此外，因為具有網路個人化的服務特性，故可針對一對一的客製化行銷下功夫，培養一群忠貞的網友，以增加電子商店的再造訪率。

⑷宣傳活動：網路為一24小時無休的互動性服務，因此要提供充分且及時的銷售資訊或服務資訊給網友們，以達到充分的宣傳效果，而不要因資訊的不正確、未更新而造成反效果。

⑸市場所在：網路族群為一非常獨特的分眾，要充分了解您市場定位的消費群需要什麼？充分運用網際網路的互動特性，建立一個分眾的網路社群，並作社群內的商業服務及衍生之產品銷售，將會是另一個藍海市場之所在。

2. 由於企業體創設時便以極低的成本設立了第二、第三事業部門與大陸部門和全球華文文化鏈，對本公司的市場延展性與發展空間助益很大——將導致我們的產品與服務延展至全球華人社群與多平台的可能（詳見附件三及附件十五）。

3. 目前的網路書店：新絲路、博客來、金石堂、誠品、新學友等，其貨源均是向出版社與傳統經銷商（如農學、貞德、新茂、知遠、創智、朝日、知道……）批進，就連美國的亞馬遜書店到2000年為止也是如此，那是因為實體部分目前仍遠遠大於虛擬的部分。舉一個例子：台灣到目前為止並沒有真正的網路券商，所謂「網路下單」只是附屬於傳統證券商的一項業務而已。但是十年後新開幕的券商可能只接受網路下單，或者說傳統的下單方式屆時只是一項小小的附屬業務而已，所謂「十年後將沒有所謂電子商務！」。擎天網路書店的企圖心便是從出版的根源便一路數位化，通路部分則試圖逆向擴展，未來將是經銷商向擎天網路書店批貨，而非擎天網路書店向經銷商批貨——至少有一部分的業務是如此。事實上，我們已經在做了（詳見附件二十）。即：過去是「實體」遠大於「虛擬」，現在則是「實體」與「虛擬」並駕齊驅，未來「虛擬」必將逐步取代「實體」。擎天網路書店便自許為文創業未來的Pioneer！

4. 出版業及圖書業相對上是比較容易抽象化與數位化的商品，因商品的本身便是一種知識與資訊（本書合稱知訊）、一種文字與圖像的結合，實體書本（由紙張構成）只是載體而已。此種特質將予結合出版的網路書店之未來發展賦予無限的想像空間。此即擎天網路書店發展線上出版與電子書的基本根源。
5. 出版界仍是目前最「權威」的知訊來源，網路消息對一般人而言好像小道消息一般，較不具權威性！本網站將結合出版界與其知訊源，除了賣知訊外，也樂於提供免費的權威資訊。
6. 競爭優勢與SWOT分析詳見附件一、三、四、十、十八與二十一。

行銷策略及計畫

1. 網路家庭總經理李宏麟在《商業週刊》630期第90頁寫道：「我們也曾經在網路上賣書，賣得相當好，那幾本書一個月的銷售量是金石堂全省五十家店的銷售總額。但是我仍不敢決定進入網路書店的經營，那次成績只是個案，不能看成事業模式。

   我認為在台灣網路上賣書要賣得好，價格一定要比實體書店便宜，最好80%的書都能八五折，因為這是要改變消費者習慣的事。但這個價格公式一直達不到，也就一直不敢進入網路書店領域。」

初期我們（擎天網路書店）對會員社群絕對可以輕易做到80%都在8折以下。初期之初為改變讀者的習慣，甚至將推出三折書專案，勢必一炮而紅！重點在於何以仍可能有利潤（詳見附件一與十六）？

2. 經營團隊出身出版業及傳統書店業，具備書店業者的Domain Knowledge& Know-how。傳統的每週一書、每月一書等限時搶購商品與抽獎活動（猜謎、買就送、回答問卷、會員制、一次或累積購買一定金額以上……）配合令人驚艷的獎品內容（已有眾多廠商願提供高檔贈品），自可吸引一定的客戶上網購買。暢銷商品排行榜也將分成「量」與「質」兩部分同步推出，並且快速更新，以改善傳統書市「好書通常未必暢銷」的現象。
3. 網頁要兼具閱讀&媒體之功能，除了匯聚愛書人關愛的眼神外，也要吸引不愛讀書者的目光，例如可搶先連載電視連續劇與熱門電影的內容等。除了設法改變傳統購書者的習慣外，更要設法將那些從來不買書或很少買書的人拉上網去「看書」。
4. 多數人其實是為了某個目的（例如投資理財或旅遊等）想買本書看看，此時便有提供線上諮詢服務的必要。消費者不會管是否真的有這個「人」（真人或機器人）存在，他只希望有個人，最好是該領域的權威人士，能及時在線上給他建議。各出版社（尤其是專業領域的出版社）其實皆樂於提供這樣的服務（Of course，順便推廣自己的書），我們只要請專家篩選後，以「題庫」的方式呈現，若能做到客觀公正，將吸引眾多網友進入網站（當然，並不一定要買書）尋找出版界提供的權威資料與諮詢服務。

5. 依據Jupiter Communications Inc之分析，上網購物的網友最Care的是Price。有購物經驗的網友，上網購物時影響購買與否的因素依序如下：

價格是否比他處低	80%
搜尋產品的簡易程度	48%
信用卡交易的安全性與保密性	39%
同型產品之中，不同品牌相互比較的資訊	31%
產品交運時間	25%
訂購的程式是否複雜	16%
商品的介紹	15%

而沒有購物經驗的網友，若要上網購物，會優先考慮哪些因素呢？仍然是根據Jupiter Communications Inc的調查如下：

價格是否夠低	77%
信用卡交易的安全性與保密性	65%
搜尋產品的簡易程度	35%
同型產品之中，不同品牌相互比較的資訊	35%
產品交運時間	14%
商品的介紹	12%

其中「商品的介紹」有人希望愈詳細愈好，有人則希望簡潔有力，描述必要的重點即可。

綜上所述，「價格」是關鍵因素。尤其「書」這種東西並沒有品質上的差異；同一本書，不論你在哪裡購買，得到的都是一模一樣的內涵，此時「售價」就更是關鍵中的關鍵了！擎天網路書店開始營運後，將保證對會員以全國最低價出售商品（詳見附件一與十六），並盡可能吸引那些幾乎不買書的族群之目光，以擴大書市大餅。至於安全與保密，在兩岸政府積極配合下，2000年下半年幾乎已做到100%絕對的安全與保密。更何況我們還有安全性的保險：在每筆10,000元以下的交易我們保證絕對安全保密，否則賠償顧客一切損失。

6. 根據Bizrate.com第二季網路購物消費報導，行銷策略的有效性依序如下：

完善，簡單易用的商品搜尋功能	16.5%
交貨速度快	15.6%
儘量將商品作最精美的包裝	13.3%
運費較低	10.7%
專家或其他網友提供商品意見或用後心得	9.2%
介紹新產品的專欄	8.2%
提供購物折扣	6.1%
推薦優良商品	5.4%
銷售排行榜	5.2%
個人化的網頁設計	5.2%
推出會員優惠方案	3.7%
以小贈品吸引網友留下個人資料	0.9%

因此，讓網友能快速的搜尋及下訂單，並以精良的包裝迅速送達訂

貨，低運費或乾脆自行吸收……（依上表執行並克服困難，隨時改進）——就是我們主要的行銷策略。

7. 根據Congnitiative Inc在美國所作的調查，網友會固定向特定購物網站購物的原因依序如下：

容易瀏覽及使用方便	37%
訂單處理速度快	36%
已經對這個網站感覺熟悉	36%
提供的相關資訊有權威性、正確度高	27%

而網友會放棄向特定網站購物的因素依次為：

提供的資訊過時、不正確或不夠權威	26%
訂單處理速度太慢	24%
網頁下載的速度太慢	22%
客戶服務做得太差	16%

所以，組織專家提供權威、及時的知訊，物流中心優先處理訂單，全公司上下奉行以客為尊的服務精神，網頁內容即時顯示（如庫存量）的基礎技術等，初期將是我們塑造購書網站第一品牌的基本自我要求。

8. 競爭對手所強調的24小時全年無休、折扣優惠、交易安全並隱密，三天之內送達商品與售後服務和一對一個人化行銷等特色；稍有網路購物常識的人都知道，這是起碼的要求，是一種必須的、最低的服務水準。由於我們的競爭優勢絕不僅於此，只要不斷地向消費者傳達我們非口號式的競爭優勢，將我們實質的、真的服務訴求昭告天下，就是我們最好的行銷策略。讓顧客感覺我們已超越了他們的期待，我們就成功了。

註：何謂「口號式的」「非實質的」「假的」行銷訴求？

例如某商店號稱對購物者給予五～八折優惠，結果只有一種商品打五折，其餘六～七折的商品也很少，且大多是冷門商品。八折的商品就很多了，但八～九折的商品更多——在廣告上均未充分揭示，這就是一種口號式的訴求而已！

9. 網站（網址）宣傳方式初步規劃如下：

⑴電子郵件行銷：與擁有大量Email box的廠商合作，發出第一批Email郵件（類似傳統的DM，即EDM是也），但第二批以後則以「同意式行銷」為基礎，達到一對一的個人化Email行銷，使讀者得到他所期待的資訊，而不是垃圾郵件。所以本網站將持續積累對本公司具信任度的客戶名單，且可依其所購之書與所留之資料進行分類，最終構成一效度與信度兼具的海量客戶名單庫。

⑵慎選策略聯盟夥伴，推動網路合作，並互相為對方的網站宣傳。

⑶直接在其他網站作標題廣告（Banner）。

⑷在傳統通路做廣告（範本見附件二十一）。

⑸網址命名為book4u與ebook4u（已登記），初期走向可信賴的、專業的圖書社群與出版網站，並兼營自費出版（詳見附件二十二）。

⑹向會員（與其他網友）強調我們不只是賣書，也是一座Bridge of讀者與作者、作者與出版社、讀者與出版社三方溝通的管道。因此初期網站便要架構「網上出版教室」，並設立類似「你想出書嗎？」的Button，以建購一出書出版之平台。

⑺各部門經理皆兼具未來培訓課程之講師資格與公關任務，並分配最低責任額。

⑻善用網路傳聞，宣傳網站願景。

⑼所有的動作（如徵才、募股、與出版社或作者洽談、簽約……）皆兼具網站宣傳之任務。

⑽盡可能進入所有的搜尋引擎。

⑾定期更新網頁。並以服務會員為導向：站在消費者的立場來思考問題。

⑿首頁要清爽、明確，導引要清楚，業務性質不可模稜兩可。並具合法之SEO考量（SEO詳見附件二十三）。

⒀提供物超所值的服務與樂趣，提高再造訪率。

⒁多功能連結進入網站系統，建置網站地圖（詳見附件二十四）。

⒂互動的、可溝通的、可相互提供資訊的網站。

⒃盡可能與其他文化網站、出版社、實體書店，甚至網路書店相互連結，並以開放式的架構為其他出版同業服務。

⒄了解顧客，也讓顧客暸解，我們的網站到底有什麼？

①權威且免費的資訊與大眾感興趣的商品。

②小眾（分眾）與獨特或稀有的商品。

③極便宜的商品。

④提供特殊或VIP級服務的商品。

⑤大量提供附帶贈品的商品。

⑥提供出書出版與數位內容之平台（詳見附件二十五：數位化內容平台）。

10. 網頁務求清爽乾淨，豐富但不雜亂，以個人化訴求顧客滿意的極大化。複雜的軟體與檢索系統，一般人可能終究只（懂得）使用其中的一小部分，各方的「一小部分」加起來，可能就是一大部分了。
11. 針對會員的一對一個人化行銷策略及線上個人圖書、網路讀書會與自費出版等具體作法。詳見附件二十二。

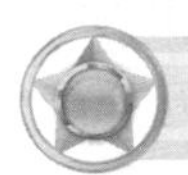

核心技術及Know-how

1. 初期即可建立二十萬冊基本書目資料（繁體字版），並逐漸在短期內建構超過百萬冊，含繁、簡體字版紙本、電子之圖書及較無時間性之雜誌與Mook的書籍資料。所有鍵入之圖書均做過初步之篩選（詳見附件二十六）。
2. 建立人性化的搜尋方式，以（全部或一部分的）書名、作者、出版社、ISBN碼、次文化主題或關鍵字詞，交織成一多元的書籍搜尋模式。珍貴的資料庫有賴於初期的加速加班與永續經營後長期的累積。其中與中央圖書館ISBN中心的合作也將是必然的。搜尋是「精準為上」，還是「模糊為佳」尚需再論證（詳見附件二十七）。
3. 消費者上網購物只有第一次需輸入一些基本訊息：寄送方式、付款方式（SLL或貨到付款等等）、Email信箱（選擇性的）。從此我們的客戶管理檔案將完整紀錄消費者每一次的購買行為，分析累積的資料後並做預測：主動為上游出版社的新書找尋可能的買主；也就是推薦特定的新書（某位作者或某種主題）給特定的消費者（補充見附件二十八）。並協助讀者隨時獲得最新的資訊，以服務與客戶的信任為基礎，創造新書與好書更大的實銷量。當然，網上的互動是必然的，讀者可發表讀書心得或評論、感想，也可查看自己的個人累積資料。漸漸地，我們可考慮組織網上讀書會（屆時可洽請出版社或雜誌社贊助），並以此信度效度兼備的名單庫逐步往水平方向（例如培訓課程之開班）發展之。

4. 精準掌握庫存與出版社缺書狀況，在客戶下訂單後便能先行Email寄送時間表。此一動作代表了我們對庫存與物流的掌控、也表達了我們與上游諸出版社關係的密切。
5. 網路書店的進入障礙（Entry barrier）其實是相當高的。其中「低成本而齊全的貨源」是關鍵（詳見附件一）。目前網上書種最多的博客來（號稱有十萬種書，但P.282 of 2000 Business NEXT 卻說只有二萬多本），其缺書仍然非常多，讀者可以輕易在實體書店買到博客來網目上查不到的書。理論上應該反過來：任何人應該能夠輕易在網上買到實體書店買不到的書才對！擎天網路書店正式營運後，初期我們便敢推出網上代購之服務：消費者可輸入任何台灣區出版社曾出過的書，只要沒有絕版，我們負責代購並寄送到府。此點亦為初期本團隊核心競爭力之一。
6. 隨時提供最新書摘（與電視、電影同步並搶先刊載結局）與作者專訪，並免費提供版面供任何實體書店與出版機構報導它們的活動（擎天網上平台本身將堅持不開設實體書店），以營造圖書業的共存共榮。畢竟，將來的消費者將分成On-line與Off-line兩種人。實體書店業者必須認知：網路銷售是必然的趨勢，In the short run，抗議抵制還有一點點兒用；But in the long run，擋都擋不住！因此必須及早因應。

7. ebook之下載、網上出版與華文文創市場之拓展、印前印中印後系統整合，詳見附件五與附件二十九。

財務規劃及資金運用

1. 網路事業資金消耗快，但由於進入門檻低，且業界一向講求市場占有率。很多公司以為只要肯花錢，願賠錢，就應該會贏。但這個世界上「應該」的事往往並不一定會發生。十之七、八的網路公司可能永遠賠下去，甚至消失。所以擎天網路書店開始營運起便須兼顧「市場占有率」與「營收和獲利」，因此本公司初期便預定成立第二與第三事業部門，從事數位內容與自資出版等工作，一面可提升公司未來發展的競爭力，另一方面又可增加公司營收，何樂而不為（詳見附件三～九）？

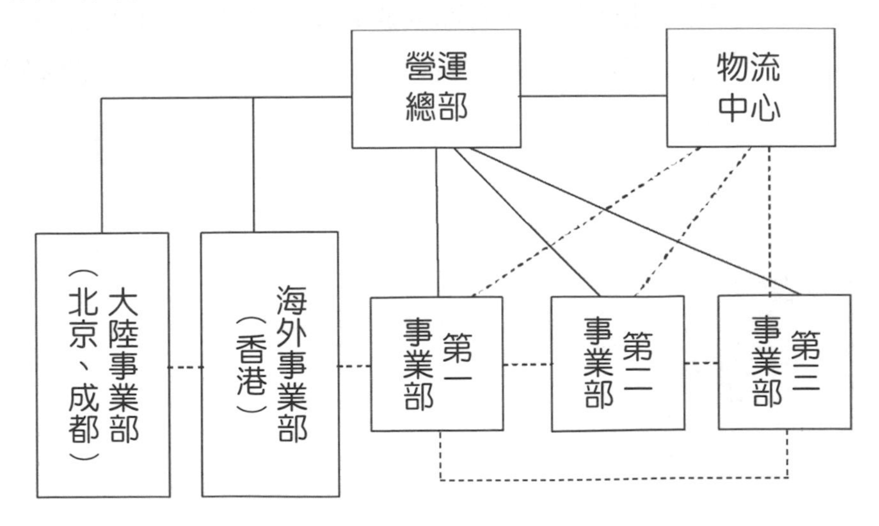

2. 成立初期預定實收資本額五千萬元正，其中一千五百萬元用於設立營運總部與物流中心，一千萬元用於建構網站及軟硬體設施。資金運用之額度與設立網站之規模關係密切，也與網路策略聯盟夥伴的合作方式相關至鉅，故初期網站之規模（資金預算）將與股東群溝通後再議決。

   另外一千五百萬則為各部門開辦費用（含人事）及周轉金。其分配如下：營運總部、第二事務部、第三事業部、物流中心各為二百五十萬元、第一事業部為五百萬元。尚餘一千萬元則以流動現金方式保留為公司預備金，主要用途為支付先期規劃（建檔、資料整合及測試）之費用。公司成立三個月後即可以收支平衡，其中第一事務部毛利率約為33%，第二及第三事務部毛利率約為42%（計算方式詳見附件三十）。

3. 成立第一年預測營收為六千萬（三個事業部門各二千萬元），稅後盈餘約為七百五十萬，EPS可達1.5元。為符合上櫃或第二類股票上櫃之資格，本公司成立後應立即向證期會申報為公開發行公司。即：必須由聯合會計師簽證，股權移轉也必須依證交法向證期會申報。加速上櫃的關鍵在於申請工業局推薦（如果網路書店和線上出版被認定為高科技產業）和券商輔導兩個程序必須並行，其理由為工業局推薦的審查工作需要至少一年的財務報表。上市上櫃之條件見下頁表格：

網路公司上市上櫃條件表

項目	一般公司		科技公司		第二類上櫃股票
	上市	上櫃	上市	上櫃	
設立年限	設立滿五年	設立滿三年	無此限制	無此限制	設立滿一個完整會計年度
輔導期間	公開發行後輔導滿二年	公開發行後輔導滿一年	公開發行後輔導滿二年	公開發行後輔導滿一年	公開發行後輔導滿半年
資本額	三億元以上	五千萬元以上	二億元以上	五千萬元以上	三千萬元以上，且無累積虧損，或公司淨值二十億元以上
獲利能力	最近年度決算無累積虧損。營業利益及稅前純益占實收資本額比率：(1)近兩年均達6％；或(2)近兩年平均6％且或最近一年較佳。或(3)近五年均達3％。	營業利益及稅前純益占實收資本額比率：(1)近年度達4％以上且最近年度無累積虧損；或(2)近二年均達2％；或近二年平均達2％以上，且近一年較佳。	無此限制	無此限制	無此限制

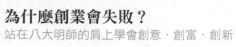

淨值			申請年度、最近期、最近一年度財務均不低於實收資本額三分之一。	無此限制	
股權分散	1. 記名股東一千人。 2. 一千股至五萬股股東於五百人，且所持股份占20%以上或滿一千萬股。	一千股至五萬股股東不少於三百人，且所持股份占10%以上或滿五百萬股。	1. 記名股東一千人。 2. 一千股至五萬股股東不少於五百人。	一千股至五萬股股東不少於三百人，且所持股份占10%以上或滿五百萬股。	一千股至五萬股股東不少於五百人。
股票集保	●集保對象：董、監、10%大股東。 ●集保期間：50%兩年、50%半年。	●集保對象：董、監、10%大股東。 ●集保期間：50%兩年、50%半年。	●集保對象：董、監、5%大股東及以專利權出資而在公司任職，並持有千分之五股份或十萬股以上者。	●集保對象：董、監、5%大股東及以專利權出資而在公司任職，並持有千分之五股份或十萬股以上者。 ●集保期間：50%兩年、50%半年。	●集保對象：董、監、10%大股東。 ●集保期間：50%四年、50%半年。

4. 我們要強調：我們是有實務經驗的團隊，前述數據並非憑空預測出來，而是依據我們過去與現在的所作所為精確計算出來！其中第一事務部的成本係數平均為0.47，營收係數平均為0.7，故毛利率為：

$$\frac{0.7-0.47}{0.7}=32.85\%$$

（說明見附件三十）

第二及第三事業部的成本係數平均為0.31，營收係數平均為0.53，故毛利率為：

$$\frac{0.53-0.31}{0.53}=41.51\%$$

預計第一年可售出484260單位（單品、項）之商品，總營收為：

484260×$211×平均係數0.59＝$60285527

（計算方式詳見附件三十之後段）

5. Amazon.com對投資人而言，最大的爭議點（甚至是一個隱憂）就是「為什麼不賺錢？」

台灣的擎天網路書店，集結了領導人的睿智與經營團隊多次沙盤推演後的分工。我們有把握至少做到：第一年（2000年）營收為「實收資本額加新台幣一千萬元」以上，稅前純益為「實收資本額的10％」以上（詳見附件三十一）。一年！即可一掃投資人類似對Amazon.com的疑慮，並奠定短期內上櫃的基礎，屆時我們可能是台灣（以公司成立日算起）最快速上櫃的公司之一。我們與Amazon.com的基本出發點至少有兩點不同：

⑴Jeff Bezos大學主修電腦，創辦Amazon.com之前出身華爾街基金經理人，是募集資金與經營管理的奇才，但沒有圖書出版業之背景，Bezos自己也承認對出版業一竅不通。（Rebecca Saunders在其名著*Business：The Amazon.com Way*中質疑美國的出版界，Amazon.com的構想為何是來自出版業以外的人士？是否因為業內人士熟悉本業了，而不再深入探討呢？），所以初期只能B2C，而營收掌握在消費者手上，較無法精準預估。擎天網路書店則出身出版界及圖書經銷業，一開始便B2C與B2B並行，其中B2C的部分，規模會與資本額成正比且營收較易掌控，所以敢大膽但有把握地預測年營收在資本額加一千萬元以上。

⑵Jeff Bezos極注重公司的擴展與廣告行銷，投資計畫手筆都很大。他公開表示不在乎不賺錢，支出的廣告費一直維持在業額的21%左右（一般公司只有7%），是典型的Burn money，但將一切構築在企業不斷的擴展與未來的展望上。而擎天網路書店領導人王博士則一再要求工作同仁積極開源節流，一定要賺錢才是對股東們負責的表現。此外，王博士又與總經理歐女士全程參與網站與網頁內容的擘畫，使任何人均可由上網親身體會我們現在的價值與未來的潛力，讓上網買書的人也會想要買我們的股票——因為我們真的是不錯、有成長潛力、有文化氣息、年輕的小書店。

兩位領導人風格之迥異將導致兩公司（大的Amazon.com、小的擎天網）企業文化之差別走向。

6. 網路行業經常強調：初期應以建立品牌形象及擴大市場占有率為首要考量，收入很少或根本沒有收入也無妨，因為未來即可賺取可觀的利潤。但「未來」是多久？

凱因斯的名言：「In the long run,we will all die.」將是未來部分不賺錢的網路公司夢碎的主因。而本計畫書一再強調的重點便是「建立品牌形象、擴大市場規模」與「積極創造營收、維護股東現存權益」是同時進行的。所以公司初期的創業基金與周轉金毋需太多，我們大約在公司實際營運四個月後開始會有正常而穩定的收入，七個月後收支平衡（意即前半年仍處於虧損之狀況下），十個月後開始獲利。主因在於經營管理團隊均是出版圖書業高手，由團隊領導人集結後轉換戰場於網上（詳見附件三與十二），只要克服一些技術上的問題，便能駕輕就熟，立刻產生營收並獲利。由於前半年仍屬調整轉換期，因此預估成立後第二年EPS將為第一年的3～5倍左右，屆時合理股價應在每股120～250元之間。由於團隊成員對營收、獲利與未來股價均一致認可，並深感興奮，無不傾囊投入，故本公司團隊成員已募集約新台幣二千萬元之創業基金。這個部分我想所有的人均不應拒絕其入股才對——我們似乎在杞人憂天地擔心一件事，萬一太多人（自然人與法人）爭相入股怎麼辦？該拒絕誰呢？（注意！我們對營收的承諾：資本額加一千萬元以上是資本額七千萬元以下時方保證達成。若資本額過大，初期我們並不能保證營收能與增加的資本成比例遞增。）

7. 本篇前述之營收是指完全沒有廣告與業外收入情形下的正常銷貨收入。隨著Page view與Click-Through-Rate的增加與國際中文版時尚雜誌的引進，廣告收入伴隨而來將是必然的，但廣告收入的變異性很大，此項收入我們寧可暫時不予計算。

8. 會員累積消費達一定金額以上，比如說10萬元以上，其消費金額的一定比率，例如百分之一，將以股份的形式回饋給該會員。即：長期而重要顧客將自動成為我們的股東！當然，此股份回饋僅限B2C的部分，但沒有累積時間的限制。如此對忠誠的消費者是一大鼓勵。
9. 已投資本計畫之股東名冊詳見附件三十二，我們已牛刀小試，正在Try的細節詳見附件三十三。

管理團隊及股權結構

1. 前述經營團隊於公司正式成立後悉數編入營運總部，與另聘之物流中心專業人員、第一、二、三事業部（均已有極優秀之特定人選），網站主管（已有數位特定人選可擇優聘任）共組管理團隊。王擎天老師為展現其維護並發揚華文文化之心意，以創辦人身分出任集團名譽董事長並不支薪，王寶玲先生則擔任董事長，歐綾纖女士任總編輯（詳見附件二）。第一、二、三事業部門及海外事業部、物流中心主管簡介及書面簡報詳見附件三～六及十八。
2. 團隊領導人王博士是一位典型的知識分子，一直以創造知識的活力為己任。家中藏書即超過十二萬冊，對海峽兩岸的出版及圖書概況知之甚詳，並經常對各家出版社的新書品頭論足，其評鑑與品味書的能力，與其相識者均一致肯定。此點相對於出身科技卻無人文背景的技術性工程師而言，絕對是望塵莫及的。由於科技帶來的競爭優勢消失得很快，但「人」與「文化」產生的競爭優勢卻歷久而彌新。王先生素以培養具文化背景與瞬間反應的出版家與策畫編輯著稱，今領導其團隊菁英投入文創業的電子商務，相信營造出來的絕不只是一個只販賣商品的Shopping mall，而是一個有深度與廣度的文化網站。

3. 管理團隊除內定網站主管林先生外，均共事多年，默契良好，半年來並陸續接受過E-commerce之訓練。「節儉並不斷降低成本」是我們一直在落實的基本原則。不喜歡長時間工作或不喜歡有額外負擔的員工，將不適合在擎天網路書店工作。我們將以參加一場聖戰的心態，破釜沉舟，全力以赴！（誓約書見附件三十四）
4. 本計畫書乃一貨真價實的創業計畫，以出版界及圖書業之實際經驗（十二年以上），深知其可行性與發展潛力。我們參加Soft China Capital的網路創業競賽是一個因緣，不論Soft China Capital是否願意投資，我們都會去做。事實上，我們也正在做：大部分都是鴨子划水，浮出檯面的那一點兒Try詳見附件三十三。（截至目前Try得還不錯！）。募集五千萬創業基金對我們來說並不是一件困難的事。所以若Soft China Capital有興趣投資，我們自行募股的金額，加上華彩的投資金額後，總資本額最好以七千萬為上限。我們覺得，資本額超過七千萬時，錢似乎就過多了！用不了！至於經營團隊的技術股、紅利及未來選擇權和到目前為止已投入的時間、精力和金錢等等，計畫全部以公司設立時18%的選擇權為上限，且此部分應與主要股東討論後並在適法的前提下再行定案。
5. 初期實收資本額以七千萬元為上限，代表了我們經過精算，代表了我們前瞻但穩健，這七千萬資本可是「原汁雞湯」，未來我們不願看到它輕易被稀釋。將來擎天網路書店上櫃後，是一支短小精悍且賺錢的網路股，股價可望在120元以上。

註：本公司若以資本額七千萬元成立，第一年營收將以八千萬為目標，營收增加來源為成立第四與第五事業部門。（此二部門主要業務以圖書總經銷及大陸展業為主，細節目前暫不對外公開說明）

6. 經營團隊從不敢強調我們的點子有多棒！99%以上的創意是沒有專利的！若你真的發展出創新的商業模式，別人將很容易模仿。Of course，你也可以很容易地模仿他人所謂的「創新商業模式」。所以成功的關鍵不在點子與Model的提出，而在經營團隊確實、迅速與有效的執行！
7. 大部分平凡無奇的網路事業終究會泡沫化。尤其當你的Business model成功時，別人往往就以更多的資金，更低的收費（甚至免費或倒貼），襲奪你的構想與市場。所以我們將以「電子書」和「特殊的會員制」與「及早進軍大陸市場」共同形成進入障礙，此項障礙是針對非文化出版界。對出版同業，我們反而非常歡迎他們的加入，共同競合。此項IC並進阻絕策略及非泡沫化的方法非常重要，詳見附件三十五。
8. 已投資本書店之股東名冊詳見附件二十二，管理團隊正在「試賣」的細節詳見附件三十三。

可能之營運風險

1. 原始成員無科技背景：

本團隊創始核心成員：兩位王先生，一位縱橫補教界，一位叱吒出版界，均不是電腦或網路專家。另一位吳小姐擔任網路書店店長，也只是略懂電腦。故本團隊原始核心成員並無軟硬體方面的科技背景。在營運過程中，若無法適時引入高階軟硬體工程人員與最新技術，將會停滯於「在網路上賣書」的起始階段，如此「擎天網路書店」將只是流通業，而不是高科技的網路產業。為補強此項缺點，團隊領導人已積極洽商和競爭對手凱立資訊、常春藤電訊與新絲路科技等策略聯盟。您不必太訝異，和「競爭對手」策略聯盟（當然，這個聯盟甚至合併是互補的，詳見附件一與十六）。與競爭對手互相合作，有極深刻的正面意義，即所謂「競合」是也。反正最終雙方或三方都一定會在市場上互相競爭，何不在競爭的過程中讓自己也獲利？傳統通路在人性上很難接受這樣觀點，但在網路上面對未來廣大的商機時，只有結盟方有可能重新洗牌，創造雙贏或三贏的新思路與新局面。此即Kalakota與Whinston所說的：先聯合再競爭！未來也不排除併購之可能。

結論是本團隊原始成員的核心競爭力仍屬傳統產業中的出版及圖書業，雖轉型為網路公司，但電子商務的部分，可能會有一部分業務做Internet outsourcing services。如此做或許會增加公司的額外營運成本，降低獲利致EPS設定目標無法達成。但由於我們的產品是Biteable的，故Internet outsourcing services的成本並不會太高，甚至有可能比自己做還低！此關鍵我們保留相當的Flexibility。

2. 低成本貨源未來可能有變：

開業初期雖對會員提供全國最低售價之服務，但仍然有利潤（詳見附件一）。那是因為上游出版社將我們視為一種具廣告性質並有宣示意義的特殊通路而專案處理，有的出版社則將我們視為「行銷」的一部分：將「一小部分的書」（可視為「放數」）給我們做廣告，不但不用付錢，還有一些收入，何樂不為？另外，很多中小型出版社當初支援我們的主要原因則是為了反擊強勢出版社、不希望別人活下去的霸氣！但是當業界發現我們賣書實力不容小覷之後，我們與支持我們的上游出版社一定會感受到壓力——其他同業對折扣的壓力（詳見附件三十五）。但法令（《消費者保護法》等）是站在我們這一邊的！

3. 創業初期台灣E-commerce之大環境成熟嗎？

台灣地狹人稠，各區商店密度均高，上網購物（售物）的大環境不若美國、澳洲甚至中國大陸。若初期營運不如預期，是否會影響中期與遠期之進展與信心，值得諸股東預先思考，更值得經營團隊注意並預做規劃與應變之沙盤推演。日本有全球最先進的宅配物流系統，美國有平均速率最快而相對廉價的快遞服務，台灣呢？

但華人一向喜歡貨比三家再殺價的習性，卻也給標榜「保證全國最低價」的擎天網路書店莫大的機會！尤其台灣都會區停車不易，購物有時還要擔心車子被拖吊。所以各縣市政府應全力加強拖吊，以加速網路購物的進程。而以後的青少年均「天生」就會操作電腦（網路原生族群），一旦養成上網的習慣，上網購物一定會融入日常生活，因網路無距離的因素，廣大的華人市場將是一大利基。

4. 線上安全交易機制可能受到質疑：

尤其只要發生一次駭客入侵事件，便可能大大地打擊消費者對網路購物的信心。

5. 物流成本太高：

「圖書」或數位資料的單價並不高，但運費很貴！例如特力公司董事長何湯雄日前向亞馬遜書店訂了一本書，書錢是19元，但運費要35美元，擎天網的因應策略則是「去中間化」，詳見附件三十六。

6. 資料庫擴充的規模不夠快：

由於一開始Key-in資料庫時，盡量（如果出版社同意的話）採全書完整鍵入法。很多中小型出版社電子檔勢必無法配合（或根本沒有電子檔），將影響書種資料庫與電子書擴充的速度。但這是初期的、短期的現象，長期間不論大、中、小型出版社一定均會建置全書完整電子（數位）化檔案。且我們的經營團隊均是典型的知識分子，相信我們的資料庫一定一直是最「好」的！即：初期「量」的擴充會受到客觀環境的限制，但「質」一定永遠是最好的！

其他可能的風險尚有消費者上網購物或改變習慣的速度不如預期中的快；寬頻（或固網）進度落後致網路塞車；出版源不同意我們在網上更進一步擴增附加價值（例如用多媒體製作武俠小說等），以及出版社無電子書之授權等。

本計畫書其他補充資料（含其他成員簡介）詳見附件三十七或親洽王董事長。洽詢管道如下：

郵寄→台北市博愛路36號3F

FAX→（02）23821487、26620865

TEL→（02）23312810、23120393、23819302

E-mail→Jack@mail.book4u.com.tw

您知否？
美國亞馬遜網路書店原始股東淨賺多少？

答案是平均每年投資報酬率為225700％——您沒看錯！每年2257倍！詳細資料可參看《網路通訊》雜誌第102期的Page 118至Page 127，有非常詳盡的分析。即使不是Amazon.com的原始股東，在Amazon上市後再購買股票，平均投資報酬率仍高達每年261倍——注意，不是261％而是26100％！也就是說，若你在Amazon.com於1994年成立時投資1萬元，2000年你將擁有22億！弔詭的是：亞馬遜書店成立六年來，年年賠錢，且一年賠得比一年更多，那股東們賺的錢從何而來？答案是來自股價的飆漲與增資配股（美國稱為「分割」），而一般投資大眾則基於「對未來的期望值」甚至「夢與想像力」而投資，所謂的「本夢比」是也。

註：美國除了Amazon.com之外，尚有大約50家左右的網路書店。這50家網路書店就讓全美國的傳統書店少了將近一半!可見通路的襲奪與移轉，威力驚人。這絕不僅是一場夢而已！

公開募股說明&基本獲利來源

1. 依本計畫書「附件二十二」，發起股東之背景分析：要募集新台幣五千萬元資金並非難事。但基於下列二&三兩點理由，我們正式公開募股，但上限以新台幣五千萬元為原則，機會難得（詳見下述4&5），懇請把握，謝謝！
2. 股東群是支援我們的基本力量（至少也可鼓勵親朋好友上網購書與廣為散布網址吧！）。我們尤其歡迎可與我們相互扶持的夥伴成為我們的股東。因此我們熱忱邀約各出版社（特別是中、小型的出版社）、圖書經銷商、傳統實體書店、電腦軟硬體廠商、網路業者、印前印中印後諸協力廠加入我們，期以眾志成城之決心，創共同成長之躍進。
3. 由於本公司以上櫃或上市為短期目標，但上櫃上市均有「公開發行、股權分散」之基本要求：上市時股東至少要一千人。即使以第二類股票上櫃，一千股至五萬股的股東亦不得少於三百人。故目前我們特別歡迎願入股一千股至五萬股的小型股東。當然，也歡迎有實力的準大型股東們加入。
4. 本計畫最大的特色在於王董、歐總及各事業部門經理及大陸部門均已各自掌控上千萬的營收及獲利來源，只待公司正式成立，網站架設妥當後，便各自上網創造規劃中的營收與獲利。各自就定位後，股東們會發現：各部門分立中仍相連屬並互補，且能在穩定中發揮創意。即：本公司經營團隊並非在成立公司後再尋求獲利，而是已掌握營收後再設立公司，並上線實現獲利。即B2B與B2C的基本目標市場均已確定。所謂沒有三兩三，焉敢上梁山是也。

5. Online archives approach & Publish just-in-time將是我們不同於其他網路書店的獲利利基！由於與實體書店和諸出版社皆會完成Contextual elements，所以Disintermediation & aggregation將是我們何以必將獲利的主要原因。

投資入股承諾書（上聯：交投資人保管）

茲承諾投資擎天網路書店 ________ 股，每股10元，共計新台幣

NT$ ________________________________（金額請用大寫）

投資（代表人）：

證照形式及號碼：

通訊地址：	擎天網路書店籌備處
TEL：	董事長：
FAX：	總經理：
Email：	承辦人：

（下聯：交投資人保管）

茲承諾投資擎天網路書店 ________ 股，每股10元，共計新台幣

NT$ ________________________________（金額請用大寫）

投資（代表人）：

證照形式及號碼：

通訊地址：	擎天網路書店籌備處
TEL：	董事長：
FAX：	總經理：
Email：	承辦人：

註：公司正式成立時，請股東再行將股本匯入本公司專戶，屆時將敦請所有董事、監查人以及聯合會計師共同監管公司專戶資金。公司成立後擬洽請安侯建業或立本台灣或大華證券（本公司預定的輔導券商）推薦之聯合會計師事務所規劃帳務與稅務等一切會計事宜，務求財務報表與帳目細節均無任何瑕疵。

INFO

本文作者王擎天博士（Dr. Jack Wang）為世界華人八大明師亞洲首席，美國UCLA碩、博士，台灣補教界巨擘，ef、ff、sure等時尚雜誌國際中文版引進者與發行人。深入研究「LT智能教育法」，榮獲英國City & Guilds國際認證。作為現代知識的狩獵者，平日極愛閱讀、也熱愛創作，是個飽讀詩書的全方位國寶級大師。雖然主修數理，對文史卻有極大興趣，每天晚上11點到凌晨2點，為了鑽研歷史等社會科學，他不惜犧牲睡眠。勤學之故，家中藏書高達25萬冊，並在歷史、創意、教育、科學等範疇都有鉅著問世，主要著作有：《讓貴人都想拉你一把的微信任人脈術》、《反核？擁核？公投？》、《四大品牌傳奇：柳井正UNIQLO等平價帝國崛起全紀錄》等逾百種！

曾多次受邀至北大、清大、交大等大學及香港、新加坡、東京及國內各大城市演講，獲得極大迴響。現為北京文化藝術基金會首席顧問，是中國出版界第一位被授與「編審」頭銜的台灣學者。並榮選為國際級盛會——馬來西亞吉隆坡論壇「亞洲八大名師」之首。2009年受邀亞洲世界級企業領袖協會（AWBC）專題演講。並於2010年上海世博會擔任主題論壇主講者。2011年受中信、南山、住商等各大企業邀約全國巡迴演講。2012巡迴亞洲演講「未來學」，深獲好評，並經兩岸六大渠道（通路）傳媒統計，為華人世界非文學類書種累積銷量最多的本土作家。2013年發表「借力致富」、「微出版學」、「美麗人生新境界」等課程。2014年北京華盟獲頒世界八大明師尊銜。

數位加值型資訊與您分享

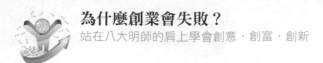

21世紀，我們深信：結合出版，且以全球華文閱讀者為對象的紙本Plus電子書之網路書店，是一個可行且必將加值十數倍的計畫。在此敬邀您加入我們：

1. 若您是出版家或圖書總代理業者，竭誠歡迎您與我們合作或逕行加入我們的團隊。在不影響您現有業績與通路的前提下，與我們共創電子商務新契機。
2. 若您是軟硬體廠商或網路服務、行銷公司，網站架設、管理人才，熱忱歡迎您與我們策略聯盟。公司法人或自然人均可承攬本公司之網路業務，個人亦可接受本公司之正式聘任（**註**：本公司正式員工均享有股票選擇權，可優先配股）。
3. 若您是創投或對我們的計畫有願景、有興趣者，歡迎您投資入股。10元的機會僅此一次！我們預計公司設立一年後，只要一年——增資股便須溢價以每股20元以上公開發行。

⊙其他細節歡迎親洽本公司籌備處或臨時辦公室：

擎天網路書店

董事長　王寶玲
TEL：（02）23821487・26620865
FAX：（02）23312810・23819302・23120393
E-mail：Jack@mail.book4u.com.tw
籌備處：台北市博愛路36號3F
總經理　胡明威
TEL：(02)22459154
FAX：(02)22452239・22438802
E-mail：h1046@ms15.hinet.net
臨時辦公室：中和市中山路二段356號10F

董事會
執行長　歐綾纖
技術長　許哲嘉
特別助理　蔡靜怡

總經理室
執行長　歐綾纖
技術長　許哲嘉
特別助理　蔡靜怡

註：「董事長」、「總經理」人選係由原始經營團隊暫時選任，公司正式成立後將由股東會議決。

4. 由於各項附件牽涉諸多商業機密，僅能提供（準）股東們參閱。但懂得印刷的人都知道「台數」或「滿版」的問題，所以本計畫書最後四、五頁僅提供部分「附件」的樣本，感激支援！
   謝謝您耐心看完本計畫書！

註：因應海外創投所需，本計畫書另有華文簡體字版、英文版及日文版，歡迎直接向籌備處董事長室或總經理室索取。

INFO

本文雖寫於1999～2000年間，但內容結構完整，其中不乏見前瞻性想法與觀點，直至今日仍相當具有參考價值，歷十餘年而不衰，可供有志新創事業的創業主們作為參考，無論是用於檢視自己的事業、向創投提案、向政府募資……若能寫出這樣一份「創業計畫書」，必能無往不利，就此開啟鴻圖大業。

附件五之（2）→第二事業部　網路出版部簡介

「I read, therefore I will be.（我閱讀，所以我擁有未來）」，這句話在世界各地都是真實的，也由此更可想見，閱讀、出版和未來科技是密不可分的。

在傳統的實體世界中，我們藉由作者的交稿，經過打字、排版、輸出、製版、印刷、裝訂等流程，完成一本書，再將它藉著通路呈現在人們面前，而購買者將買回的書放置在家中，這樣的過程，處處都產生實體占據的問題。因此，一本書完成後，作者會有一堆手寫稿或磁片，出版社會有數堆一校、二校……稿，製版廠留下底片，印刷廠堆積如山的紙張……，購書者滿坑滿谷的書在家中，這一連串的過程，雖達到資訊傳送的目的，但是否也浪費太多實體世界的資源！

網路不僅改變生活，對工作也是影響甚深，例如：將來本部門的編輯，他們可以將要處理的工作從公司內的網路上下傳至家中完成，然後再上載至公司的網路即可。而與作者、美編的溝通只需透過E-mail即可。工作群組會議亦可透過網路會議來達成，所以未來一週只需上班一至兩天以便參與公司全體性的會議及大型的群組討論。本部門上班打卡自2003年起會成為絕響。以後市長將喊出的口號會是：「一年之內若不能解決網路塞車問題就下台。」

網上出版大致的做法是：

1. 線上儲存（Online archive approach）：

線上儲存最受歡迎的例子便是線上電子書與圖書館目錄及書店目錄

的資料庫。美國大多數的圖書館都用複雜的線上圖書目錄資料庫所提供的功能取代傳統的卡片圖書目錄。目錄資料庫代表了線上儲存市場的一個典型，擎天網路書店將使得一般人能夠直接執行一些在過去只能由圖書館管理員才能執行的搜索功能，因此針對專業領域提供的資料庫，只要資訊完備，便能相對吸引特定族群上網使用。

2. 動態和即時出版（Just-in-time）：

網上出版的內容不再只是靜態的「書」而已，書的內容將即時的被創造出來，並以最合適的形式、品味和讀者愛好的格式馬上傳播出去；尤有甚者，我們設計的軟體將會認出重覆來過的訪客，它會以消費者的愛好來重新設定網頁。

另一種適合的模式是即時出版，這是指故事、時事新聞和書籍內容都在消費者需要它們的時候才即時的傳輸到電腦裡，在用過之後就自動刪除了。而這些資料會因使用者使用量之不同，而產生不同付費方式，當然也有可能是免費的。

3. 小眾（分眾）出版：

第二事業部門將會在網上以電子書的型式出版一些「印量」很小的書。在實體世界中，預估銷量只有數百本，甚至只有幾十本的書是不可能被出版「商」出版的！而現在網上出版、網上傳輸，只要作者交的是電子稿，縱然只有個位數字的市場，我們也將樂於在網上出版。

在傳統的出版中，資訊收集、製作，最後呈現給消費者，編輯對於出版品該有什麼內容，已先做了選擇，讀者只能從別人認為「值得閱讀」的內容中，做些要看或不看的決定。

在網際網路的工作環境內，單單提供印刷品的電子版不會帶來什麼真的優勢。多數的讀者仍偏好原本的印刷形式。對許多人而言，網路仍無法與在沙灘上閱讀印刷精美的雜誌，或在咖啡館閱讀經典鉅著的經驗相提並論。

吸引人們上網的原因之一是讀者能夠及時介入，不僅是因為能做互動式的搜尋，還因為網路出版品的相互連結（Contextual elements）。

數位出版品「相互連結」不同於印刷，他們扮演不同的角色。例如，在實體雜誌上，圍繞著一篇報導的相關內文和圖片，賦予作者和該主題相當程度的嚴肅性和特殊地位。這個訊息可以透過該篇報導的擺設位置、設計和廣告、致編輯函等方式表達出。更多的資源和相關的服務可能列於文末，或刊在雜誌最後。

在數位出版品上的「相互連結」遠超出這兩個層面的考量。不但文字和圖片可以不斷移動或不停地閃動，而且作為一個連接和互動的媒體，使用者得以超連結上其他的網站，不論是在刊物內或連到刊物外。例如，旅遊雜誌在本書店中可連結上旅行社，不但能提供特別地點的報導，還能提供訂票的全套功能。網路上的健康圖書專區還能替你把脈，或在取得你的醫療記錄後，開個飲食須知單給你。

在網路世界中，相互連結就是一切，因為它能透過互動性，全面地使用環繞在四周的網路內容。如此一來，互動性就不單指用戶服務，而是委外製作具創意內容的業務計畫之一。事實上，只要能數位化並搬上網路，任何資料都有可能變成網頁的一部分。這幾乎使得所有網路世界做生意的公司，都可以成為我們上游的出版社，而同時又能與其他出版機構相互連結。

數位時代中，消費者可以擁有更多資訊，因此出版者需要培育專業知識，並把這些仔細而特別的專業知識帶給市場，讓資訊變成知識，尤其要在提供知識上掌握獨到的優勢。因為出版社與作家的關係密切，能集合特殊領域的知識成「庫」。這有可能是指未來的作家；在出版商可以動員的讀者群中，他們成了「專家」和「菁英領袖」。出版社也精於察覺市場的特別需求，也擅長於預測未來之需求，以及關鍵性的趨勢。

在這個「實體與虛擬共舞，傳統與數位齊飛」的時代，網路閱讀不僅是生活所需，更變成一種習慣，就連閒暇的閱讀活動都脫離不了。

網路閱讀的習慣為出版帶來不少便利，但卻也為傳統（實體）出版工作者帶來不少的壓力與衝擊，畢竟許多讀者也同樣擁有使用電腦與網路的能力，他們會因此而改變傳統的閱讀習慣嗎？

當科學家發明收音機後，有人預言報紙將會沒落；當電視出現之後，也有人認為收音機的聽眾將會轉變為電視人，畢竟誰不喜歡既有聲音又有影像的電視呢？結果是誰也沒有取代誰，大家各自擁有一片天。在每一個新形態的媒體出現之後，都會給傳統的閱讀媒體帶來新的刺激和省思。讓傳統媒體重新思考並認清自己的優勢和定位。

其實無論是實體或虛擬出版品，由編輯工作者為出發的「內容」才是最重要的，新的技術、環境會造就新的閱讀方式，但要持續被讀者接受，還是閱讀的內容。網際網路的優勢在於速度和互動性，這是一種革新，卻不能取代現有閱讀媒體。因此，第二事業部門雖致力於網路出版，但傳統出版在初期並不會被我們所滅絕。

附件二十六之（1）、首筆資金運用計畫

1. 鑑於現存網路書店皆以平面展示（二度空間）法介紹或推薦書籍。擎天網路書店實體書展示初期便要切入立體（三度空間）影音展示介面，故初期需購買數位攝、錄、放影音系統，並出資成立一採訪小組將重要書籍之作者或重量級推薦人士之影音數位化存檔，書店開站時便推出多媒體影音互動平台。據調查（1050各樣本點，抽查誤差5%以內）顯示：55%的（圖書）消費者願意參考專家或推薦者之意見選書、購書、看書。48%的消費者很想一睹作者的廬山真面目，甚至生活起居等相關資料。故以動態影像介紹書、推薦書絕非噱頭，而是確有其需求。
2. 出資於兩岸分別成立「全民上網寫作」推動小組，對內研發網上寫作平台，結合電子書閱讀平台構成一包含已完成與未完成著作之閱讀與書評的互動平台。對外則接洽贊助之出版單位，以預付稿費的方式獎助網上作家，形成全球華文著作版權仲介平台，並為網路圖書館與網上讀書會預做準備。
3. 正式成立www.book4u.com.tw網站，以二十萬種華文實體書與二萬種華文電子書上線開台，結合至今尚未架設網站的諸多出版社共同成立第一至第五出版事業部門，迅速跨入線上出版之領域。

註：以上所附為附件五之(2)與附件二十六之(1)，附件五之(1)為第二事業部門經營團隊簡介。本企畫案共三十六項附件，歡迎股東或準股東們索取，但謝絕潛在競爭對手參閱。僅此致歉！
祝福各位！也謝謝諸位！

大前瞻・大創新・大邁進

——經營藍圖即將成形

台灣現存的網路書店，依其Background分類，目前有四種：

1. 電腦科技業出身，或網路公司自行開店。如博客來、新絲路等。
2. 大型實體書店、連鎖書店附帶在網上開設（實體與網上並存模式）。如金石堂、三民、誠品、新學友等。
3. 大型單一出版集團附帶上線設站（推薦意義大於販售意圖，且只介紹自家的出版品），如天下、遠流、時報等。
4. 印刷製版業轉投資設立，如凱立國際。

您是否體會出，絕對應該要有第五類——勢必壯大的第五類：

由未設網站的諸多出版社、圖書經銷商與書籍企畫行銷業者與作者群結合，共同設立一專業的（不是附帶的，且只有線上，沒有實體）、大型的（如Amazon.com般）網路書店。於是，誕生了

擎天網路書店

——出版界&圖書代理業的大聯盟

INFO

當年「擎天網路書店」順利商轉後，經董事會、股東會通過更名為「華文網路書店」www.book4u.com.tw，後再併購「新絲路網路書店」www.silkbook.com，公司再於兩岸三地擴充後發展為今日的「采舍國際集團」，特此補充說明。

【後記】

當初此份創業計畫獲得華彩網路創業競賽第一名後，和通創投集團也找上我們去做簡報。和通創投投資評估小組一共問了我們八個問題。第一個問題是：你們對外募資的主要用途為何？我們的答覆為：主要是為了發展IC戰略，I指的是全面網路化，包含印前系統的網路化、數位內容與電子書等等；C指的是趁中國書業民營化剛剛起步的當下，及早卡位全球最大的華文文創與內容市場，為「華文單一市場」做好準備，並在兩岸五地同時發展，EP同步。

「和通」問的最後一個問題是：你們的Key核心競爭力在哪兒？我們當場搬出了兩箱合約書與五箱名單，說明我們是華文出版界最早開始在合約書中加入電子書出版條款的團隊！同時我們也是出版界最早開始經營名單、並逐步培養其信任度的團隊。這些資源與作法若能轉戰網路與大陸，前途不可限量，等等云云。

接著「和通」直接問我們需要多少錢？我們回答說200萬至300萬之間吧！和通回答說：美金？我們說不是！是200萬至300萬的新台幣！和通人員竊笑後說：我們和通的投資都是以「千萬」為單位！沒有在投資什麼200萬、300萬的！然後我們表明接受和通投資的上限為50萬股，而和通投資金額的下限為1,000萬，所以我們建議和通以每股20元購買我方股份50萬股。和通研究後還價每股18元，但希望我們能允許其投資的金額仍不得低於1,000萬元，我們幾乎是立刻就同意了。於是和通創投以每股18元投資了我們1,000萬，至今和通創投仍是我們的股東。

數學巨擘　王擎天 博士

獨創全腦思考法　全世界都在學

辦教育不遺餘力　為學子不辭辛苦

畢生絕學收錄於

最低12級分的祕密

全系列書&DVD

國寶級大師親身為您服務

解決學生無法親臨一睹大師風采與排隊劃不到位的窘境

一推出便成為網路上**詢問度最高的高中數學教材**

王擎天
傑　哥　合著

先看

更多快、狠、準的破題祕訣

新絲路華文網www.silkbook.com輸入　擎天數學最低12級分的祕密　一起見證奇蹟的時刻！

部落格：http://chintian.pixnet.net/blog　12級分諮詢信箱：15141312@mail.book4u.com.tw

鶴立文教機構

世界華人八大明師
亞洲創業家大講堂創
辦人

張方駿

明師簡介

■ 造雨人企管顧問有限公司	總經理
■ 造雨人（中國）商學院	總經理
■ 亞洲創業家大講堂	創辦人
■ 中華兩岸講師智庫	認證講師
■ 世界華人八大明師創業創富論壇	首席講師
■ 國際NLP學院NLP執行師	
■ ANLP認證NLP執行師	

8 CEO每天必做的七件事

張方駿

我們都了解，世界五百強的CEO之所以可以成為世界五百強，絕不是一蹴可幾，而是因為這些最頂尖的成功者每一天都有關鍵的共同習慣，這些習慣決定了他們的版圖、造就了他們的格局，讓一個小老闆走向一個企業家。而這些習慣也決定了非常多的創業家如何讓自己的事業發展得更有效率、更具規模。因此，我將會跟各位分享所有最頂尖的CEO、創業家他們每天堅持做的七件事情，洞悉他們成功的關鍵機密，同時也要讓各位了解，這七件事情其實我們也都做得到！我們期待與你一起共贏、共創、共享，為整個亞洲市場、為華人市場創造更大的新力量！

從A到A＋的CEO實戰智慧

如果有一天你踏上成功之塔的頂端，孩子問你：「爸爸，你為什麼會是這麼成功的創業CEO呢？」

我無法知道你會說些什麼，但若是我，我絕對會說：「成功，一定有方法；失敗，一定有原因。作為一個成功的CEO，每天都有一定要做的事！因為我做了這些事，所以造就了今天的我！」

成功看似無軌跡可尋，因為創業模式很多，不管是科技創業、傳產創業、加盟創業或者小本創業，市場上有這麼多創業模式，而每種創業模式似乎也都各有著重的執行方向，讓創業成功看似沒有固定軌跡，但，這是錯誤的想法！

創業成功絕對不是偶然，事業經營成功也並非僥倖，成功是有賴於日常生活中的點滴累積，因而造就出這些企業的蓬勃發展。所以一個成功的CEO每天到底要累積些什麼？他們又做了些什麼，讓他們的企業可以不斷成長與發展呢？

CEO必做的事之一：早起

【早起，給自己最好的養分】

每一個成功CEO的一天，都從早起開始。舉例來說：

台塑集團創辦人	王永慶每天凌晨3點準時起床；
長江實業集團創辦人	李嘉誠每天早晨5點59分準時起床；
鴻海集團董事長	郭台銘每天早晨6點準時起床；
SOHO中國董事長	潘石屹每天早晨4點準時起床；
星巴克咖啡前副總裁	蓋斯（Michelle Gass）每天早晨4點30分起床；
蘋果公司現任執行長	庫克（Tim Cook）每天早晨4點30分起床；
迪士尼現任執行長	伊格爾（Robert Iger）每天早晨4點30分起床；

當然還有許多執行長，都屬於早起一族。

美國開國元老富蘭克林（Benjamin Franklin）曾說：「我未曾見過一個早起勤奮謹慎誠實的人抱怨命運不好；良好的品格，優良的習慣，堅強的意志，是不會被假設所謂的命運擊敗的。」早起的鳥兒有蟲吃，這些CEO都一致認為早起早工作，就是他們的「工作方式」！

這也讓我開始思考，為什麼早晨對於一位頂尖CEO來說，是那麼重要的時刻呢？我開始一一研究每位頂尖CEO早起的原因，結果發現了相同之處。

這些CEO在早起之後，都不約而同的做了這三件事：「運動」、「閱讀資訊」、「思考」！

1. 晨動，拓展每天工作活力：

為什麼運動對於頂尖CEO來說那麼重要、重要到每天都要執行呢？主要是因為運動有三大好處：

⑴管理健康：規律又持續的運動，不僅僅是為了維持健康的體態，其實對於頂尖CEO來說，還能夠因為持續運動而預防心血管疾病、提昇免疫力、促進身體協調性，以減少突發狀況所造成的傷害等功用。

此外，擁有固定的運動習慣，對於促進睡眠也很有幫助，更重要的是，可以讓頂尖CEO保持充沛的活力來迎接每天的工作。

⑵增進情緒穩定：不知道你是否有發現到，在做完運動之後，心情都會變得比較愉快呢？根據2001年Diemo等人的醫學研究指出，運動（尤其是有氧運動），對於心情有正面的幫助，甚至能大幅度改善憂鬱不快樂的心情。

而在2004年Dietrich與McDaniel等人的研究也指出，中等強度的耐力運動會顯著提高血液內的Endocannabinoids（內源性大麻素，具有減少痛苦、使氣管與血管擴張、安定等作用），而Endocannabinoids 會激發腦部多巴銨（Dopamine）的分泌，讓大腦擁有「愉悅」的感覺。

規律運動還能維持腦內荷爾蒙的平衡，幫助穩定情緒，有效預防、緩解情緒引起的症狀，進而改善生活品質。由此可知，運動對CEO們穩定工作情緒有相當的助益。

⑶強化職場戰鬥力：當然，運動除了幫頂尖CEO維持健康、減輕工作壓力外，更積極地來說，也幫助他們維持職場戰鬥力。

根據美國哈佛生理學家坎農（Walter Cannon）的研究，遠古時期的人類生存環境惡劣，壓力主要來自食物的獲取、戰鬥，壓力之下反應的身體活動大多是「戰」或「逃」（Fight or flight），都屬於大肌肉群的活動。

而現代人的壓力來自心理，當壓力造成心跳加速、血壓升高，血液擴散四肢等反應，卻又沒有透過運動獲得紓解時，長久下來就可能會造成消化系統疾病、免疫功能下降，身體變得虛弱、疲勞，進而影響到工作，讓工作表現欠佳，此時競爭力自然會逐日下降。

換言之，運動之所以對於頂尖CEO這麼重要，就是因為持續規律的運動不僅能夠促進身體健康、更重要的是能幫助他們抵抗來自心理的壓力，因而讓他們能夠保持在職場的競爭力，為公司做出最正確的決策。

2. 晨讀資訊，讓CEO掌握最新資訊：

早起對於頂尖CEO來說還有一個功用，就是可以在最無干擾的狀況之下閱讀最新資訊。

資訊是情報，也是企業命脈。在講求效率、先機的商場上，如果不在最短時間掌握行業最新消息，那麼CEO在商場上的決策，就會有所失準。因此，每一位頂尖CEO在起床之後，總是會習慣打開電視、電腦，用這些資訊工具，來協助他們了解市場走向。

所以，鴻海集團董事長郭台銘說：「企業跟不上資訊，就會失敗！」

《孫子兵法‧謀攻篇》中也說：「知彼知己，百戰不殆；不知彼而知己，一勝一負；不知彼，不知己，每戰必殆。」為求百戰百勝，歷代兵法家莫不設法知彼，即了解與掌握敵方力量、戰術等多方面的情況。

在西元1990年，伊拉克入侵科威特這場中東戰爭，在瞬間成為國際焦點！因為伊拉克入侵科威特的主因，就是為了石油這個極重要的戰略物資。而這個舉動卻也挑動了西方許多大國的神經，因此以美國為首，由34個國家所組成的聯合國軍，決定和伊拉克開戰，拯救被入侵的科威特和珍貴的石油。

但這場戰爭，卻在聯軍介入的短短數個月內就結束，幾乎有別於以往肉搏式的軍事大戰，而且聯軍還以極低的死傷率，結束這場波斯灣戰役。

表面上看來，聯軍是贏在軍事火力強大，但深入了解後，會發現聯軍對於伊拉克軍方情報的掌握相當清楚，讓伊拉克在聯軍參戰之後，就節節敗退，完全輸了這場戰爭。

所以，一場戰役的軍事力量固然重要，但暗藏的軟實力——資訊情報，卻更重要。有句話說「商場如戰場」，頂尖CEO唯有懂得注意資訊、解讀資訊，才能對企業的發展方向與應對做出有效的規劃，而不致因一時疏忽，而讓企業輸在商戰之中。

3. 晨思，讓CEO規劃每日企業發展：

有了資訊後，頂尖CEO會緊接著在早晨時光做大量思考，思索企業經營方向。

早晨時光正好是萬物從睡眠狀態中甦醒的時刻。在這個時光中，有著一股獨特的正能量，引領著在這個時刻醒著的人們，讓他們擁有更清新的力量思考未來。此外，這個時刻的車水馬龍不多，可以說是一整天當中最寂靜的時刻，也因為寂靜且干擾物少，更容易專注在眼前的事物，進入專注思考的程序，能夠讓頂尖CEO們更有效率的做決定。

在松浦彌太郎《思考的要訣》一書中，指出了為什麼晨間時段對於思考較有幫助。作者認為，由於現在這個時代的資訊大量爆炸，在工作上，比起花了多少「時間」、或完成多少的「量」，其實應該更追求「質」。也就是說，在「事情該怎麼做」的這一點上，必須有強烈堅持。

由於思考不是一心二用的過程，也不是沒來由就能完成的事。如果沒有積極確保「思考專用時間」，打造安心的「思考專用環境」，依循應有的「思考程序」，就無法產出好的創意與決策。

因此松浦先生認為早晨是個最棒的思考時段，此時人的直覺最為鮮明，精神剛處於歸零狀態，經過一夜睡眠，能讓人把昨天以前的種種事情忘個乾淨，更能夠沒有障礙的進行有目的的思考。

當然，思考時間也不是無上限，松浦先生認為思考一定要在一個小時內結束。如果認真思考，專注力持續的極限多半是一個小時，你或許會覺得「思路正順，繼續想下去吧」，但是時間一到一定要有意識地停下來。因為在一小時之後浮現出來的絕妙創意，絕大部分是錯覺。因為思考會為頭腦帶來相當程度的負荷，長時間持續進行的話，反而會造成壓力。

而奇妙的是，往往這些頂尖的CEO都不約而同地在一定的時間內完成自己所要思考的工作。不僅是讓閱讀到的最新資訊可以有效的整理成今日會議的方針，進而能與同事夥伴微調或確認企業方向的正確性。同時還能夠相當有效率地將重要信件回覆及處理完畢，並且再次確定好今日的行程與規劃，因而對當日行程時間的掌控可以更精確，並做好最完整的應對準備。

以上就是頂尖CEO每日必做事中的第一件事，你應該能理解為什麼CEO要早起的原因，在早晨，他們可以儲備好最佳的能量，並為今日的戰鬥，做出最佳的準備。

那麼當頂尖CEO 們進公司後，又會做些什麼事情呢？

CEO必做的事之二：掌握資訊

【掌控企業關鍵數字】

一個頂尖的CEO的思維，其實大部分跟一般人不同，一般人可能會講人情，但頂尖CEO卻不是。因為CEO的每一個決策都會影響到企業營運是衰退還是成長，所以他們必須比一般人更注重結果，我們可以說，一個不注重結果的CEO絕對不是一個好的CEO。

這看似無情卻相當合理，因為「結果」來自有計畫的行動，企業不管規模多大，資源依然有限，因此如何有效運用有限的資源創造更大的成果，不僅是CEO對股東的責任，更是對全體公司員工所應負的職責。

換言之，CEO所背負企業成長的責任，跟員工的生計有絕對關係，所以用「結果」來評斷企業的發展，可以確保企業的生存力，進而維護到股東與員工彼此之間的權力。

因此，頂尖CEO既然是用「結果」在思考，為了方便管理與追蹤，最好的方式就是——數據化，所以頂尖CEO們往往都有解讀數據的能力。

但是企業數據相當多元，到底有哪些數據，是頂尖CEO會不斷關注的呢？第一個是財務數字！

1. 掌握財務數字，掌握企業健康：

財務數字呈現的工具是財務報表，而學會看這個報表，對於頂尖CEO來說是必須有的基礎能力，因為在財務報表上的數字完全可以顯示企業是否擁有健康的市場生存能力。

在財務報表的內容上，大致可以分為三大部分：資產負債表、損益表、現金流量表。

⑴資產負債表：主要是反映企業在某一特定日期財務狀況的報表。

例如西元2013年12月31日的財務狀況。由於資產負債表主要提供有關企業財務狀況方面的信息，通過資產負債表，CEO可以了解某一日期企業資產的總額及其結構，表明企業擁有或控制的資源及其分布情況。簡單來說，就是企業中有多少資源是流動資產、有多少資源是長期投資、有多少資源是固定資產等。

而且由於這份報表可以提供某一日期的負債總額及其結構，更能表明企業未來需要用多少資產或勞務清償債務以及清償時間，即流動負債有多少、長期負債有多少、長期負債中有多少需要用當期流動資金進行償還等。更可以反映所有者擁有的權益，據以判斷資本保值、增值的情況，以及對負債的保障程度。

此外，資產負債表還可以提供財務分析所需要的基本資料，如將流動資產與流動負債進行比較，計算出流動比率；將速動資產與流動負債進行比較，計算出速動比率等，可以表明企業的變現能力、償債能力和資金周轉能力，從而有助於會計報表使用者做出經濟決策。

⑵損益表：主要是用來反映公司在一定期間內，利潤實現或發生虧損的財務報表。損益表可以為CEO提供做出合理的經濟決策所需要的有關資料，可用來分析利潤增減變化原因，公司經營成本，以及做出投資價值評價等。

⑶現金流量表：主要是用於表達在固定期間（通常是每季或每年）內，一家企業的現金（包含銀行存款）增減變動的情況。現金流量表的出現，主要是想反映出資產負債表中各個項目對現金流量的影響，並根據其用途劃分為經營、投資及融資三個活動分類。而且，現金流量表可用於了解自家企業在短期內有沒有足夠現金

去應付開銷。

以上，就是頂尖CEO必須了解的財務數字，懂了就能夠對於企業生存健康有比較清晰的掌握。

但財務數字只是反應企業的健康，且這些報表只能反應企業過去一段時間的狀態，但如果企業要持續成長，光看這些數字是不夠的。

所以頂尖CEO還必須掌握兩種關鍵數字，一是業務數字，二是影響力數字。

一個企業要能持續不斷成長，除了產品很重要，更重要的是具備「垃圾變黃金」的能力。所以，CEO每一個決策，除了穩定公司的發展之外，更重要的就是能夠讓公司的現金流不斷產生。而一間企業的變現能力，卻取決於你的變現三角——產品、行銷與業務！

2. 產品是地根，有根方能立足市場：

產品是一間公司的基底，一間長青企業往往擁有一個或數個優異且受消費者熱愛的產品，以最近的例子來說：

蘋果公司：iPad、iPhone、iTunes、iMac等軟硬體。

波音公司：波音747、波音757、波音767等飛航器。

飛雅特集團：法拉利系列超跑。

統一集團：7-11超商。

造雨人企管：造雨教練與扣啟技術等。

不管產品是虛擬或實體，不管是線上還是線下，每一個企業都至少擁有一個消費者熱愛的產品。

你有注意到我一直提到的關鍵字：「消費者熱愛」嗎？

一個產品最重要的，不是在於產品本身有多厲害的功能，而是可以深受消費者喜愛，因為唯有消費者熱愛的產品，才有機會可以大量變現。

所以消費者喜歡什麼樣的產品呢？奢華、平價、亮眼、低調、酷炫或實用？這就是CEO必須知道的事情。或許他不一定是產品的主導者，但是作為企業執行長，必須要了解什麼樣的產品會受消費者喜愛，如此才能知道營運策略方向是否正確，企業變現也才能水到渠成。而在有了一個好商品之後，變現還需要懂行銷策略。

3. 行銷是軍師，變現是結果：

行銷是什麼？簡單來說，行銷的角色就跟軍中的策略長一樣，要做的事情只有兩件，也就是布局與造勢。而要達到的目的只有一個——在消費者腦海中形成影響力。

每一個行銷的出發，就像一個設計好的棋局，每一個步驟、工具都有其用意，為的就是讓產品在最短時間內，讓市場的人迅速得知。並在消費者腦海中建立起對產品的印象。

所以，為什麼很多人會把行銷當作廣告，就是因為廣告的創意、聲光效果、說故事的能力，可以在消費者腦海中產生印象，塑造產品熱潮，讓業務降低與消費者溝通的時間，進而讓企業變現能力提高。

當然每一個產業都有各自的行銷方式，但無可否認的是，當行銷布局造勢成功，行銷在企業的第一階段的效用就算完成。

當然行銷要做的事情不只是這樣，更長遠來說，還包含公司影響力的維護與拓展，因此行銷短期必須以支援業務為主，但更長遠來看，行銷的目的就是協助公司創造品牌、建立商譽。因此當行銷在消費者中開始慢慢形成影響力之後，企業變現的最後一步就是收錢，這時就需要猛將出場。

業務就是企業的猛將，唯一的工作只有一個——「變現」！

業務的工作是在第一時間了解客戶動態與市場趨勢，並且研究如何打動客戶的心，在短時間內將產品銷售出去，將企業營運所需的現金給帶回來。

當然，隨著企業經營方式的多樣化，業務的呈現方式也不一樣。譬如說以店面作為通路，那麼業務就是服務員；以人作為通路，那麼每一次的接觸都有可能是業務機會。也因為如此，業務所需要具備的能力有所不同，但「變現」守則，絕對不容易改變。

若CEO能有效的掌握業務數字與影響力數字，那麼企業績效成長就不容易有狀況，企業也能順利成長。

所以，頂尖CEO要掌握財務數字，確保企業健康，也要掌握影響力數字——市場占有率，以及業務數字——業績成長率，確保企業發展所需要的動能，達成企業成長的目標。

而CEO每天必做的事，只有「早起」和「掌握關鍵數字」嗎？當然不是，因為CEO的本事來自實幹、實練，CEO的養成完全來自於績效，雖然我已經分享了一些做法給你。但是我更想要讓你實際打造專屬自己的「頂尖CEO行動守則」。讓你實際將做法帶回家，並實際應用在工作上，產生真正的戰績、創造自己的人生輝煌。

2014年6月14、15日於台北舉辦的「世界華人八大明師＆亞洲創業家論壇」中，我將進一步說明一位CEO每天到底還要做哪些事。此外，在這場演講當中，你不只能夠學習到CEO的必要技能，更能了解到其他老師所分享的主題，如：

- 成功創業Business Model的八個板塊。
- EMBA 沒教的貴人學。
- 創富GPS——如何找到你創業創富的「成功方程式」。
- 建立一流自信與魅力。
- 創業心法。

這些豐富的內容，將讓你擁有全方位的知識學習成長，讓你的事業廣度與深度都能加速20%，直接協助你打造長青企業的基底。

此外，本場活動將有5～7位神祕嘉賓，他們可能是一統全中國即時通訊市場，近年將觸角延伸到智慧型手機上，引發通訊革命的佼佼者；也可能是不甘於退休後安逸生活，決定接手搖搖欲墜的車隊企業，最終成功讓其起死回生的妙手領導者；或是經歷人生低潮，卻抓住機會翻身，如今擁有一番傲人事業的企業家；或是稱霸培訓界，專長領域跨及銷售、說服、行銷、創業、理財、演講、心理、領導等創富技能的創富教育終極教練……

這些在不同領域各有專長與成就的成功者，將在大會上分享他們的專業智慧！

所以，你想要打造出專屬你的「CEO每日必做的七件事」嗎？

你想要找到自己的「創業創富方程式」嗎？

你想要打造自己的「成功商業獲利模式」嗎？

那就來參與這場盛會吧！你的每一分投資，都將幫你創造百倍的回饋！我期待與你相見，跟你分享更多有關CEO的經驗談，協助你制定出專屬於你的CEO成長計畫，讓你順利往頂尖CEO之路邁進。

王道增智會培訓平台Q3課程時間表

	開課日期	講師	課程名稱	學費
1	6/28（六）上午	王擎天	如何開創美麗人生新境界（完整版）	$6,000 王道會員免費
2	6/28（六） 下午14:00-17:00	凱西庭	心想事成魔法書	$5,000 王道會員$500
3	7/5（六）	王擎天	創業&募資實戰培訓課程	$10,000 王道會員免費
4	7/5（六）	王擎天	王道會員商務引薦大會	$1,000 王道會員免費
5	7/12（六）、 13（日）	何建達	巴布森學院課程	$26,000、八大明師學員8折、王道會員6折、終身會員5折
6	7/26（六）、 27（日）	李家幸	點時成金	$49,800 王道會員$4,800
7	8/9（六）、 10（日）	何建達	網路行銷與網路開店	$18,000、八大明師學員$9,000、王道終身會員$3,600
8	8/23（六） 上午	劉益成	金融交易金剛不壞的聖杯！	$3,000 王道會員$300
9	8/30（六）	陳又寧	一對多行銷演說的力量	$6,600 王道會員$660
10	9/20（六）、 21（日）	采舍講師群	出版編輯&作者出書保證班	$18,000、八大明師學員$9,000、王道終身會員$3,600
11	9/27（六）、 13:00-19:00	游祥禾	絕對機密成功術	$3,800 王道會員$380

世界華人八大明師
人脈經營大師

沈寶仁

（ABoCo 阿寶哥）

明師簡介

- 陸保科技行銷有限公司執行長。
- 國際青年商會中華民國總會第五十一屆副總會長。
- 十大傑出青年當選人聯誼會第11、12屆副總幹事。
- 世界華人講師聯盟第三、四屆秘書長。
- 中華民國淡江大學校友總會副秘書長。
- BNI早餐會董事顧問暨台灣長虹分會第一屆主席。
- 中國文化大學創新育成中心顧問。
- 管理雜誌500華語企管講師2000-2013。
- 著有《數位文件管理達人》、《人脈經營寶典》、《MyBook我的8頁品牌書教學寶典》、《知名鍍金術：擦亮別人看你的眼（DVD）》。

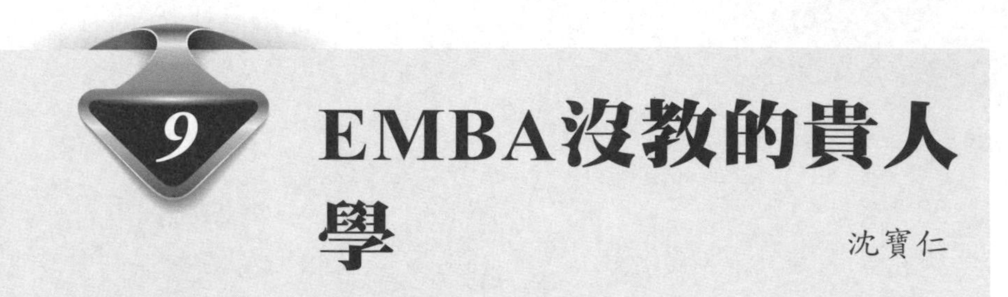

9 EMBA沒教的貴人學

沈寶仁

一位不善應酬、喝酒、交際的電腦工程師，能夠被JCI國際青年商會栽培成為中華民國總會副總會長，讓宏碁集團創辦人施振榮董事長聘任為十大傑出青年當選人聯誼會副總幹事，與新聞主播哈遠儀小姐共同主持十大傑出青年頒獎典禮，被股市教父胡立陽先生推薦到世界華人講師聯盟並成為祕書長，前外交部簡又新部長指定承辦活動，大學同學廖肇弘執行長推薦成為文化大學育成中心顧問，甚至創業後，名片管理人脈經營的方式榮獲國家發明專利，並受到五十多次媒體報導，這一切的成就，全賴「ABC人脈經營貴人學」。

創業的過程中，經營者最需要的就是客人與貴人，有源源不絕的客人，可以讓業績興盛，有幫助支持的貴人，可以獲得更多資源來壯大轉型！問題是客人與貴人從何而來？地球有70億人口，如果連見過面、換過名片的人，都沒有辦法變成我們的客人或貴人，那麼我們還能期待誰呢？

其實，有緣人變成客人與貴人的兩項關鍵因素就是「**讓他們知道你**」與「**持續照亮**」！

交換名片之後，如果對方看一眼就把你的名片收起來，這樣是不可能了解你的背景、優勢與價值的，如果對你不了解，就不可能建立信任感，更不可能有達成交易的機會。即使你專程拜訪或請喝下午茶，讓對方有機會深入認識你，但卻常常因為機緣未到，沒有成交！於是你就會再想辦法開發新的對象，但卻忘記要像太陽的光芒般持續照亮、溫暖有緣人，讓有緣人知道你的存在、價值與現況！因為貴人多忘事，等到貴人有新的需求，鐵定不會聯想到你，你將錯失新的任何機會！

有鑑於此，阿寶哥發明三個簡易可行的方法，分別用ABC三個英文字母代表**Action立即行動**、**Bright照亮**、**Continue持續**，稱為「**ABC黃金人脈經營法**」！交換名片後，只要落實這三個簡單的方式，就能有效將交換名片的人脈逐步轉換成為客人與貴人，對創業者累積人脈資源有非常大的幫助！

黃金人脈A計畫：Action立即行動

試想，當你在某個場合交換了一疊名片，到了第二天，誰還會記得你？若你能Action立即行動，把握黃金24小時先寄出一封問候信，將留給對方正面積極的印象，跨出經營貴人的第一步。黃金人脈A計畫，就是讓你從持有對方名片到建立聯絡管道，為開啟通往貴人心門之鑰。

要注意的是，黃金人脈A計畫的重點是「快」！試想如果對方24天後才收到你的問候信，他還會對你有印象嗎？快，不見得可以讓對方立即成為你的客人或貴人，但絕對可以讓你脫穎而出，藉此開啟後續的B計畫。若忽略這個動作，就很難再有後續聯繫的好理由。

黃金人脈B計畫：Bright照亮

雖然A計畫可以讓對方印象深刻，不過貴人多忘事，你還是要透過每個月一次的Bright數位照亮，提供你的關心、現況與專業訊息分享，讓對方持續注意到你的存在與價值！換句話說，B計畫是要讓你「自然而然」地維繫與對方的關係，持續提供價值給對方，逐漸加強信任感後，才有機會發展出互惠關係。

而黃金人脈B計畫的重點是訊息要「個人化」！商務人士的信件匣每天都會收數以百、千計的郵件，如果你寄的信件主旨沒有「個人化」，沒有寫上對方的尊稱，如：阿寶哥您好、大衛總裁您好……很容易不被視為重要信件而忽略。

一個月只要Bright數位照亮一次，提醒對方你的存在、又不會打擾到對方，有緣再見時就會有一見如故的熟悉感，甚至在未來，有機會水到渠成，變成你的客人與貴人。

黃金人脈C計畫：Continue持續

打造黃金人脈，一定要持續才會產生力量與結果！持續，才能建立信任感，進一步在你的人脈圈建立個人品牌，吸引貴人主動與你結識。而持續的關鍵，就是簡單化、重複做！交換名片以後，你是不是能夠快速地完成名片管理A計畫，寄送Only you含有對方尊稱的個人化簡訊與電子郵件？如果沒有好工具，肯定會花上很多時間在整理名片做行銷，最終必定會走上放棄的道路，又要回到喝酒應酬的方式經營有限的人脈。

因此，黃金人脈C計畫的重點是「善用工具」！經營十位人脈需要靠「心力」，維護一百位人脈就需要靠「工具」！創業家時間有限，應該把全力放在精進專業上，人脈的累積、客戶的關係管理，就交給專家已經為你設計好的工具（也就是阿寶哥的「Only You人脈達人軟體」）！

透過引薦社團，建立口碑式行銷平台

透過ABC三個關鍵方法，再加上積極參與社團活動，你將能夠加速人脈累積！國際四大社團如青商會、扶輪社、獅子會、同濟會，都是可以擴展人脈見識的好團體，若要直接對公司業務成長有幫助，開門見山談生意的商務引薦社團如BNI早餐會最值得推薦，BNI藉由一個有架構、正向、專業的口碑式行銷系統，使會員能與優秀的商務人士得以發展長期且有意義的關係，這種關係正是人脈、業績都長紅的關鍵。

「ABC」三招，將陌生人變成貴人

透過持續執行「ABC」這三招，阿寶哥累積了許多「遇見貴人」的真實故事。在這些故事中，你將可以看見「ABC」人脈經營的運用方式以及顯著的功效。

一、遇見貴人——蔡世寅（金嗓電腦科技公司董事長、青商總會第51屆總會長）

初入社會的阿寶哥，為了擴展視野與人脈，選擇加入了最適合年輕人參加的國際青年商會，透過服務人群來訓練自己。這樣的決定，也讓我有機會能遇見啟我良多的金嗓電腦科技公司董事長、青商總會第51屆總會長蔡世寅先生。

猶記得民國90年納莉風災重創台灣之際，時任青商總會台中區執行長的蔡世寅會兄，便抱著人溺己溺的胸懷，自費租賃發電機與抽水車，北上協助台北災區進行抽水工作。當時，蔡董事長知道我能透過網路快速發布訊息，因此立即與我聯繫，我便在第一時間透過數位通路宣傳，並與台中地區熱心北上的青商會友們併肩加入救災行列。

在這次的救災工作中，蔡董事長更進一步的認識到我的特質及專長，因此，在他當選青商會總會長後，便提攜我擔任副總會長及e化推動小組召集人。這項職務，除了能讓我發揮專長外，也讓我有機會透過會內所舉辦的各種公益活動，進一步與全國各大團體接觸，因而拓展了我的人脈網絡，豐富了我的人脈基礎。此外，由於蔡董事長的提攜，向「十大傑出青年當選人聯誼會」會長，也是宏碁集團創辦人施振榮董事長推薦，聘任為該會副總幹事一職，得以和歷屆十大傑出青年相識結緣，是人生極難得的寶貴機會。

在我心目中，蔡董事長不僅是一位兼具「導師」、「開路者」、「支柱」、「推手」等多重身分的貴人，更是我所衷心仰慕學習的對象。「黑」手起家的他，進入社會的第一份工作，是在三洋電器工廠擔任維修員，婚後自行創業，開設電器行，並加入青商會擴展視野。

後來因為經銷卡拉OK伴唱機的機緣，入主成為公司股東，隨著事業的發展，進一步成為電腦科技公司的經營者，他在家庭、事業、青商三者的均衡發展，足為所有創業者、青商人的表率。

最令人感動的是，雖然身分貴為董事長、會長，但只要是公益活動，或是需要協助的災難現場，例如921大地震災後的重建、SARS爆發時和平醫院前的靜坐祈福活動、菲律賓宿霧當地小學捐贈水井儀式、集結青商會友以台灣名義參加聯合國領袖高峰會議的國際性活動……蔡董事長總是挽起袖子站在前線，登高一呼，帶領著所有志同道合的朋友們一起服務、一起行善。

認識蔡董事長的人，無不被他的真誠特質所打動。熱愛學習的他，過去經常將自己所讀到的美言佳句，親手抄錄下來轉贈給朋友分享，這樣的分享方式總是讓人感到窩心，儘管這樣的方式占據了他很多時間，他也絲毫不覺苦。有一次，蔡董事長蒞臨我的演講活動，意外發現我自創的「人脈達人ABC計畫」與「Only You人脈達人軟體」相當有效率，於是，行動派的他便開始學習這套方法。最厲害的是，原本不會操作電腦的蔡董事長，居然能在短短的一個月內，快速學會操作方法，令我大開眼界。現在，蔡董事長每個月都能以數位化的方法，輕鬆和大家分享更多生活智慧、發揮更大的影響力，讓善知識能傳播的更遠、更廣、更快，我相信，這正是數位時代所能帶給蔡董事長最棒的禮物了。

二、遇見貴人——胡立陽（投資專家，有亞洲股神美譽）

聽演講，總是能讓阿寶哥遇見貴人。

求知慾旺盛的我，對時下各種演講主題都抱著高度興趣。有一回，朋友邀我參加一場由有「亞洲股神」美譽的投資專家胡立陽老師的專題演講。演講中，立陽老師運籌惟幄的決策智慧、逆向思考的投資眼光，都讓我驚艷不已，亞洲股神封號果然名不虛傳，像這樣的一位大師級人物，阿寶哥自然不容錯過。

會後，我立刻加入排隊人潮裡，滿心歡喜的和立陽老師交換了名片。一如往昔，回家後，立即展開建立數位人脈通路的第一個步驟：寄發24hr聽眾回饋問候信，讓立陽老師了解我的積極與專業。讓我驚訝的是，行動派的立陽老師，在收到我的問候信件後，並不是回信給我，而是親自打電話給我，邀請我加入由他所擔任會長的「世界華人講師聯盟」，進而擴展了我和各界菁英講師交流學習的機會。

加入社團，是拓展人脈的特快車，尤其在不景氣的年代裡，更是維持優勢的最佳切入點。感恩立陽老師的引薦，讓我有幸在「世界華人講師聯盟」這個大家庭裡，先後結識了張淡生老師、賴淑惠老師、方蘭生老師、戴晨志老師、高淩風老師、陳志明老師、余正昭老師、周思潔老師、林有田老師、恒述法師、陳艾妮老師等良師益友，在最短的時間內，拓展了生命的寬度與厚度。

與會中，我更是身體力行執行「人脈達人ABC計畫」，一方面行銷自己，一方面也建立起良好的會員聯繫管道，讓社群的人脈網絡聯結得更加快速。也正因為深信：「拓展人脈的真諦，不在於如何『要』，而在於如何『給』」，因此在與會期間，我總是充分發揮專業，透過活動照片，協助聯盟建立歷史活動記錄，也藉由自己的人脈通路資料庫，協助聯盟推廣公益演講。在啟動利人利己的良性循環下，雖然我在聯盟的資歷尚淺，卻很榮幸的被委以祕書長重任，得到了更多學習成長的機會。

「當人家看不見你的時候，一定要更主動。」回想在胡立陽老師的演講會場中，台下的聽者經常是數以百千計，為什麼大部分的朋友只是揮揮衣袖，不帶走一片雲彩，而阿寶哥卻能把握機會，讓台上的名師，變成我生命中的貴人？其實，關鍵就在於實踐「主動在貴人面前曝光」與「讓貴人清楚我的現況和專業」這兩大重點而已。

三、遇見貴人——簡又新（台灣永續能源研究基金會董事長）

2003年，時任青商會副總會長的阿寶哥，獲邀參與由外交部所舉辦的「台灣援外識別標誌」徵選工作，很榮幸的與時任外交部長的簡又新先生，有了第一次的結緣機會。活動結束後，我和簡部長因為彼此工作領域不同，交集慢慢減少，然而這段期間，我仍持續進行「人脈達人B計畫」——每個月定期寄發含有個人化尊稱的電子郵件給簡部長，和他分享我的專業和近況；以及「人脈達人C計畫」——將建立與維繫數位通路的流程簡單化，才能持續不間斷地重複做，長期累積建立彼此間的信任感。

五年後，這段人脈關係不但沒有歸零，反而開花結果。

2008年，簡部長接下「台灣永續能源研究基金會」董事長一職後，眾多業務之一，即是辦理基金會的會徽徵選活動，基於先前成功的合作經驗，以及簡董事長一直以來，都對阿寶哥的近況瞭然於心，自然而然，就會聯想到能善用數位人脈通路來舉辦活動的我，認為我是企劃、執行這次活動的不二人選。於是，我們又因著這場會徽徵選活動，延續了五年前的緣分，也再度讓阿寶哥有了一次絕佳的學習機會，並讓公司多了一項業務機會。

「能源永續與再生」，是目前全球所面臨的重大課題之一。在國內才剛要起步投入這項別具意義的工作時，簡董事長就賜予我一個參與的機會，讓阿寶哥有幸能為全球環境貢獻微薄心力，個人的興奮感激，著實難以言喻。

回顧本活動，最值得一提的是，這次的會徽徵選，完全透過網際網路來進行，100％環保、100％節能，相當符合台灣永續能源基金會的宗旨，同時也證明了阿寶哥長年致力於「數位化」的人脈經營，的確是一項極具世界觀、未來觀的明智抉擇。

四、遇見貴人——哈遠儀（中天新聞主播）

建立數位人脈的好習慣，是讓阿寶哥貴人不斷的小祕密。

去年夏天，阿寶哥應邀出席「十大傑出青年採訪員講習會」活動，有幸結識了同樣獲邀擔任講師的中天新聞主播哈遠儀小姐。活動結束回台北後，我立刻著手進行「人脈達人A計畫」，以Only You人脈達人軟體，發出了黃金24小時問候信給哈主播。

因為深怕自己的問候信會被歸類為垃圾郵件，或不小心被哈主播給忽略，我除了善用Only You軟體所提供的個人化功能，把哈主播的暱稱寫入信件主旨外，也開啟了軟體所提供的「同步簡訊提醒」功能，告知哈主播我已經寄信到她的電子郵件信箱，請她別忘了打開閱讀。

事實證明，我的未雨綢繆是有道理的。

可能是因為電視台每天收到的垃圾信件太多，所以電腦伺服器便自作主張，將我的問候信件給擋在門外。幸好，我有同步發出這則提醒簡訊，因此，當哈主播收到我的簡訊，卻沒收到我的郵件時，便主動回覆簡訊，提供我另外一個私人電子郵件信箱，請我再寄一次，也因此才得以建立起阿寶哥與哈主播的數位人脈通路。

聰明的朋友們，讀到這裡，你一定會發現：「提醒簡訊」，正是建立數位人脈的「小眉角」。如果沒有這則提醒簡訊，哈主播就永遠不知道我曾經寄信給她，我也不會知道哈主播根本沒收到信件，一個暴投、一個漏接，那麼，我和她的人脈關係，將永遠不會任何有後續發展。

在建立起數位人脈通路的一個多月後，阿寶哥剛好受青創總會邀請，舉辦一場名為「打造個人品牌——行銷人脈」的演講，因為內容很適合提供給經常採訪頂尖人物的哈主播參考，於是，我特地發信邀請哈主播撥冗參與，同時也讓哈主播對我的專業有更深一層的了解。演講當天，哈主播果真於百忙之中撥冗蒞臨，讓我既感謝、又感動。

之後，阿寶哥在應「亞太漫畫協會」理事長黃志湧先生之邀擔任「全國學生漫畫大賽知識長」時，發現主辦單位正在為找不到適當的活動代言人選而煩惱，立即聯想到對年輕世代兼具魅力與影響力的哈主播，於是便大力推薦。因為這是一場公益性質的活動，故無法支付高額代言費，然而，當阿寶哥嘗試邀約時，哈主播卻二話不說即欣然首肯，在徵得電視台同意後，便成就了這樁美事，也讓這場年度的創意盛筵，更加圓滿而有活力。

轉介人脈，能增進連結，豐富生活，讓對的事遇見對的人，進而創造更大的商機。在未來的每個月，阿寶哥更持續以「人脈達人B計畫」＋「人脈達人C計畫」，繼續與哈主播保持數位通路，更促成與哈主播共同主持中華民國第47屆十大傑出青年頒獎典禮的更美好合作因緣，在我即將屆滿40歲前，擔任十大傑出青年頒獎大會的主持人為我的青商生涯劃下一個完整的句點。

五、遇見貴人——廖肇弘（文化大學創新育成中心執行長）

現任文化大學創新育成中心的廖肇弘執行長，是阿寶哥在淡江大學企管系的隔壁班同學，也是阿寶哥在撰寫程式時的啟蒙貴人。

話說還在淡大求學的我，就曾經以dBase程式，開發了一套「班級購書管理系統」，協助學藝股長管理購書事宜。也許真是「天公疼憨人」，這套程式，引起隔壁班電腦達人肇弘兄的注意。當時，同樣年紀的肇弘兄，早已靠著撰寫程式接案，賺進了人生中的第一桶金。當肇弘兄看了我的「班級購書管理系統」後，不僅熱心指點我，還送了幾本介紹Clipper程式設計的書籍給我，讓我的電腦功力能更上一層樓，也在畢業前夕，順利完成了一套能有效管理人脈的「SHEN人才資源管理系統」，贈與所有師長及同學們留念。為了感謝肇弘兄的啟發，我特地在軟體的說明檔前言，將他列入感謝名單之中，排序僅次於寶爸和寶媽。

畢業後，我和肇弘兄各奔前程，彼此全靠電子郵件來互相聯繫。不過，肇弘兄的資料，一直都存放在我的人脈資料庫中，不管是過去

DOS版的「SHEN人才資源管理系統」、後來的Outlook 97、到現在的「Only You人脈資料庫」，肇弘兄始終都是我郵件電子名單中的一員，所以我所有的最新動態，他都了然於胸。

2006年，當肇弘兄出任文化大學創新育成中心執行長的職務時，因為知道我在青商會的發展現況，因此便聘請我擔任顧問，希望能促進青商會與育成中心的交流合作，共謀彼此發展互利的機會。這是肇弘兄第二度成為我的貴人。

日後，當我發行第一本個人著作《數位文件管理達人》時，肇弘兄更是不遺餘力，不僅提供自己的出版經驗與我分享、在網站上撰文為我宣傳，還替我介紹廠商，引薦人脈，讓我得以完成網路購書贈送線上視訊教學課程的創舉。這是肇弘兄第三度成為我的貴人。

值得一提的是，在與肇弘兄的互動中，我也領悟到一則重要的成功心法——「施與受，往往都是一體的兩面」。當你在幫助別人的同時，其實也就是在幫助自己。某次，文化大學創新育成中心舉辦了一場「RFID服務業創新應用設計大賽」，身為中心顧問的我，為了協助活動推廣宣傳，於是便撰寫文宣，發送給人脈資料庫裡的每一位朋友。沒想到，反應超乎預期熱烈，許多久未聯繫的友人，還特地回信給我，不僅達到了活動推廣的目的，無形中，也補強了我的人脈網絡，為我創造了更多潛在貴人。

透過「ABC人脈經營貴人學」，一位十一年前與我換過名片的報社執行長曾季隆先生，因為我持續不斷的Bright照亮，結緣十一年後感覺時機成熟，主動與我聯繫，希望能夠與我有更多合作交流的機會，並以阿寶哥為封面人物刊登到他創辦的《台北內科週報》，隔一期，我推薦的大學同學廖肇弘執行長也成為了封面人物，這印證了「ABC人脈經營貴人學」的強大威力！貴人經營越久，複利效果越大，交換完名片後「Action立即行動」配合正確的「人脈達人心法」持續做就對了！

（因篇幅有限，本文更多補充說明請上ABoCo阿寶哥品牌達人俱樂部 www.ABoCo.com 網站。）

INFO

本文作者沈寶仁為國內人脈權威，其「ABC人脈經營貴人學」與「OnlyYou人脈行銷軟體」使其在人脈經營方面無人能出其右。並於2014年受邀為「世界華人八大明師＆亞洲創業家論壇」演講者，而參加此大會就是擴展人脈最快的途徑！就「核心」來說，與會的企業家皆成就非凡，凡是持有「VIP頂級贊助席」票種的與會者，皆有機會其並肩用餐交流，而主席王擎天等人也將全程在會場，與會者將能擁有與頂尖企業家直接請益的經驗；就「外圍」來說，當天與會者皆是肯上進或已經有成就的學員，與這些學員相互認識分享，更能進一步擴大自己的人脈！

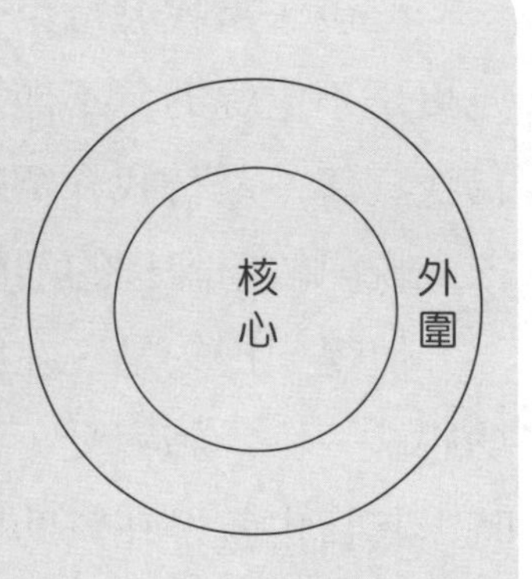

另外，加入「王道增智會」將對擴展人脈更有幫助！透過「台灣實友圈」與「自助互助直效行銷網」的商務引薦，你的人脈將以倍數交乘！從此不必再枯等貴人，貴人將主動找上你！

世界華人八大明師
創業GPS總培訓師

許耀仁

明師簡介

- 零阻力（股）公司總經理。
- 羅傑．漢彌頓（Roger Hamilton）【財富原動力】、【財富光譜】創業者培訓系統之華文總代理暨總培訓師。
- 【天賦原動力】大中華地區總培訓師。
- 【獲利世代】大中華地區共同開發夥伴。
- 暢銷書《零阻力的黃金人生》作者。
- 譯有《失落的致富經典》、《和諧財富》、《瞬間啟動財富力》等書。

《瞬間啟動財富力》
（創見文化出版）

《啟動夢想吸引力》
（創見文化出版）

創富GPS：找到屬於你的成功方程式

許耀仁

你現在正試圖用什麼方式創造財富？

是房地產？股票？基金？期貨？外匯？傳直銷？貴金屬？網路行銷？自己創業？還是其他方式？

不管是哪一種，你是否有想過一個問題：

你選擇的賺錢方式可能根本不適合你自己！

很多人就因為選錯了創造財富的方式，因而即便比別人多花10倍的時間、多努力10倍，都還是無法達到理想的事業財富成就⋯⋯

繼續說下去之前，讓我先講個小故事：

20世紀初，美國有個二十來歲，熱愛音樂的年輕人，原本以彈鋼琴為業，後來開始從事推銷工作。當推銷員一段時間之後，他賭上房子的抵押貸款與畢生積蓄，取得一個奶昔攪拌機品牌的獨家代理權，之後兢兢業業地在全美四處奔波推銷攪拌機。

一晃眼就是十七年，已經52歲的他仍然是高不成低不就的狀態。

有一天，他接到一筆一次要訂購八部攪拌機的訂單，這讓他非常驚訝，因為當時一家餐館通常只會訂購一到兩部而已；後來，他又聽說那家餐館生意好到奶昔機得要全天候運轉才能負荷。他很好奇那究竟是何方神聖，而決定親身前往，一探究竟。

這麼一探，激出他五十二年來都不知道自己擁有、也從來沒人告訴他說他有的潛能，他在那家餐館中看到龐大的可能性，他腦中不斷浮出各種令他興奮到睡不著覺的想法……

在那次探訪之後，經過七年的努力，他成功地說服餐館老闆把餐廳讓給他。後來，在他的運籌帷幄之下，這家餐館的圖騰「金色拱門」迅速地擴張到各國的各大路口，成為今日速食界的巨人。

這家餐館就是「麥當勞」，而故事中的主人翁，就是麥當勞之父雷・克洛克（Ray Kroc）……

到這裡，讓我先問個問題：「你認為麥當勞為什麼會成為速食界的巨人？」

原因當然很多，但歸結起來不脫兩個字：「系統」。（你應該不會回答「因為食物超好吃」吧？）

雷・克洛克是因為他那優異的「建構與優化系統」的能力，才成功建立了麥當勞這個速食界巨人，然而他生涯的前三十年都在試圖用什麼方式創造財富？

答案是：推銷。

想想看，會不會其實你也跟雷・克洛克一樣，明明喜歡也擅長「A」，卻一直想透過需要擅長「B」的方式獲得財富？如果是的話，那如果你追求成功的過程中內外在阻力不斷、即便比別人更努力、更認真在學習與工作，錢包跟帳戶中的數字還是一直沒有反應……就一點也不奇怪了。

如果你不希望同樣的狀況發生在你身上，請繼續往下讀，你的終極解決方案就在這裡面。

在教育培訓界這麼多年來，接觸過許許多多有志於創業或讓自己的財富更上一層樓的朋友們，他們通常是因為讀了某些書籍、聽了某場演講、上了某個課程之後，激起了心裡對於創立一個成功的事業、或讓自己的財富更上一層樓的一股熱血。

他們當中有很多人都依據建議，開始「大量學習」、「大量行動」，接受並嘗試了各種看起來能讓自己事業／財富成功的機會。

然而，隨著時間一天天過去，他們開始發現有些事情不太對勁，比如：

- 明明已經很認真、很努力了，卻總覺得自己好像在爬上坡一樣，耗盡力氣卻看不到什麼成果。
- 投資了不少錢與時間在自己的腦袋上，但不知道為什麼，那些「大師」們教的方法，自己就是用不順、看不到效果。
- 嘗試了各種各樣的成功方法，但沒一個能帶來他們真正想要的那種成功。
- 奇怪怎麼別人學了、用了同樣的方法，之後就一帆風順，一下子就創造出令人羨慕的成績，只有自己沒有。
- 其實早就知道只要如何做就能成功，但就是提不起勁去做、沒有熱情。
- 因為學了很多東西，講起成功之道時大家都說「哇！你怎麼這麼厲害！」但卻發現自己的帳戶數字不太認同這一點。

這種狀況久了之後，他們往往會進入到我常說的「見山不是山」階段，開始想「難道『大師』們講的是騙人的嗎？」、「莫非我沒有成功的命？」、「也許我天生就沒有成功特質？」

而當中最痛苦的是，即便其實不確定自己的方向，也不知道現在做的事情到底能不能成功，在那種擔心會不會這條追求成功的路永遠都是「此路不通」的強烈不確定與不安感之下，還是得要在家人或夥伴面前裝得一副「我很清楚知道自己在幹嘛」的那種內外在不平衡、表裡不一致的感受。

我很了解，因為上面這一切，我自己都親身經歷過。

而在我到目前為止的人生中，至少就有三次是我在夜深人靜時，看著我那塞滿各種書籍與我去上課或聽演講時筆記的書櫃，心裡百感交集，腦袋裡浮現的OS是：「那又怎麼樣？」

滿腦子的資訊，並沒有化為帳戶裡的數字；滿肚子的墨水，也未能變成想達致的成就。

也許是「吸引力法則」，或者是那句老話：「學生準備好了，老師就會出現。」的作用，讓我碰到了【財富燈塔】這套創富「哲學」。

【財富燈塔】中提到的核心概念之一是：

其實一個人如果難以在事業或財務上獲得理想的成績，通常並不是因為他不夠努力、不夠認真，不是因為他學到的資訊不對或不夠好，也不是因為他選擇的方式無法讓人賺到錢，而是……

學的東西、選擇的賺錢方式並不適合自己！

根據經驗，我發現絕大多數人在選擇要學些什麼、或者用哪個賺錢方式來創造財富時，依循的都是像「好不好賺？」、「好不好做？」、「是不是未來的趨勢？」之類的方針，而「適不適合自己」

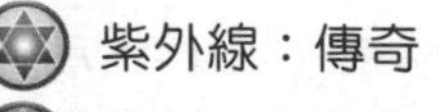

紫外線：傳奇
紫色：作曲家
靛色：受託者
藍色：指揮家
綠色：表演者
黃色：參與者
橙色：勞動者
紅色：倖存者
紅外線：受難者

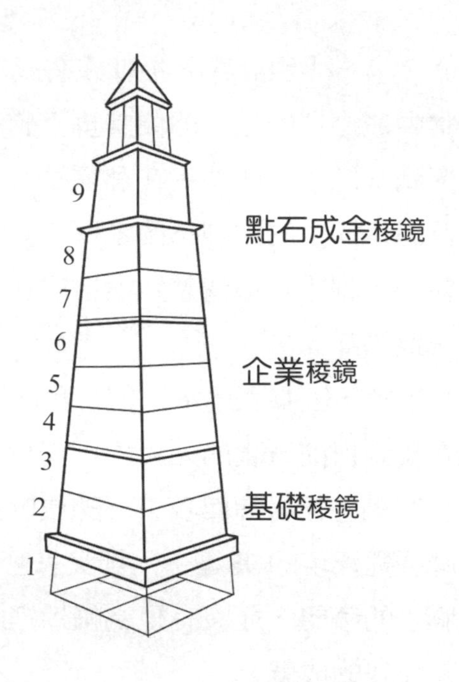

似乎很少是考慮項目之一。

羅傑．漢彌頓的【財富燈塔】告訴我們，其實成功創業創富並沒有那種「One-size」的解決方案，每個人各自都有不同的天賦強項，也都在不同的事業／財富水位上。

而如果你選擇用來創造財富的外在工具或內在思維並不符合你現在的狀態，或者並不是最能發揮你天賦強項與其他內在價值的，那麼當然過程中就會阻力不斷；而反過來說，如果能找到最適合你的、對你而言阻力最低的那條路徑（我稱之為「財富之流」）時，成功致富就會像順流而下一樣輕鬆自在不費力。

「有這麼神？真的假的？」也許你心裡有這樣的聲音。

其實在我剛看到羅傑的【財富燈塔】時，我自己也有不少的懷疑，因為畢竟自己過去也學習過不少這個方向的資訊，不過要說有什麼幫助……還真是不太大。

不過，本著我只要找到機會就會跟人強調的「不要相信，也不要不相信你聽到的一切，用你的親身經歷去驗證看看」精神，我仔細地研讀了我能找到的所有跟【財富燈塔】相關的資訊。

最後，我的結論是：

我真希望十年前就知道這些！

當我回顧自出社會以來到現在的歷程，我發現每當自己脫離了我自己的「財富之流」，跑去學習或嘗試去使用其他類型的人才有我稱之為「主場優勢」的賺錢方式時，不但過程中內外在阻力不斷，而且總是無法得到理想的成果；而幾乎所有的成功經驗，竟都剛好發生在我誤打誤撞依循了我這一型的人該採取的致富策略之時！

還不只如此而已。

很多人在看或聽到【財富原動力】與【財富光譜】這兩個測驗工具（【財富燈塔】當中的一部分）時，都會問我：「這個測驗跟那個某某測驗有什麼不一樣？」言下之意是乍看之下，【財富燈塔】不過是另一套幫助我們了解自己的強項弱項、優勢劣勢等各種傾向的測驗罷了。

在我剛開始研究【財富燈塔】時，原本也以為它就是一個「Turbo版」的人格分析測驗，其強大的地方在於不僅可以幫助你了解自己，還能更進一步指出依據你的天賦強項，阻力最低的創造財富方向、以及每個階段的明確步驟是哪些。然而在我愈是深入鑽研【財富燈塔】中的創富哲理與實務方法，就愈是驚嘆當中的廣泛與深奧；而到前陣子，我才赫然意識到：

我的想法完全錯了！

【財富燈塔】並不是一套基於【財富原動力】與【財富光譜】測驗的東西，【財富燈塔】其實是一個貫通中西、兼具廣度與深度的哲學，當中包含了【財富原動力】與【財富光譜】兩個測驗工具。

這樣講你可能還是很模糊，我舉兩個例子來說好了：

比如說，【財富燈塔】除了可以成為你自己創業創富的GPS，幫你找到創造財富的最低阻力路徑之外，還可以：

運用【財富燈塔】做「能量」管理，讓你在對的時間做對的事情。

除非你是那極少數的天之驕子，初創業就有人捧著大筆現金、帶著龐大資源給你，幫你把事業中所有你不喜歡與不擅長的事情都搞定，要不然你通常會有一段時間是需要所謂「校長兼撞鐘」、「董事長兼小弟」，跟公司要活下去有關的事，你要嘛是一手包辦、要不然至少也都得要插一腳。

你當然知道這樣做不是長久之計，你應該要盡量縮短需要這麼做的時間，讓自己能儘快做到「專注在自己喜歡也擅長的事項上，把其他事情都交給適合的人去處理」。

而要做到這一點，乃至於在你跨出這個階段之後，怎麼在自己的事業中用最少的投入產生最大的效益，關鍵都在於怎樣運用你最寶貴、而且一旦浪費掉就不會有任何方式可以補充回來的資源：你的時間。

坊間在談「時間管理」的理論已經很多，有的教你用「重不重要、緊不緊急」來排定優先順序；有的則告訴你要把所有待辦事項都列出來之後，用地點、專案、或者類別來做區分……

我自己研究、嘗試過很多方式，比如David Allen的GTD系統、Franklin Covey、Behance的Action Method等等，當中許多思維都對於我的個人管理有非常大的幫助。不過，不知為何，我在運用上總還是覺得不太順，不知道哪裡卡卡的。也因此，這些方法對我而言總會淪為三天捕魚、兩天曬網的情況。

直到開始運用【財富燈塔】中的一個觀念之後，才進一步打通了我在個人管理上的筋絡。這個觀念的大意是：如果你在一天的工作之後，會覺得很累，但又發現沒完成多少事情，那通常是因為你沒有妥善安排自己「能量」的流動，一直在不同的能量之間切換，因此導致能量的無法集中與虛耗。

這是什麼意思？

比如說，如果你一早到了公司，先開始處理公司的一些日常營運事項，比如算帳、看帳、開發票之類，然後你的手機響起，看到是你的客戶打來的，所以馬上接起電話去服務他，服務完、掛了電話後，你才回去繼續處理你的帳。

這樣的作法，就是讓你自己在不同的能量間亂跳。

又或者你原本正在構思與規劃公司後續要進行的重要專案，但你還是開著Email通知、臉書網頁、手機的LINE、WhatsApp或者微信，容許自己三不五時就去Check一下。

這也是讓自己在不同的能量間亂跳。

這麼做會有什麼後果？

如果上面這樣的描述剛好說中了你目前的習慣，那麼我想後果你應該很清楚：你會非常、非常沒有效率，原本只要30分鐘就可以完成的事情，你可能花了3小時都還完成不了，甚至會發生你Check完LINE的訊息或回完電話之後，就忘記自己原本在做什麼、或者想要做什麼的狀況。

而背後的原因，就在於能量會在轉換的過程中產生損耗，而你的能量轉換愈頻繁，耗損的能量就愈多。

所以，如果你不想讓自己一天工作12小時卻發現事業沒啥進展，你希望自己的效能可以提昇，並且用最短的時間完成最多對達成目標有幫助的工作事項，那麼你就得開始注意自己一天當中的能量轉換狀況，並且將其調整為正確的方式。

要做到這一點，首先你得知道在你工作上的所有待辦事項都可以分類為五種不同能量，也就是我們老祖宗傳下來的「五行」：金、木、水、火、土。

在【財富燈塔】中，這五種能量分別含括的代辦事項類別如下：

- 金：與資料／數字處理相關的事項，比如資料整理、會計帳務相關的工作項目。
- 木：與「創造」或問跟「What?」這類問題相關的事項，比如腦力激盪、規劃、排定優先順序等。
- 水：跟心靈、內在相關的，專注在自己身上、與自己在一起、探索內在相關的事項。
- 火：與對外溝通相關的事項，比如打電話、外出拜訪、與客戶或夥伴開會等。
- 土：與內部聯繫相關的事項，比如團隊內部凝聚、既有客戶的服務等。

在了解這一點之後，你的第一步，就是盡量開始調整一天的行程，把同樣能量的事項一次完成，並且儘量避免會讓你在不同能量的工作項目之間跳動的不必要干擾。

比如說，你可以排定每天早上的11～12點是你要處理「火」能量待辦事項的時間，而除了這個時段之外，把手機、LINE、WhatApp或微信都關掉、也不去開Email信箱、臉書網頁，並且告訴你的夥伴或員工說你除了這個時段之外不接任何意外電話。

然後，要求自己在時間內把所有跟「火」能量相關的事情全部完成。在完成之後，才去處理其他能量屬性的工作項目（當然，如果你的事業核心就是要不斷對外聯絡，那你自然可以把這個時段設長一點）。

盡可能把同樣能量屬性的活動，集中在同一個時段內處理完，減少頻繁轉換能量的機會，避免無謂的能量損耗。

把你每天的待辦事項列出來，然後依據金木水火土五行分類，並且安排自己一天的行程表，在同一時段內處理同一能量屬性的工作，並且要求自己：

1. 一定要在時間內把相關的工作項目處理完。
2. 在規劃的時段之內，不處理其他能量屬性的工作。

只要你開始這麼做，相信一定很快就會感覺到差別。

除此之外，你還可以運用同樣的概念來**配置不同的工作空間，讓自己在對的地方做對的事情**。

除了工作本身之外，你處理各工作的地點也有不同的能量屬性。

在你的工作環境中，有些地方適合處理某些屬性的工作，而有些地方則不適合；如果你在不對的地方做對的工作，通常也很難產生對的成果。

比如說，如果你在學生期中考之前那幾天到麥當勞、肯德基之類的速食店，通常會看到一堆學生在那邊號稱K書，但當中絕大多數的同學們其實達不到K書的效果，因為對絕大多數的學生而言，速食店是一個同學間互相交流，或者是社團幹部開會的地點（火／土），而不是一個用來學習的地方。

舉例來說，我在2011年前往峇里島與羅傑開會談合作時，首次到了他的事業體之一「Vision Villas」度假村去朝聖。這個度假村有很多講不完的特色，不過當中最容易注意到的就是度假村中的五個涼亭。羅傑在度假村裡的不同角落，放了五個設計各異的涼亭，各自代表著金、木、水、火、土五行。他的設計概念之一，就是當你前往Vision Villas去度假時，就可以慢下腳步，在五個涼亭中思考不同屬性的問題，進一步看清你後續的願景（Vision），在內外在都獲得修整之後重新出發。

在學到這個概念之前，我、以及我公司的同仁們的習慣都是在自己的辦公桌上進行所有的工作，發想新Idea也在這、規劃專案也在這、算帳做報表也在這、接電話也在這。而後來，我們把它落實到我們的辦公空間配置，在我們的辦公室設置了「金」、「木」、「水」、「火」、「土」五個不同的區域，讓我以及所有的同仁們在做不同屬性的工作時，能夠實際移動到不同的地方。

每個人都發現這樣做時，自己的專注力與生產力都有很大的提昇。所以，要讓自己在最短的時間內產生最大的生產力，除了要在對的時間做事之外，也要讓自己在對的地點做事。

你也可以幫自己規劃一下，在你的辦公環境裡，要在哪裡（而且只有在那裡）做屬「金」的事、要在哪裡處理屬「火」的工作事項、要在哪裡處理屬「水」的工作事項……以此類推。

所以，你如果覺得自己的工作時間很長、但生產力卻不是太好，那麼另一個常見的原因，就是你是在不對的地方做事，或總是在同一個地方做所有的事情；而很多時候，光是在不同的地方處理不同能量屬性的工作，就能讓你的效率大幅提昇。

還不只如此而已，同樣的一個觀念，我們甚至還可以運用在**建構一個即使沒有你也能順暢運作的事業體**之上。

不管是個人、企業、國家乃至於整個人類社會都跑不掉，我們每天都在面對「變」這件事。這年頭，不管你想要走的是哪一行、想要創的是哪種業，都會碰到一個非常大的挑戰，那就是這「變」的速度愈來愈快、頻率愈來愈高。（如果你有在閱讀財經類雜誌，應該有注意到近幾年「短時間內看到樓起樓塌」的故事越來越多了，比如Acer，幾年前才看到品牌經營策略成功，成為台灣企業經營品牌的標竿，幾年不到，市場節節敗退，現在成了熱門的併購標的；又比如WhatsApp感覺將要一統手機即時通訊市場，但市場彷彿突然間翻盤，現在是LINE的天下……etc.）。

簡單說，壞消息是：不管你走的是哪一行、創的是什麼業，你所在的市場都會不斷變動，而且這個「變」的速度只會更快不會更慢，頻率只會愈高不會愈低。也就是說，「辛苦一陣子，享受一輩子」在這個時代基本上是不可能的幻想。

要讓你的事業能「基業長青」，長久地讓你能實現你個人的願景／目標，並且為你帶來所需要的金錢支援，就只有一個方法而已：你必須要從一開始的時候就把對「變動」的處理能力加入你事業的DNA裡，讓你的企業具有能按著正確的韻律與節奏，去了解與面對有什麼變動即將或正在來到，並且能隨時做調整來面對這些變動。

好消息是，《易經》讓我們知道，早在幾千年前老祖宗們的智慧就已經觀察到這些變動並非沒有規律可循，只要有一套架構可以依循，你就可以把這樣的事業DNA建立起來。

而在絕大多數人都沒有能力（或者不願意培養這種能力）來因應這些變動的狀況下，只要你找到能有效率因應這些快速變動的方法，要讓你的事業脫穎而出就變成一件簡單的事（因為競爭對手反而變少了）。

而同樣的「五行相生相剋」觀念，除了可以運用在個人工作時間空間的規劃上之外，也能用來規劃你事業運作時的韻律與節奏，使團隊中每個人都在對的位置上、負責最能發揮他天賦強項的事情，並且讓整個企業能即時察覺與因應任何變局。

要做到這一點，你的事業DNA裡會需要五個要素：

1. 水——「Why?」：你的「企業承諾（Enterprise Promise）」。

「企業承諾」是在創業一開始就該定下的指標，它就像北極星一樣，指出你的企業代表的意義、堅持的標準以及要前進的方向等，且你的企業使命應該是從頭到尾都不會改變的。

企業承諾應等同於你個人的願景與使命（畢竟這是你創的事業），

它並不需要更新改版，不過每年要有個固定的時間讓整個公司的人員們都能複習一下。

2. 木——「What?」：你的「團隊憲章（Team Charter）」。

「團隊憲章」是公司的年度計畫。在撰寫年度計畫時，要對應你的企業承諾、團隊的屬性、「價值」vs.「槓桿」，以及你所在的市場與所需資源等。「團隊憲章」每一季要回顧審查一次，每年更新改版一次。

「團隊憲章」是你的企業要傳遞「企業承諾」時的最低阻力路徑，它等於是你的市場策略，只不過我們會依據市場的變動來規劃，並把它壓縮成一份年度計畫。

3. 火——「Who?」：你的「個人羅盤（Personal Compass）」。

在「個人羅盤」中指出的是團隊成員每一季要負責什麼，有哪些專案、流程以及里程碑要達成等。在規劃「個人羅盤」時，會需要對應你的「團隊憲章」、每個人所屬的【財富／天賦原動力】類別、價值、槓桿、相互關係以及相關資源等。它的回顧審查頻率是每月一次，更新改版頻率是每一季一次。

每位團隊成員的「個人羅盤」都會清楚描述為了達到「團隊憲章」中定下的計畫，他們會有哪些需要擔負的責任；這有點像是你在徵才說明中會看到的職位描述，不同之處在於這會是由團隊成員自己寫下來並接受的相關責任。

4. 土——「When?」：你的「專案與流程圖（Process & Project Map）」。

「專案與流程圖」是描繪你事業各個面向的「流動」方式（包括資

訊、溝通、客戶、財務等）的圖表。團隊中每個成員都會有自己負責的各項流程與專案的圖表，作為每日工作時的指引工具。

你也要讓公司中的專案管理者（Project Manager）或流程管理者（Process Manager）持有並負責所有的專案或流程圖表的回顧審查（每週一次）與更新改版（每月一次）。

這表示你公司裡的每個流程都有人在計量與管控、且每個專案的里程碑都有人在負責，並且各專案／流程都有其專責的管理者，負責在方向偏掉時找到解決方案。

5. 金——「How?」：你的「飛行儀表板（Flight Deck）」。

你需要有彙整各個專案與流程中各項關鍵指標的「飛行儀表板」，讓你能透過這些資訊看到你事業中各個面向之間的關聯與「流動」狀況。

而透過經常性地針對個人、團隊以及整個公司三個層級，進行各項關鍵指標的記錄與評量，並且把這些資訊與你公司的財務表現互相連結，將讓你只要看到這些資訊，就能了解企業目前的健康度。

「飛行儀表板」中的這些關鍵指標應每天回顧審查一次、每週更新調整一次。

而如果你開始把這五個元素注入你事業的DNA裡，會發生幾件事情：

- 你的事業會進入一種能因應任何變動的韻律與節奏。
- 團隊或公司裡每個成員都被放在最對的位置上，並且被賦予去做他們最擅長的事情的權限，能夠因此達到「個人順流」與「團隊順流」。

- 你只要抓住少數幾個關鍵指標，就能知道公司是否在正確的軌道上，並在發現事業偏離航道時做正確的領導。

你應該已經發現，這裡談的許多東西跟創業教科書裡談到的方向與方式不太一樣，而就像羅傑說的：

「過去的企業架構就像是一部已經過時的老車，在現代已經不敷使用；而這種新的企業架構就像是整個交通系統一樣，可以同時讓很多不同速度的車輛都很順暢地行駛在上面。」

不同的時代會需要不同的作法，在這個「唯一不變的事情就是『變』」的時代裡，要有一個成功的事業，你需要從體質上就讓你的事業具有能隨時應變市場變動的能力。

上面的這些，都是一個認真地想要創業成功、提昇財富的人，能從【財富燈塔】這套博大精深的系統得到的東西（的一小部分）。

總之，我愈是鑽研【財富燈塔】這整套哲學，愈常會想：如果有人能早一點告訴我這些資訊，讓我不是只能在跌跌撞撞中碰運氣尋找適合自己的方向，讓我能少花一點冤枉錢與時間在學一堆我其實根本不適合的東西，而將大部分的時間都拿來強化我天生的優勢與強項，那我現在的人生會是如何？

而隨著時間演進，我也開始思考另外一個層次的問題。

我在演講中常會問台下的朋友們說：「你認為台灣就應該只是現在這樣嗎？」通常沒有半個人會舉手。我再問：「你認為台灣各方面都應該比現在更好的請舉手。」幾乎每個人都舉手。

如果我也問你這個問題，你會如何回答？

台灣曾經「錢淹腳目」過，而之所以會有那段黃金年代，我認為當時的創業前輩占了很大的功勞。

經歷過或耳聞過那個年代創業前輩故事的，應該知道當時有一大票的創業家，在一句外語也不會講的狀況下，訂了一張機票、提著一卡公事包就往外國飛，找訂單、接訂單，然後把錢帶回台灣來。

而我們在後來的二三十年間，享受（或者該說「消耗」）著他們奮鬥的成果，直到台灣整體變成現在這樣的所謂「悶經濟」跟「小確幸年代」。

每個台灣人都覺得台灣應該不只是這樣，而我認為，台灣要能擺脫現狀、成為我們應該是的樣子，就是去想一想我們當年曾經「好」過，而當時的好是哪兒來的？

對我而言，最終極的解決方案就是喚起台灣曾有的創業家精神。

我認為，既然我們那些創造台灣經濟奇蹟的創業前輩們有那種創業家精神，就表示它其實流在我們的血液裡，只是因為某些因素冷卻了。

而我們之所以引進與推動【財富燈塔】這套創富哲學系統，也正是因為我們認為創業精神的冷卻，其中兩大原因是「不相信自己做得到」以及「不知道該怎麼做」，而當有像【財富燈塔】這樣清楚的地圖與指南針（或者現代化一點的GPS）時，將有助於創業魂的覺醒。

也因此，我在2011年中決定把【財富燈塔】這套東西引進大中華地區，同時，我們也推動了他的兩本著作《順流致富法則》（大寫出版）與《瞬間啟動財富力》（創見出版）的上市。在這之外，我們也於2012及2013年邀請羅傑．漢彌頓來台舉辦【讓事業極速狂飆】講座，讓台灣地區的朋友們有機會更進一步了解其創富哲學與系統，以及他觀察到的未來一年十大商業趨勢。

至今，我們已協助兩千位以上的創業者找到其「財富之流」——事業財富成功的最低阻力路徑。

今年，我們更進一步引進羅傑的旗艦課程【Wealth Dynamics Experience（WDE）】，讓創業者或有志於創業的朋友們在兩天的時間內，深度掌握【財富燈塔】，並實際運用這套創富哲學與系統來看清楚並詳細規劃後續的創業創富成功路徑。

這一切，都是為了要實現我們零阻力公司的「企業承諾」：「喚起台灣人的創業魂，並提供所需的指引與協助，讓創業者們能找到並進入其成功的最低阻力路徑。」而透過我們這兩年多在大中華地區的實地驗證，已經確定這些資訊不僅只適用於國外，在你身上也能產生同樣強大的威力！

如果你才剛開始邁上追求事業成功、人生富足的旅程，那麼我得說你真是幸運！如果你願意投資時間來參與這場演講，就能開始了解【財富燈塔】，而它將有可能成為你省下十年二十年的摸索時間，讓你早日達成你的理想目標，有更多時間能享受你的生命。

而如果你跟我一樣，已經經歷過那種「見山是山、見山不是山」的過程，那麼我在這場演講中跟你分享的資訊，將能讓你跳脫現狀，進入「見山又是山」的階段，讓你不管在事業、收入，乃至於整個人生都大躍進！

11 銷售文案讓你的事業從地獄到天堂

許耀仁

「我早已達到完全的財務自由。如果你要一個我成功的核心關鍵，那就是我會寫銷售文案——我用文字透過廣告、銷售信或其他媒體就能把東西賣出去。」

——行銷教父　丹．甘迺迪（Dan S .Kennedy）

我**恨透了**那種感覺。

那時我24歲，讀了《富爸爸．窮爸爸》後，被其中所說「財務自由」的觀念深深吸引，因此開始尋找各種創造所謂「被動收入」的管道⋯⋯

最後，我投入了傳銷業。這可說是我人生中第一次正式需要做跟「銷售」有關的事情。在那之前我是個自由譯者，我的工作很單純，只要配合的公司把要翻譯的稿子發給我，我在期限內把東西翻譯好、交回去、然後領錢。基本上，跟銷售沒有太大的關係。

我的上線跟我說，傳銷事業要成功，就是要「簡單的事情重複做」；而這裡要重複做的「簡單事情」之一，就是列名單、邀約、講OPP。

理論上來講，只要你願意這樣做，應該很快就可以享受到所謂

「複製倍增」帶來的「非凡自由」才對。不過很奇怪，我當時碰到的狀況，常常都是奮力地照著上線教的方式，講了一次自己跟下線都覺得挺讚的OPP，可是最後還是被約來的人打槍。碰到這種狀況時，我心裡的真實OS常是：「沒興趣早點講嘛！浪費我時間。」

我不知道你怎麼樣，但當時的我可是恨、透、了那種感覺——那種事情有很大一部分不是操之在我，那種明明自己手上的東西確實能為對方帶來很大的幫助，但人家接受了你給他的東西，卻好像是給了你一個很大的恩惠一樣——的討厭感受。

傳銷嘛，團隊總是三不五時就會排激勵課程，而各種不同門派的老師們也總是使盡渾身解數要讓我們接受銷售、喜歡銷售乃至於愛上銷售。另一方面，也會用像是「收集夠多次拒絕，你就會成功！」之類的話，想辦法激勵我們不被「三不五時被打槍」這件事情打倒。這些激勵話語聽起來蠻有道理，不過我從來都沒有真正聽進去，我總是在想：「應該有更聰明的方式可以做到這件事。」我想在當時，應該有會有很多人把我歸到「沒有成功特質」的那一類吧。

有句話說**學生準備好了，老師就會出現**，或者用新時代的語言來說——**你的注意力在哪裡，能量就流到哪裡**，也許是這股力量的作用，不久之後，我吸引到一個契機。在那個契機之下，我知道、並且開始認真學習撰寫「銷售文案」。

寫到這裡，我要先換個檔、喘口氣，談個概念：

我想，想要在事業／財務上獲得更大成功的你，肯定在各種不同的書跟課程中，從很多老師們嘴裡聽過「銷售很重要」這個觀念。就像我的師父曾說過的：「**除非有東西被賣出去，否則什麼事情都不會**

發生。」

不管你的產品／服務有多好、不管你提供你手上那些超讚的產品／服務的過程有多貼心、不管你認為人們用了你的產品／服務之後，他的人生會變得多美好（當然，還有你自己的人生會因而變得多美好）……而殘酷的事實是，如果你沒能把東西賣出去，那後面的這一切都不會發生，而你的事業能夠撐多久，就要看你能搞到多少資金來燒了。

在繼續聊下去之前，我要先假設：

1. 你已經領悟到他們說的完——全沒有錯。
2. 你已經透過某些方式在學習怎樣能把「銷售」這件事做得更好。

說服你「銷售很重要」，並不是我這篇文章要做的事情，我要提供給你的是一個**能幫助你更有效、也更有效率地做好銷售這件事，讓你的事業彷彿由地獄到天堂一般的工具**。所以，如果你還不肯接受「銷售是事業成功的第一要件」這個事實，那你得自己在這部分下功夫了；不過如果你已經能完全接受，那我們就可以繼續聊下去。

銷售的方式很多，不過基本上可以分成兩大種：

第一種是透過「人」來進行。

第二種，則是透過「媒體」來完成。

很多產業一直以來都是透過第一種方式，透過人跟人直接接觸來進行產品或服務的銷售，而從來沒有想過也許有其他作法存在。傳銷也是其中之一。不過，因為前面提到的那個「契機」，我才知道原來其實也可以透過第二種方式——透過「媒體」來做到同樣的事情（甚至可以做得更有效率）。

這裡說的「媒體」是指可以承載資訊的任何東西，比如說報紙、雜誌、信件、傳單等。而要用媒體來有效且有效率地做好銷售工作，核心的要點就是「銷售文案」。「銷售文案」不同於一般常見的文案，它的目的只有一個：把東西賣出去。

不是被人家稱讚說「這篇文案寫得真好」。

不是得廣告文案大獎。

是**把東西賣出去**。

而當你擁有一篇好的銷售文案時，能得到的好處包括：

- 如同擁有一批24小時全年無休在幫你推廣你的產品／服務的Super Sales部隊。
- 能讓客戶自己來找你，而不再是你追著客戶跑。
- 能大幅減少花在開發與跟進客戶上的時間。
- 能讓你只需要跟對你的產品／服務有興趣，甚至早就已經決定要買你的東西的人談話，從此不再需要推銷或說服。

我憑什麼這麼說？因為這就是我的第一篇銷售文案帶給我的好處。在我開始學寫銷售文案沒多久，就照著學到的心法跟架構試著為當時我經營的傳銷事業寫了我人生的第一篇銷售文案。

說實在，要是現在拿當時那篇文案來評分，我大概只會給它50分。不過，我就傻傻地寫了、大膽地把它放到我的網站上，然後……

我印象很深刻的是放上去之後沒幾天，我跟一位死黨約了要去打擊練習場練揮棒，運動一下，而在車子剛開到練習場門口時，我的電話響了。是一位住在花蓮的女士打來的電話，對話內容大概是這樣：

她：「我在網站上看到你寫的OOO事業的文章，那個要怎麼加入啊？」

我：「呃……你有沒有什麼問題想問的？」

她：「沒有咧，裡面寫得很清楚了，啊再來是要怎麼加入啊？」

我：「呃……你確定沒有想問的問題嗎？」

就這樣，我多了一個下線。

在那之後，我透過那篇文案夯不啷當又推薦了十來個人，再加上我把文案掛到團隊夥伴們的網站系統上之後，那篇「50分」的文案，最終產生了多少產值實在是算不清楚了。不過它著實是讓當時才二十五、六歲的我，過了好幾年的爽日子。

即便我後來我因故離開傳銷界，寫銷售文案的能力還是持續在幫我賺錢，例如：

- 我從2007年進入教育培訓界到現在，累積已經賺進8位數的收入，而當中絕大部分都是從銷售文案產生的。
- 我在自譯自印的《失落的世紀致富經典》寫的文案，後來成為出版社願意跟我簽版稅約的原因之一（封面、封底大部分文字都來自於我的文案），而《失落的致富經典》這本書已為我帶來7位數字的收入。
- 我為我製作的《財富金鑰系統》24週自修課程撰寫的文案，在完成後就24小時全年無休地幫我為點進去看的人介紹課程，也已經為我帶來7位數字的收入，而且還在持續為我帶來被動收入中。
- 我為《財富原動力》撰寫的文案，除了讓上千人做了測驗、創造數百萬營業額之外，也因為這樣的成績讓我成為羅傑．漢彌頓的全球中文總代理。

基本上，現在不管我要銷售任何東西，第一個動作都是幫它寫一篇文案，再把文案透過Email、網站或其他方式公布出去。然後，我就只要準備好收單，服務那些主動跟我說他想要我提供東西的人就好了。

而好消息是：你也可以做得到！

「任何人都可以做得到。我只有高中學歷，我的天賦跟技能也都很一般，不過我現在是世界上收費最高的文案寫手之一。」

——行銷教父　丹·甘迺迪

（當然，前提是如果你夠想要，如果你很愛被當面打槍的感覺的話，那當我沒提。）

像我，從小到大作文沒拿過幾次高分，也不是從什麼高等大學畢業，如果我都學得會，那你一定也可以。

很多人認為寫廣告文案是一種高度的創意工作，必須要很有「那種」天分的人才能寫得好，這是一種誤解。當然，如果你的目標是想要得廣告比賽大獎的話，也許確實需要夠強的創意能力，但如果你想寫的是能讓目標顧客跟你買東西，讓你能賺到錢的銷售文案，那麼其實你不需要太多創意，因為……其實寫銷售文案是一門科學，它是有原理跟公式可以依循的。

而只要你知道這些原理與公式，寫出來的東西就會有一種魔力，可以讓你的理想客戶們讀一讀就忍不住想買你的東西。

「那這種文案到底是要怎麼寫啊？」這也許是你現在最想知道的東西。

寫銷售文案雖然並不難，但事實上也沒那麼簡單（如果你想找的是像那種「不必這樣也不必那樣，就可以如何如何」的神奇仙丹，那抱歉要讓你失望了），當中有很多內在心法與外在技術要注意，在我的【磁力文案】以及【破解文字影響力密碼】工作坊中，會需要至少各兩個整天的時間，才能把能有效「找到新客戶的文案」與「讓客戶變成死忠粉絲的文案」背後的這些「眉角」講完。

不過，在這邊還是可以提供你14條基本的銷售文案規則，只要你依據這14條規則去撰寫或檢視你事業裡的每一篇文案，肯定也很快就能感覺到其中的差異。

以下是這14條規則：

一、要把「特色／優勢」轉換為「好處」

在撰寫銷售文案時要不斷提醒自己這一點：沒人在意你的產品／服務有什麼功能、用料有多好、科技有多先進、產品多有特色、跟別牌比起來有多強……**他們（你的理想客戶群）只想知道你的產品／服務對能為他們帶來什麼好處！**

而你絕不能假設你的讀者們都這麼聰明或者這麼有耐心，認為你只要把特色／優勢列出來，他們就會自己把它們「翻譯」成他們想要的好處。想把東西賣出去的人是你，所以你得幫他們做這個「翻譯」的工作。

比如說，以下是一個「掃地機器人」產品的「特色／優勢→好處」範例：

特色／優勢	好處
1. 主機上直接設定時間自動清掃一周七次。 2. 具有自動偵測樓梯功能。 3. 適用於木質地板、大理石、磁磚、防水地毯與中短毛地毯。 4. 僅高10公分。 5. 具有燈塔型虛擬牆裝置。 6. 有任務完成或是快沒電時自動返航功能。 7. 可沿著牆壁或傢俱邊沿清掃。	1. 每天自動幫你打掃，維持家裡清潔輕鬆又簡單。 2. 家裡有樓梯嗎？不用擔心機器會掉下來摔壞。 3. 不管家裡地板什是麼材質，都可以幫你掃乾淨。 4. 連清掃最麻煩的家具底下與牆邊都能幫你打掃。 5. 可以限定打掃區域。 6. 快沒電時會自己回家充電，不必煩惱充電問題，也不用擔心打掃到一半沒電。

你覺得客戶們比較能連結的是左欄還是右欄當中的文字呢？

二、主角要是「你」而不是「我／我們」

你的理想客戶們並不關心你怎麼想，他們關心的是**他們自己**，所以在撰寫銷售文案時，要多用「你」而不是「我們」。

比如說，在寫銷售文案時，假設你想強調「持久耐用、幾乎用不壞」這個好處，那麼你應該這麼寫：

「你買到的是持久耐用，幾乎用不壞的產品。」

而不是寫「我們的產品持久耐用，幾乎用不壞。」

別忽略這個小細節！很多時候銷售是否成功，並**不在於你說了什麼，更在於你用什麼方式說**，沒有注意到這個小地方，可能會帶來天差地別的銷售成果。

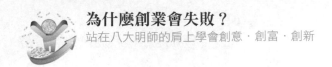

三、要包含能強化可信度的訊息

理想客戶們之所以最後不買你的產品或服務有6大心理因素，而當中之一就是「他們不相信你」。

也不能怪他們，畢竟，他可能是第一次聽到你的公司、你的產品、或者你這個人，對吧？那你要如何讓客戶很快地就信任你、安心跟你做生意？方法就是在銷售文案中提供一些可以強化你個人／公司／產品的可信度的資訊，比如說你可以在文案中提到：

- 你的公司已經提供這類產品／服務多久。
- 過去有得過什麼獎。
- 滿意客戶的見證。
- 有提供何種形式的保證或保固。

四、適度誇飾

「無趣」是做行銷時絕對不能犯的七大原罪之一。尤其是在這個資訊氾濫的年代，任何時候都有一堆媒體在誘惑著你的讀者，想奪取他們的寶貴資源：「注意力」。

這年頭只要你稍微讓讀你文案的人感覺到無趣，他們就會把注意力轉移到其他地方，比如電視、其他網頁或者他手上的智慧型手機。而要吸引人的注意力，其中一個方式就是「誇飾」。常上談話性節目的藝人們都知道這一點，而那些通告比一般人多的藝人們，往往都是因為練就了「把平凡的事情誇張化」的本事。

當然，你的銷售文案中不該有任何不實或誤導的文字，不過，你仍然可以做適度的誇飾來讓文字更有吸引力。比如你可以把好處放大、讓你的好康方案的截止日看起來更急迫等。

五、使用故事

讓我跟你分享個故事：

去年中秋，一位前輩朋友的公司送我們一盒吳寶春麵包店的「無嫌鳳梨酥」。收到東西的時候，我的第一個念頭是：「哇！吳寶春的，一定很好吃。」（其實我根本沒吃過吳寶春師傅的任何產品，為什麼我會認為「一定很好吃」？那又是銷售／行銷的另外一個祕訣了。）

而在給我們這盒鳳梨酥的同時，朋友還轉述了下列這段故事給我們聽：

「陳無嫌鳳梨酥的由來：來自屏東大武山下的頑皮小孩，靠著二十幾年來的堅持與毅力，拿下世界麵包大師賽冠軍，榮耀台灣的背後，憑藉的，是思念母親的力量。在鳳梨田採收鳳梨到處打零工的母親，艱苦的扶養八個小孩長大。生活困難到，晚餐配菜常常只有被淘汰不能賣的鳳梨，身為老么的寶春師傅當時很厭惡這個味道，覺得那代表著貧窮。後來，母親不在了，師傅開始想起這個味道，靠著它，他得以長大成人，回憶中，母親從不怨天尤人，不喊苦不喊累、認命又樂觀，鳳梨的氣味慢慢轉化成對母親的懷念，那竟是酸中帶甜的幸福滋味！」

這下可好，它馬上從「應該不錯吃的鳳梨酥」變成「好吃之外還有感情、有故事在裡面的鳳梨酥」。像這樣的鳳梨酥，就算賣貴一點也不為過，對吧？那如果它的價位沒有比較貴的話呢？是不是你掏腰包的阻力就降低更多了？

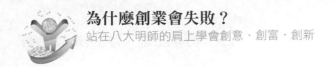

這就是在你的產品／服務或理念的特色／優勢與好處之上，再穿上一層好「故事」的外衣，能為你帶來的好處。而且，好處還不只如此而已。羅傑．漢彌頓說過，當「連你不認識的人都在對他們碰到的人介紹你」的時候，你想要不成功都會非常困難。而一個好故事就能讓你做到這一點。

證據？以這個Case來說，我那位朋友與吳寶春師傅並不認識，但他在把這盒鳳梨酥遞給我們時，就對我們傳遞了一次這個故事；而我也不認識與吳寶春師傅，但我剛剛才又跟你傳遞了一次這個產品的故事……

所以，記得要盡可能在你的銷售文案中使用「故事」，這故事可以是你自己的、也可以是客戶或某個第三者的，關於你的產品／服務的使用經驗或效果的故事。

好，現在比較看看，如果我沒有跟你講上面這段「我朋友送我們無嫌鳳梨酥」的故事，直接跟你說「銷售文案裡要多使用故事」，哪一個比較能讓你記住這個規則？

六、不要擔心「寫太長」

一般來說，銷售文案有一個現象，就是**只要不會讓讀者覺得無趣，那麼你說得愈多，就能賣得愈多**。

我自己在幫我的課程或教育資訊產品寫銷售文案時，寫個8000或12000字是很基本的，而有趣的是，往往也會有不少客戶跟我說：「原本想說這麼長的東西怎麼看得完，但不知道為什麼就是會繼續看下去。」

銷售文案的規則之一是：「需要多長，就寫多長」；所以，不要擔心「寫太長」，你該擔心的是「我寫的東西會不會讓讀者覺得無趣？」

七、要有「雙重閱讀路徑」

寫銷售文案時，要知道有一種消費者行為模式的「光譜」存在。

這光譜的兩端是「分析型」與「衝動型」；分析型的消費者對資訊類的內容較感興趣，他們會願意閱讀很長的銷售文案，而衝動型消費者則比較沒有耐性，他們會想要趕快知道整篇文章的重點。

閱讀你的銷售文案的人可能在這個「光譜」的任何地方，所以，在撰寫銷售文案時，你必須要運用大標、中標、小標、照片、圖說等方式，在當中強調最重要的行銷訊息，這樣才能讓那些衝動型的消費者很快地抓到重點。

八、簡潔有力

不要誤會，「簡潔有力」不代表「短」，而是「沒有廢話」。不管你的文案要寫多長或多短，裡面的每一字每一句都必須要有**把銷售程序往前推進的效果**。

實務層面的一個小訣竅是：在初步完成文案之後，把成品放著一兩天，之後再重讀一次並編輯，經過這樣的冷卻期之後，比較容易找到文案當中無意義的贅字或贅句。

九、句子與段落要簡短

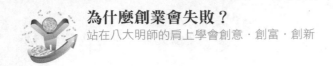

不要高估你的讀者（這是很多寫手犯的一大錯誤）。撰寫銷售文案時要盡可能減少使用過於複雜的詞句，也不要讓單一段落長度太長，這些都會增加讀者閱讀的門檻。

十、務必創造出急迫感

在銷售過程中，你必須在理想客戶們腦子裡建立起來的「三大相信」之一就是：「相信必須要現在就買」。如果沒做到這一點，就等於是球都已經傳到球門前了，卻總是踢不出射門的那一腳一樣，前功盡棄。

「急迫感」就是你讓他們不只是想要這個產品／服務、想要跟你買這個產品／服務，而且還是**現在就要**跟你買這個產品／服務的最佳武器；總之，你的銷售文案要寫到讓你的讀者會覺得不立刻採取行動是不行的。

要做到這一點有各種不同的方式，比較簡單且常見的包括提供限時限量的超值贈禮或特價等，更高段的是透過理想客戶的七大情緒因子等方式去影響他們，讓他們由內心深處感覺到立刻採取行動的必要性，篇幅有限，這部分就略過不提，有興趣的話可參加未來的【磁力文案】以及【破解文字影響力密碼】工作坊。

十一、價格比一比

不管你的產品／服務價格是多少，都要讓讀者覺得以你所提供的價格買到這個產品是賺到了。

要達到這個效果有幾種方式，其中之一就是跟其他東西的價格做比較，而一般來說，用所謂「蘋果比橘子」的方式的效果會比「蘋果比蘋果」或「橘子比橘子」要來得好。比如說：

「這套課程DVD只要NT$1,800，如果你去上現場課程的話，光是課程價格就要NT$6,000，還要加上來回的交通成本跟時間成本呢！而且平常NT$1,800去逛個街、吃個東西、買件衣服就沒了，如果投資在這套課程上，肯定可以為你賺進更多倍的收入。」

在上面的例子裡，我們不是跟其他DVD課程比，而是跟「去上現場課程」比，這就是所謂的「蘋果比橘子」，除了比較能擺脫價格戰之外，也更容易塑造出你提供方案的價值。

十二、要重複強調好處

對於你的文案要強調的重點，不要只提一次就算了，最好是能做到以數種不同的角度多闡述幾次。

十三、務必使用在文案中使用P.S.

在你的銷售文案裡一定要有P.S.的最主要原因是：很多人在閱讀銷售文案的時候，都會有先看頭跟尾的習慣。

那P.S.裡要寫什麼呢？

在我教授【磁力文案】工作坊時，會提到你可以寫在P.S.當中，來提高銷售文案的成交效果的東西有哪些，其中之一就是再次**強調理想客戶能從這篇銷售文案中得到的主要好處是什麼**。

例如，如果你的銷售文案核心內容，是目前正在進行年度的5折

優惠，那就可以在銷售文案的最後面這麼寫：「P.S.請記得一年一度的5折大優惠，只剩下3天就要截止，別錯過只要投資平常50％價格就能獲得××××的機會。」

十四、多從別人的文案中學習

在學習撰寫銷售文案的過程中（特別是初期），多去收集並仔細研究別人文案的優缺點，並想想如果是你的話會怎麼寫，對於你文案功力的提昇會有非常大的幫助。

當然，多去閱讀跟銷售文案有關的好書，或者去上幾個這個主題的課程，對你學習銷售文案也會有很大的幫助。在這個部分，我倒是可以就我自己剛開始學習寫銷售文案的歷程，額外給你多一點建議。

我剛開始學銷售文案時，基本上中文世界裡還找不到幾篇像樣的銷售文案，也因此能參考學習的資訊都是英文的，而我很快就發現一個非常大的障礙：如果完全依照這些英文教材中說的方式寫文案，雖然還是可以達到一定的效果，但是第一、因為是外國人的邏輯，中文讀者也許讀得懂、但總是會覺得「不知道哪裡怪怪的」；第二、很多在英文中可以套用的所謂「樣板」、「範本」，在中文裡不會那樣用，同樣的，又會產生一層隔閡。

我常舉的例子是，如果你有買過一些美國的網路行銷或銷售文案課程的話，會發現有很多課程都會提供比如「100大強效標題範本」給學員，他們會說你只要挑選一個範本，然後把你的產品／服務代進去，就可以產生一個強效標題了。在英文世界裡或許是如此，但在中文世界裡就不適用了。

比如說，在英文世界裡有一個很常見的、且已通過時間考驗證實其效果的標題是：「Who else want……」後面只要加上你的產品／服務能帶給你的目標族群的好處，就可以產生一個強效的標題，例如在傳銷產業的話，可能是：

「Who else want to achieve financial freedom in less than 6 months working at home?」

然而，「Who else want……」如果直接翻譯成中文，就會變成「還有誰想要……？」比如：「還有誰想要在家工作，就能在六個月內獲得財務自由？」只要是對語言文字稍微有點感覺的人，大概都會察覺到這句話雖然每個字都對，每個字都看得懂，但讀起來就是不知道哪邊有點怪怪的？

這些「怪怪的」的地方，是因為中文跟英文的語法不同，運用語言的習慣也不同；而這些會讓讀者「不知道哪裡怪怪的」的地方，都會減損一篇文案本來可以發揮的效果（順帶一提，這也是我在我的文案課裡從來不教、也從來不提供所謂「範本」，然後宣稱說只要挑一挑套進去排列組合一下就可以產生一篇好文案的原因）。

還好因為我在這之前從事翻譯多年，在當中累積了深厚的中英轉換語感，在經過一段時間的嘗試錯誤之後，我總算解決了這個起於語言差異的障礙，不再會寫出那種「讀起來卡卡的」的銷售文案。所以，如果你打算要跟我當年一樣用自修的方式學寫銷售文案的話，那我想「中文與英文語言習慣的不同」將會是你需要最注意的一個地方。

以上就是關於「銷售文案」的14個規則，我會建議你把這14個規則多讀幾次，徹底搞懂，在這之後，你就可以把這14個規則變成一份檢查表。

如果你已經有使用中的文案，就用這14個規則檢視一下那些文案，補上不足的部分；如果你才剛要開始寫文案，那就把這份檢查表貼在你看得見的地方，時時提醒自己寫出來的東西至少要符合這14個規則。

很快的，你將會從客戶們的反應知道這麼做是絕對有價值的。

「……我堅信每個創業家都需要學習怎麼寫文案，即使他們決定這輩子都不動手或動筆寫下任何東西，那至少也要了解怎樣才算是好的文案。」

——直效行銷大師　Bill Glazer

如果你的事業現在正在掙扎，然後你來找我給你一點建議的話，我絕對會跟你說：「除非有東西被賣出去，否則什麼事情都不會發生。」

你得先把「銷售」這件事情搞定才行。而要把「銷售」這件事搞定，最好的方式就是趕快學會（或至少找到有本事的人）幫你架起你的銷售文案們，讓銷售文案透過各種媒體來幫你24小時全年無休賣東西。

現在的問題是：你什麼時候才要開始？大部分的人會說：「等我有空的時候」、「等我有錢的時候。」關於這一點，來看看行銷教父丹．甘迺迪說的這段話：

「關於『致富』、『過更有錢的生活』這件事…幾乎每個人都只是嘴上講講、心裡想想而已。

他們的確很想要這些東西，想要的程度高到讓他們會對那些擁有這些東西的人心懷怨恨，但想要的程度卻又不足以讓他們去認真『研究』到底如何才能得到。

下一次如果有人跟你哀嚎說他想要更多錢、更大的房子或在抱怨健保費、油價又要漲之類的事情，你就問他：『《思考致富聖經》你讀過幾次？』問他家裡有沒有滿是關於賺錢、財富的書籍。我可以保證，就像Jim Rohn常說的一樣：他們家裡會有一台大大的電視，但是卻只有小小的書架。

每個人身邊都有很多可以讓他學習『如何成功』的對象。幾乎每個家庭裡都會有一個在賺錢這部分表現最好的人，每個銷售團隊都有業績最好的一個，每個產業或專業都有最厲害的人。所以，有兩個訣竅：

第一：不要認為成功人士做的任何一件事情與他的成功無關。你要假設他的成功就是你所能觀察到、他所做的每一件事情所帶來的結果。

第二：丟掉那些羨慕、嫉妒、不認同等信念系統，開始仿效成功人士所做的每一件事情。去『研究』他們。

Earl Nightingale曾說的：『我們會成為我們最常想的那個樣子』，其實這樣說更貼切:『我們會成為我們最常研究的那個樣子』。」

那你呢？

你打算何時跳脫「嘴上講講、心裡想想」的階段，開始「研究」銷售文案這一門對你未來的成功有關鍵性影響的技術？

我相信，世界上再沒有比「現在」更好的開始時機了。

P.S.下篇附上我的【財富金鑰系統】的銷售文案給你參考，你可以找找看裡面是怎麼做到這14個規則的。

12 銷售文案範例

許耀仁

你看過《The Secret 祕密》了嗎？

你看過《The Secret 祕密》（或「心想事成的祕密」）這部影片或同名的書籍嗎？如果還沒有，請趕快去參加影片放映會，或趕快去買《The Secret祕密》中文書來看，因為**裡面講的「祕密」，將會徹底改變你的人生！**

《The Secret 祕密》的影片至今已銷售超過200萬套，同名書籍上市不到半年也狂賣了500萬冊。

這部影片探討一個「祕密」——「吸引力法則（Law of Attraction）」：**一個人只要運用了這個法則，就可以隨心所欲得到自己想要得到的任何東西**。影片與書中由各行各業的成功人士，包括了《心靈雞湯》作者坎菲爾（Jack Canfield）、《男人來自火星，女人來自金星》作者葛瑞（John Gray）、《與神對話》作者沃許（Neale Walsch）等來教導這個「吸引力法則」，內容真的是相當精彩，非常有啟發性與激勵性，只可惜……

祕密並不完整。

看《The Secret 祕密》這部影片或書絕對是你要開始了解「吸引力法則」非常好的入門方式，但是，如果要學到如何真正在你的生活中運用「吸引力法則」，光靠《The Secret 祕密》的書或影片是不夠的。

《The Secret 祕密》中是談了許多「吸引力法則」的強大力量，也提供了很多例子乃至於那些成功人士們的親身經歷，也談了不少要應用「吸引力法則」的話「該做什麼（What to do）」，但是可惜因為影片只有短短90分鐘，時間實在有限而不足以完整地告訴觀眾與讀者「怎麼做到（How to do）」。

所以，如果只靠《The Secret 祕密》中的資訊就試圖在生活中應用「吸引力法則」，那麼有很大的可能性你會無法達到理想的成果，甚至會造成反效果。因此，在透過《The Secret 祕密》入門之後，你還需要一套可以按部就班教你如何運用「吸引力法則」的方法。

在這篇文章中，你將了解在1909年揭開這個「祕密」的人，在當年傳授給其他企業家們，幫助他們獲得驚人的成就的那套方法，那是一套用24週時間逐步教導怎麼完全掌握與應用「吸引力法則」的課程，請繼續看下去，你將可以了解到關於《財富金鑰系統（The Master Key System）》的詳細說明。

如果你希望能學到如何真正掌握「吸引力法則」，如何將「吸引力法則」應用在生活中，隨心所欲得到你想要得到的一切，那麼請仔細閱讀以下資訊……

寄件者：《失落的致富經典》譯者　許耀仁
收件者：想要更成功、更快樂、更有錢、更健康的人
日期：2014年3月10日星期一
主旨：

親愛的朋友你好：

你是否曾想過……

- 為什麼有些人的人生總是很順利，總能遇到貴人、找到好機會、要什麼有什麼，總能輕輕鬆鬆實現他們的願望？
- 為什麼有些人似乎總是需要經過一番波折，辛苦掙扎之後才能獲得成功？
- 為什麼有些人是不管怎樣努力都無法成功？

到目前為止，你是屬於哪一種人呢？你認識的人當中有沒有第一種人呢？更重要的是……

你想不想要成為第一種人呢？

我問過很多人同樣的問題，每個人給我的答案都是「當然想」。相信你的答案應該也一樣吧？（如果不想，那就不用繼續看下去了）。如果想的話，那麼問題就變成：

1. 人可以透過某種方式變成第一種人嗎？
2. 如果可以的話，那要怎樣才能做到？

第一個問題的答案是「絕對可以」。

你周邊應該也有一些屬於第一類的人吧？他們之所以會「比較幸運」、「總是有貴人」、「要什麼有什麼」、「做什麼都順利」，並

不是因為他們的生辰八字或星座血型的關係，而是因為在有意或無意之間，他們的思想與行動符合了讓他們能心想事成的宇宙定律與法則。

「世上確實有一門有關如何致富的科學存在，而它就像數學一樣，是相當精準的學問。獲取財富的過程是由某些既定的法則來掌控，只要一個人能學會並遵守這些法則，那人就必定能夠致富。」

——Wallace D. Wattles《失落的致富經典》

我們所生活的這個世界，是一個基於因果法則的世界，每一個結果都有一個成因，而同樣的成因將會產生同樣的結果。所以，只要我們也能了解那些讓人「比較幸運」、「總是有貴人」、「要什麼有什麼」、「做什麼都順利」的宇宙法則，並且完全照著做，就一定也會得到同樣的結果。

這樣的話，那要怎樣做才能讓自己的思想與行為也符合那個掌管「成功」這件事的宇宙法則呢？在我最近一本譯作《失落的世紀致富經典（Science of Getting Rich）》這本在接近一世紀之前出版的古書中，作者Wallace D. Wattles就詳細解說了一些法則，而書中內容也可以歸納出一個公式，這個公式是這樣的：

願景＋信念＋決心＋感謝＋有效率的行動＝成功。

進一步解說，就是只要一個人能：

- 明確知道自己要的是什麼、能在心中清楚地「看到」，並且每天在心中描繪自己真正想要的人、事、物的圖像（願景）。
- 不管現狀多糟糕、看起來多沒有希望、距離自己的夢想有多遠，都完全相信自己必定會得到想要的一切，沒有任何的懷疑與恐懼（信念）。

- 做下「不達夢想絕不罷休」的決定（決心）。
- 每時每刻都為自己現在已經擁有的一切，對宇宙表達感謝（感謝）。
- 每天懷抱著願景，運用信念與決心的力量，做到當天能做到的所有事情（有效率的行動）。

那麼這個人就一定可以得到他所想要得到的一切。

你覺得這是老生常談嗎？我一開始真的這麼覺得，但當我開始觀察認識的那些「心想事成型」的人時，我發現他們真的大多在無意之間照著這個公式做了，而且符合項目愈多的人成就愈高；我也發現如果他們因為某些因素而讓其思想、行為偏離這個公式時，他們的際遇也開始不再這麼順利。有趣的是，當我回想自己到目前為止的人生時，發現我自己的人生際遇也是如此（你也可以想想你認識的那些「心想事成型」的人是否也是這樣）。

我研究「如何成功」這個東西已經超過十年，也花了不少時間在尋找「更簡單」的成功方式（就像一個想減肥的人，雖然早就知道最有效的方法與不變的真理就是「少吃多運動」，但是還是想要找到「更輕鬆」、「更簡單」的減肥方法的人一樣）。然而到最後，我發現這句話是對的：「老生常談，就是真理」。

我發現不管你喜不喜歡，100年前到現在有關「成功」的定律與法則從未改變，未來也不會改變；就像萬有引力定律100年前與現在並沒有不同，未來也不會不同。所以並不需要浪費時間到處去找「更輕鬆」、「更簡單」的方式，因為永遠找不到的，而是應該把時間心力花在解決這個問題：

如何消弭知道與做到之間的落差。

在我完成《失落的致富經典》的翻譯工作並開始推廣這本書至今，收到不少讀者反映他們在閱讀與應用書中智慧時遇到的問題。

有許多朋友告訴我他們完全相信書中所講的法則，可是在實際運用時卻遇到很多困難。

有些朋友說他們知道「有明確的目標，而且能在心裡清楚看見」的重要性，可是不管閉上眼睛怎麼用力想、想再久，他們「就是看不到」。也有人說他們不知道要怎樣才能在負債一堆、工作不順、甚至連下一筆收入都不知道在哪裡的狀況下，還能「完全相信自己必定會得到想要的一切，沒有任何的懷疑與恐懼」。

這些問題都有一個共通點：他們都已經知道且相信「只要能做到這些就能得到自己想要的一切」，問題是不知道怎樣才能做到。

這些問題讓我發現，關於「追求成功」這件事，要「知道」該做什麼並不難，困難的是「如何做到」。這時我開始想：有沒有一套東西能一步一步地教導，讓人們能循序漸進，而最終能自然而然地完全依照這些「看起來很簡單」的定律與法則去思想與行動？

最後，我找到了。這答案跟《失落的致富經典》一樣在100年前就已經現世，也一樣被隱藏與遺忘了將近一世紀……它就是《財富金鑰系統》。

《財富金鑰系統》是什麼？

《財富金鑰系統》的作者是Charles F. Haanel（1866-1949），他

是美國在19世紀末到20世紀初最傑出的企業家之一，他是一家當代最大企業的創辦人，同時也撰寫多本書籍，與人分享他能有如此成功的生命與事業的經營哲學。

《財富金鑰系統》是他的第一個作品，完成時間約在1909～1912年之間。當時有一群事業上的合夥人要求Charles Haanel教導他們要怎麼做才能獲得像他一樣的成就，所以Charles Haanel將其心得與平常所做的事整理成《財富金鑰系統》這一套每週一課，延續長達24週的函授課程。

當時，有幸能研讀這套課程的學生大多是當代成就最卓越的企業家，而且根據記載，在當時《財富金鑰系統》的價格是1,500美金，相當於當時一般人兩年的薪水！

據說，在得到並應用《財富金鑰系統》課程的教導之後，那些企業家們都獲得非常大的成功，而其中有不少人因為怕如果有太多人都懂得這些祕密，將會變成他們的競爭對手，所以紛紛要求Charles Haanel不要將這套課程公諸於大眾。因此，之後有很多年的時間都只有少數的有錢人才能學習到《財富金鑰系統》。

不過，最後Charles Haanel還是決定讓每一個想要達到更高成就的人，都有機會接觸到《財富金鑰系統》，因此在1919年時將課程內容集結成書並公開出版。

據報導，這本書共銷售了20萬本，然而在1933年因不明原因被當時的教會組織列為禁書之後，從此消失於世……

為什麼《財富金鑰系統》會被禁？是因為內容傷風敗俗？還是有

其他原因？

從以下這些當代知名成功人士——包括傳世成功經典《思考致富聖經》（Think and Grow Rich）作者拿破崙．希爾（Napoleon Hill）——對《財富金鑰系統》的評價可以知道，它之所以會被禁真的是因為《財富金鑰系統》中所教導的祕密太過於強大，使得當代掌權者或利益團體擔心太多人知道而危及自己的利益才會如此。

就連成功學之父拿破崙．希爾都將其事業成就歸功於《財富金鑰系統》。

如果您對「成功」這件事有興趣，那麼必然讀過或至少聽過《思考致富聖經》這本書。作者拿破崙．希爾受當代最成功的企業家之一：鋼鐵大王安德魯．卡內基之託，用盡一生心力研究成功人士的共通特質，他的諸多著作都被視為成功學經典，而他自己也被譽為是「成功學之父」。

拿破崙．希爾在1919年4月21日寫了下面這封信給 Charles Haanel，而拿破崙．希爾直到18年後才寫下他的《思考致富聖經》。

> 親愛的Haanel先生：
>
> 您也許已由我的祕書寄送給您的*Golden Rule*一月號中，得知在我22年前開始職業生涯時，只是一個每日工資只有一美金的礦工。
>
> 而最近，一家年營業額千萬美金的企業以105,200美金的年薪網羅我；這份工作只需要我投入一小部分的時間，同時他們已同意讓我能繼續擔任*Golden Rule*的編輯。

我向來相信應該把榮耀還給應得之人，因此我認為應讓您知道，我能獲得現今的成就與先前擔任「拿破崙・希爾機構」總裁時的成績，極大部分要歸功於您在《財富金鑰系統》中的教導。

您成功地幫助人們了解，只要是人能在想像中創造出來的，沒有什麼是不能實現的，而我的切身經驗也證明了這一點。

我將盡力協助，讓眾多亟需您這寶貴訊息的群眾都能認識此課程。

Napoleon Hill

*Golden Rule*總編輯

1919年4月21日於伊利諾州芝加哥市

拿破崙・希爾運用《財富金鑰系統》中的教導，使他能以他的一小部分時間就賺得105,200美金的年收入——請注意，在那個時代一般人的平均年收入（全職工作）僅有750美金！

再看看一些當代各界成功人士對《財富金鑰系統》的看法：

Orison Swett Marden
（1850-1924）
當代成功學大師
*Success*雜誌創辦人
著有《最偉大的勵志書》等眾多成功經典

「這世界需要能喚醒、鼓舞整個世界的人，這樣的人重要性更甚於其他一切，而您更是其中翹楚。

《財富金鑰系統》不僅能喚醒一個人，同時增添其力量，使其企圖心不至萎靡。

《財富金鑰系統》使人不會滿足於不足的成就、貧乏的生活、如行屍走肉般的生命，使人在明瞭自己能攀登高峰時，不再願意屈就於平地。

Phillip Brooks曾說過，任何一個人只要略為了解其人生的龐大可能，就不可能願意繼續過目前的生活。

上過您的《財富金鑰系統》課程的人都了解到其人生的龐大可能性，並且被激起實現那更大可能的企圖心。只要完成課程，每個人都獲得新的勇氣、新的衝動、新的決心，積極想要再更認真地追求更好的人生，或是去做些比他過往人生完成過的一切都更偉大的事情。

在經歷了《財富金鑰系統》中這些喚醒人類心靈的課程、了解了新規律所帶來的可能性之後，沒有人會願意再回到舊次序之中。

我相信每個人在完成《財富金鑰系統》之後，人生各個領域都一定能得到大幅度的提昇，且其效果將能永續。就我個人來說，雖然很多東西不能用錢來衡量，不過如果不是除了金錢之外還能得到其他好處，我也不會願意花上千美金來投資這套課程。」

——Orison Swett Marden

Arthur E. Stillwell
（1859-1928）
美國鐵路大亨、*Live and Grow Young*、*The Great Plan*、*The Light That Never Failed*等書作者

「言語實在不足以表達我對您的《財富金鑰系統》的激賞。對於願意花時間研讀並真正領會其內容的人，《財富金鑰系統》真的是一

把金鑰，他們將會發現這把金鑰能開啟通往生命中一切好事的那扇門。」

——Arthur E. Stillwell

「我對神學、哲學、古代歷史有深入研究，後來也成為這些領域的老師、我精通十多種語言、我環遊世界三次；這一切讓我一度認為我已掌握一個人類會需要的一切知識。

因為所受的教育，我樂觀地認為透過持續不懈地追尋，也許就能在某處找到導致世間一切事物發生的那個隱藏力量。為此我研究了孔子、梵天、佛陀、穆罕默德、柏拉圖、亞里斯多德、達爾文、以及所有的基督教派……然而在過去十五年來到處旅遊、尋找、苦心研讀之下，仍無法找到能融會形而上學與心理學的知識與其應用方式。

在研讀了您的《財富金鑰系統》之後，我學到了很多我過去不了解的事物，我了解了各種自然律——如補償律與因果律等，我了解到造物主與其所造之物之間的一體性（沒有任何一派神學教過這個）。《財富金鑰系統》融合了所有宗教、哲學、以及知識，而其道理卻又如此簡單易懂；我熱切期盼能有世間所有語言版本的《財 富金鑰系統》，且全世界每個學校都該拿它來做教材。」

——George L. Davis

「人類所能得到的最大祝福，就是有能力去了解其固有的力量與可能性，並且實際去運用它們。這個能力比洛克斐勒的全部財產還要有價值，其價值甚至比莎士比亞的天分更高。我敢說每一個願意投注心力，以系統化的方式研究《財富金鑰系統》的聰明人，都將能獲得這個珍貴的寶藏。」 ——《美國名人錄》助理編輯Jas. W. Freeman

可是那是100年前的東西，現在還會有效嗎？

沒錯，我們活在一個「唯一不變的事情就是『變』」的時代，但是，有一件事情是我們無法否認的，那就是「世界上有不變的真理存在」。就像幾千年前的儒家四書五經、各宗教經典等，到現在大家都還是會努力地研究，就是因為裡面的道理到現在都還是適用。

《財富金鑰系統》也是一樣，其中所教導的關於「成功」的種種法則也是能跨越時空的，要證明這一點，我們可以看看一些近代的證據。

微軟帝國與矽谷神話的幕後推手？

在70年代末80年代初時，《財富金鑰系統》在消失數十年之後又謎一般再次出現並流傳於世。

據說，比爾．蓋茲還就學於哈佛大學時取得了一本《財富金鑰系統》，受到其內容的影響與啟發之後，決定輟學創立微軟公司，實現他那「讓每個家庭都有個人電腦」的夢想。之後發生了什麼事你一定也知道——他成為世界上最有錢的人。

此外，也有傳聞矽谷每一家成功企業的負責人，幾乎是人手一冊《財富金鑰系統》，而且都是因為運用書中所教導的法則而能創造奇蹟。

「《財富金鑰系統》無庸置疑是世界上最好的自我成長教材。」

——*Millionaires' Wisdom and Lifes Keys*作者、網路創業家

Steve Gregor

所以，不管是100年前還是30年前，都有一群認真看待《財富金鑰系統》中的資訊的人，因為裡面所教導的祕密而獲得極大的成功，

《財富金鑰系統》的教導是跨越時空的，而未來也同樣會有這樣一群人出現，問題是，你要不要是其中之一？

為什麼《財富金鑰系統》能產生重大影響力？

最主要當然是因為《財富金鑰系統》中教導的資訊。它不只是告訴你「想要成功就要如何如何」，還會以科學化的分析方式，告訴你這些「如何做（How）」背後的宇宙原理，讓你能脫離「知其然而不知其所以然」的狀態，真正了解宇宙間掌管「成功」這件事的各種法則。而且，它還會一步一步引導你，讓你能夠確實做到。

舉個例子，在前面有提過有許多《失落的致富經典》的讀者朋友反映說他們知道「在心裡清楚看見」的重要性，但是不管怎樣努力「就是看不到」。有這樣的問題的朋友只要確實依照《財富金鑰系統》的引導，到了第六週就可以解決這個問題，而也能具備「在心裡清楚看見」的能力。你過去在各種成功學書籍、課程、演講裡找不到的答案、解決不了的問題，都可以在《財富金鑰系統》中找到與解決。

當年最原版的《財富金鑰系統》是以函授方式進行的，有幸參加課程的學生們每週會收到一課內容，裡面包含當週的課文與實作練習。

Charles Haanel要求學生做到每天至少研讀課文1次、每天至少進行實作練習15～30分鐘，而且如果沒有做到，則不可以進入

原版的《財富金鑰系統》，這些珍貴文件現在大多被收藏家與大企業家珍藏著

下一課。

會做這樣的要求，是因為《財富金鑰系統》每一週的課文內容與練習都是建構在上一週的基礎上，所以如果學生沒有確實完成上一週的進度，那麼即使勉強進入新進度，效果也會大打折扣。

《財富金鑰系統》能對人產生這麼大的威力，這樣的進行方式也是很大的原因，因為：

- 24週的內容與實作練習都是由簡入繁、由淺入深，讓學生能按部就班打穩基礎。
- 每週只要專注於弄懂當週內容、熟練當週的實作練習，所以學生不會資訊超載而不知從何著手。
- 進度是一週一週進行，這也強迫學生必須依照進度來，沒有「只挑自己喜歡的去做」的機會，可以真正打好必要的基礎。

有很多人很努力追求成功之道，他們讀了很多書、上了很多課程，但卻仍然沒辦法得到理想的成功境界。歸納起來，我認為「資訊超載因而不知從何著手」與「只挑自己喜歡的做」這兩個往往是最主要的原因。而《財富金鑰系統》就可以解決這些問題。

因此，我決定繼《失落的致富經典》之後，再將《財富金鑰系統》全數翻譯成中文，推廣到華文世界。所以現在……

你也可以親身體驗這部成功祕笈的威力！

《財富金鑰系統》在70多年前謎一般地消失，又在30多年前謎一般地出現；然而一直沒有改變的是：總是只有一小撮人能一窺《財富金鑰系統》的奧妙。

將近100年前，只有願意且有能力一次付出一般人兩年薪水的

General Instructions to Students

Bound Volume
The Fellowship
Diplomas
Trade Mark Notice

原版*The Master Key System*課程的學生指南

人，才能得到《財富金鑰系統》中的祕密；七十年前，《財富金鑰系統》被禁，就算有錢都沒辦法得到這祕密；二十到三十年前，只有少數菁英如矽谷的創業家們才能接觸到這部偉大的成功祕笈……但現在，只要你願意，就可以開始讓《財富金鑰系統》幫助你掌握成功的祕密。

在你收到《財富金鑰系統》課程之後，會發現我們不惜成本將24週課程的課文都分別封裝起來，這是為了讓你能跟100年前的那批企業家菁英們一樣，能循序漸進，每天至少研讀一次當週課文，並每天至少做當週實作練習15到30分鐘，而我相信，只要你能依照當時Charles Haanel帶領那些企業家菁英一樣的方式，你一定也能得到一樣的成果！

不只如此，為了更進一步提高你在進行課程時的吸收度與成效，我還將另外附上幾樣東西：

三大超級贈禮免費送

Super Bonus#1：

《財富金鑰系統》24週實戰手冊

（價值NT$4,800）

這套實戰手冊是採用與《財富金鑰系統》同樣的設計概念：分為24個部分，每週內容都是架構於前一週之上，由簡入繁、由淺入深，內容包括：

- 當週《財富金鑰系統》課文的精要解析與補充說明——幫助你真正掌握課文中亙古不變的成功智慧。
- 多種經過多年驗證的實作練習法——這些練習會要求你做些關於心靈上的鍛鍊、深度探索你的內在世界，或是要你思考並寫下一些攸關你的人生的重要問題。這些練習將幫助你完全釐清人生方向，你也將在這個過程中往你的「成功」境界邁進。

只要每天確實研讀課文、做課文中指示的實作練習，再搭配上實戰手冊的補充內容與練習，你很快就能掌握那些掌管「成功」的宇宙法則，讓你各個方面都心想事成！

Super Bonus#2：

《財富金鑰系統》中文有聲書CD＋MP3

（價值NT$7,200）

《財富金鑰系統》有聲書對你學習與掌握課程中的智慧將有非常大的幫助，因為：

- 可以運用多重感官來學習，發揮最大效果——根據心理學家研究，在學習任何事物時，運用的感官愈多，就愈能保存學到的知識。除了用眼睛閱讀之外，再加上用耳朵聽，將可以更進一步刺激你心靈創造力的發揮。

- 「閱讀」與「聽講」並行——以閱讀方式學習，好處是能記憶得更久，但缺點是人對透過眼睛接收到的資訊比較容易懷疑與保留；而透過聽講方式學習，好處是容易接受所收到的資訊，但缺點則是容易忘記。課文＋有聲書的搭配將能使兩種學習方式互補有無，達到最高的學習效果。

只要你現在就訂購《財富金鑰系統》24週自修課程，就可以免費獲得一套24片的《財富金鑰系統》課文有聲書CD，裡面包含MP3格式的檔案。在不方便閱讀的場合，你就可以使用CD Player或MP3隨身聽，反覆吸收《財富金鑰系統》每一課裡的智慧。（P.S.這可是100年前Charles Haanel沒辦法提供的東西）

Super Bonus#3：

1911年出版，消失近百年的致富經典：
《失落的世紀致富經典》

（價值NT$230）

這本書原名為*Science of Getting Rich*，作者是Wallace D. Wattles。在1911年出版的《失落的致富經典》，已經被列為50大成功學經典之一。近百年來已經幫助無數人改變他們的一生，現在你也有機會一窺其中奧秘。

閱讀《失落的致富經典》後，你將能了解：

- 組成成功公式的五大要素。
- 造成一個人富有與貧窮的關鍵因素，以及你要如何才能跟有錢人一樣行動。
- 為什麼靠節儉跟存錢無法讓你變有錢。
- 要變成有錢人就必須了解的三個簡單事實。
- 如何在追求財富的過程當中，讓每一個跟你打交道的人都獲得更多、過得更好。
- 如何永遠消除你內心中的懷疑、憂慮、以及恐懼。
- 為何你以前所聽到、讀到的目標設定、安排計畫、以及時間管理所教導的東西都錯得離譜。
- 如何正確使用你的時間，讓你能留下更多時間給你自己與你的家人。
- 不管你認為目前的狀況多糟，都能開始邁向致富之路的方法！
- 如何讓你所做的每一件事都能邁向成功（即使你之前試過但失敗了）。
- 能讓你快速又簡單地得到理想工作的方法。
- 還有很多珍貴資訊……

光是這三項贈禮加起來價值就有NT$12,169，這等於是我在想辦法賄賂你，拜託你一定要給《財富金鑰系統》一個機會，讓它幫助你扭轉人生或是幫助你更上一層樓。但是，即使如此還是一樣……決定權在你手上！

接近一世紀以來，《財富金鑰系統》中的智慧已經幫助很多人從不成功變得成功、從成功變得更成功。

而24個星期之後，有一群人的人生將會有突破性的進展，甚至全然改變。他們的人生開始變得「很幸運」、「總是有貴人」、「要什麼有什麼」、「做什麼都順利」，他們的內心沒有懷疑、恐懼，總是平靜而充滿喜悅，他們擁有令人羨慕的財富、健康、與快樂。

你想成為其中之一嗎？

等一等，在你確定參加課程之前，我得要先提醒一件事：**不是每個人都適合《財富金鑰系統》！**

別誤會，《財富金鑰系統》是一體適用的，不管是誰都可以運用其中的祕密來達成他心目中的「成功」境界。

那為什麼說「不是每個人都適合《財富金鑰系統》」？因為，如果你期望的是能找到一種能讓你「快速致富」的方式、如果你想找的是能讓你輕輕鬆鬆什麼都不用做，一瞬間就脫胎換骨變成一個「成功人士」的方法，那《財富金鑰系統》沒辦法幫你，而我也相信你就算再繼續找一輩子也找不到那種東西。

《財富金鑰系統》的教導蘊含著非常強大的力量，這力量足以讓你的人生徹底改變，然而要讓這股力量在生命中發揮作用，會需要投入時間跟心力。

「關於『致富』、『過更有錢的生活』這些事……大部分人都只是心裡想想、嘴上講講而已。他們確實很想要這些東西，想要的程度高到讓他們會對擁有這些東西的人心懷怨恨，但卻又不足以讓他們願意去認真「研究」到底如何才能得到。

——行銷教父　Dan Kennedy

你得要願意在未來24週當中，固定每天至少花1小時的時間來「研究」當週課文以及做當週的實作練習。這相當於需要經過大約半年時間的修練，總計至少要投入168個小時來研究與實際操作《財富金鑰系統》。

那……參加這個課程要花多少錢？

看到現在，你覺得這個 課程「值」多少錢？

你願意花多少錢得到《財富金鑰系統》裡的祕密？如果你活在100年前，就得要花一般人兩年不吃不喝的錢才能學到這些祕密，但是現在你只要每週投資不到台幣300元，輕輕鬆鬆就可以得到這一部有錢人不想讓你知道的成功祕笈。

只要投資24週、168小時的時間、每週不到300元，來換取一輩子的幸福與快樂，值得嗎？如果你覺得「不值得」，或者覺得你不願意或沒辦法做到，那麼很遺憾，《財富金鑰系統》幫不上你的忙。如果你覺得「值得」，那麼你還在等什麼呢？立刻註冊《財富金鑰系統》24週自修課程吧！

你的決定如何呢？

世界華人八大明師
教父級行銷達人

張淡生

明師簡介

- 中華華人講師聯盟（2006～07年）創會會長。
- 現任南山人壽保險公司處經理。
- 1997～1998年台北市安和扶輪社社長，國際扶輪社團應邀演講超過200社以上。
- 2010年北京前沿講座電視演講講師。
- 2011年第八屆中國保險廈門精英圓桌5000人大會講師。
- 2011年吉隆坡亞洲八大演講會講師。
- 北京清華大學職業經理訓練中心講師。
- 創新智庫暨企業大學基金會顧問、講師。
- 台灣大學高階行銷專業經理班第12期結業。
- 中國時報浮世繪版專題報導、培訓雜誌專欄作者。
- 輔大、淡大、文化大學等教育推廣中心之行銷管理講師。
- 著有《今天的賽局》、《超速成功50招》、《贏家講堂（CD）》、《優者勝出系列有聲書》、《留住成功有聲書》、《不凡不煩有聲書》、《美麗人生手札》、《張淡生的創意行銷》、《2009年陽台上的人》（14人合著）。

建立一流自信與魅力不外傳心法

張淡生

目標：明確設立目標

1. 價值觀與目標。
2. 有效目標的原則。
3. 實踐目標的內在與外在動力。
4. 設定目標的態度。

熱誠：散發積極熱誠

1. 積極正向的思考。
2. 每天塗抹溫暖面霜。
3. 以最高熱誠為客戶及朋友服務。
4. 以無私助人態度回應客戶需求。
5. 勤加演練EQ：
   (1)隨意以最真誠對待別人。
   (2)回頭看看自己。

(3)最真誠態度。

(4)團隊能力。

(5)團隊配合。

創意：激發無限創意

1. 想像力受限的因素：

   (1)一個正確的答案。

   (2)自我假設的障礙。

   (3)盲從。

   (4)太快下評價。

   (5)害怕被看成傻瓜。

   (6)緊抓住身邊的發現。

2. 培養創造力的關鍵。
3. 善於使用創意的引導工具。

時間：把握當前時機

1. 時間是有價的。
2. 時間積極的使用，而不是消極的節省。
3. 要有效的利用零碎的時間。
4. 要勇於為把握時間做判斷。
5. 善用時間壓力去完成事情。
6. 要享受當下的每刻時間。

團隊：發揮團隊精神

1. 迎接團隊合作的時代。
2. 目標完成及組織管理需要共同參與。
3. 建立團隊共識：
   (1)建立共同目標。
   (2)激盪共同文化。
   (3)明確成員角色。
   (4)傾聽成員聲音。
   (5)鼓勵支持態度。
   (6)激勵高昂精神。
4. 向螞蟻學習團隊分工。
5. 透過課程練習。

領導：鞏固領導中心

1. 領導者是團隊的代表。
2. 領導者需要學習與鼓勵。
3. 領導人要把員工放在第一位。
4. 領導人要與員工站在一起。
5. 領導魅力來自主動親近。
6. 領導力來自承認不足並努力精進。

 卓越：不斷追求卓越

1. 更進步的生活動力。
2. 前瞻的眼光與判斷。
3. 更便利的生活目標。
4. 知足而不自滿的動力。
5. 比卓越者更卓越。
6. 向卓越者致敬並學習。

 品質：講究品質完善

1. 品質是傾盡全力不再重來。
2. 品質是不能被犧牲的重要防線。
3. 品質是事業機會綿延不絕的關鍵。
4. 品質是歷史的見證。
5. 品質可讓我們向更高的挑戰。

 決心：堅持決心到底

1. 決心是全力以赴的生命動力。
2. 決心要能破釜沈舟，有捨有得。
3. 決心是避免失敗的唯一利器。
4. 決心是對自己生命人格的負責。

成功：享受成功人生

1. 成功人生是打好牌的人生。
2. 成功人生是自得其樂的人生。
3. 成功人生是均衡發展的人生。
4. 成功人生是益己達人的人生。

結論：人生短暫，將如飛而逝；唯有以愛成就事業，將恆久長存；幫助足夠的人實現夢想，自己就夢想成真。

千萬魅力行銷學

張淡生

推銷可以賺錢，行銷可以致富；推銷是一對一，行銷是一對多；推銷是戰術的，行銷是戰略的。因此，行銷人的基本功是知道以下五點：

1. 你的個人優勢是什麼？
2. 你的明確目標在哪裡？
3. 你的計畫如何去落實？
4. 你如何啟發技巧發揮？
5. 你如何激勵潛能展現？

透過這樣的問題，讓你和自己的「底細」做最密切的接觸，進而產生一套系統策略的流程。

什麼是策略呢？有一個藝術家在逛街時，在一間店裡看到有隻貓在舔盤子上的牛奶，藝術家有超高的鑑賞力，一眼就看出這個盤子是奇世珍寶，於是他決定進去買下這隻貓，順便向老闆提議貓好像喜歡這盤子，是否一併出讓。沒想到老闆說：「盤子不能賣給你，為了那盤子，我已成功賣出68隻貓了。」而那卓然出眾的盤子就是最好的策略，事實上策略流程不是計謀，而是一種哲學。

行銷最高指導原則是：鋪陳水到渠成最自然，營造水漲船高最圓滿的境界與感覺，讓客戶做出最好的一種選擇。透過這樣的原則，進而建立一套最有效的行銷策略關鍵，也就會產生：主顧（是豐收的種子）→接觸（是勤耕的表徵）→說明（是神奇的接受）→激勵（是致勝的優勢）→成交（是歷史的創舉）→服務（是周延的責任）等六大流程。

在行銷事業的路途上，我們最希望的莫過於有一個明確的指引，能帶領我們向成功邁進。成功確實需要方法，成功＝明確的目標＋可行的計畫＋堅持到底的心，採用「說不如練」的方式，並在練熟後認證，才是真正學會。再透過理論系統流程的知識與實務技巧的結合，讓我們能夠完成六大流程的每一個階段，包括主顧、接觸、說明、激勵、成交、服務、建立信賴感等。

NBA偉大球星麥可．喬丹（Michael Jordan）說過：「基本動作是我在NBA打球最重要的一部分，我所做的每一個動作，投進的每一個球，都可以追溯到基本動作，以及我如何把基本動作化為功力，有了基本動作這個基石，一切才行得通。」因此，想做好行銷的朋友，只要將本篇內容確實練習，並以愛為出發點、以服務代替行銷，自然能夠在這個行銷事業上大展鴻圖，有成功的展現。

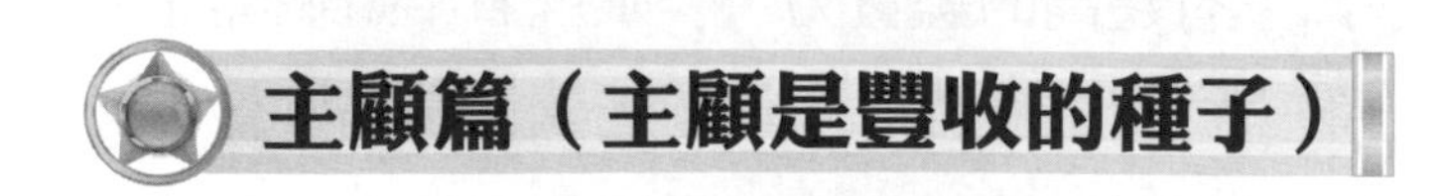

主顧篇（主顧是豐收的種子）

一、緣故行銷

緣故行銷指的是透過與你本來就認識的人際進行行銷，這樣的方式優點包括：

1. 因認識方便洽談，遭遇拒絕的機率較小。
2. 成交率高，可快速產生績效，建立自信。
3. 對象都是自己人，方便練習銷售流程，進而提昇戰力。

缺點則是「緣故」（也就是你的親朋好友圈）終究有限，時間一久，就必須設法尋找其他通路。

緣故行銷可分成以下三種：

1. 魚缸式：

   緣故致富是建立一個捕魚哲學，一個大小不同的魚缸，可養出大小不同的魚，親朋好友就是準客戶，在魚缸中的魚最好抓、最好撈，時間快獲利也快。若是行銷的新人，從魚缸的模式可以建立自信，而若平時待人接物非常得體，獲得親友的認同，對你會是一種鼓勵，更是一種激勵。但魚缸模式對新人來說也有缺點，像是面對熟悉的親友你可能會不敢開口（把最好的親人錯失掉，再去經營別人的親人，那會是更辛苦的一件事），又或許你原本的人際關係就有所欠缺，那緣故行銷就不可能順利。

2. 河流式：

   緣故的第二階段是溪釣、河釣，你要建立一套釣魚的技巧，可能是透過親友介紹第二層的人際網絡，行銷過程中要學習成長、等待、忍耐、包容、付出、關心、關懷、諒解，在挫敗中超越疲憊而否極泰來，在理想中獲得經驗而豐富人生，進而與他人分享。

3. 大海式：

   當你從魚缸中建立了抓魚的信心，從河流中找到了釣魚的技巧，就能進入深不可測的大海中尋找捕魚的方法，藉以永續經營、豐富一生。以歡喜的心來面對週遭事物，以熱誠的心來擁抱自己的角色。

緣故行銷是一條最輕鬆最快速的致富捷徑，一定要把握它！

二、陌生行銷

陌生行銷顧名思義，就是對你完全不認識的人進行行銷，這樣的行銷方式優點有：

1. 是磨練應變的成長方程式。
2. 是提昇作戰能力的經驗。
3. 是客源的最大市場。
4. 可學習到一次成交的技巧。

缺點則是失敗率高，挫折較大，比魚缸式更浪費體力。

陌生行銷最重要的是一開始的接觸，你可以透過以下例子，學習如何讓對方願意聽你說話，進而有興趣了解你的產品或服務。

【範例一】

先生小姐您好，我是××公司的×××，今天特地專程過來拜訪您，想提供我們公司最新的產品計畫，給您作為參考。我曾經把這計畫，提供給像您這樣成功的人士，經過我的說明和介紹之後，他們都能接受我的建議，獲得他們最需要的協助。能否請您撥出3到5分鐘的時間，好讓我為您提供這計畫的內容？3到5分鐘您不介意吧？在還沒有提供計畫說明之前，我想先請教您兩個小小問題……

【範例二】

陳先生小姐你好，我是××公司的×××，常常聽您的同學或朋友提起您，生意做得不錯，待人接物非常得體，今天特地前來拜訪，一來是想請教您的豐富經驗，二來試想提供我們最新的商品計畫給您過目。

【範例三】

先生／小姐您好，今天來是有一項好的投資計畫想提供給您參考，我不確定您是否對這項計畫有興趣，但在您決定是否有興趣之前，請先給我5分鐘向您說明，如果有興趣的話我們可以繼續談，沒有興趣我就離開，不知道方不方便給我5分鐘的時間呢？我能坐下來嗎？是這樣的……

三、電話行銷

科技日新月異，人們的生活水準日益提高，電話亦成為人們生活上不可或缺之工具，也因此電話在推銷的過程中扮演了重要的角色，雖然它有時不如親自拜訪來得有效，但是在現代社會繁忙、天下眾生普遍忙碌無暇的情形下，電話的無遠弗屆以及其強迫性接受的特色也就成為推銷員手中的一項利器，現就有關電話推銷的技巧做以下之介紹。

在實務方面，電話推銷是一種能夠「花最少代價，得到最大收穫」的推銷方法，它具有以下之優點：

1. 可用來過濾準客戶，並且在家做好分級。
2. 可和真正有決定權者接觸，更可用以預約會面時間。
3. 減少被拒絕的機會。
4. 避免初見面時的陌生感。

5. 聯絡迅速，不受空間的限制。
6. 可用以探聽虛實。
7. 減少不必要交通時間之浪費。

看到以上列舉電話推銷之優點，相信各位已躍躍欲試電話是否真是有如此大的功效，不過在試驗之前，亦要提醒各位必須要注意以下幾點：

1. 要選擇適當的時間，先考慮對方是否方便再進行。比如對方現在是否在家？是否尚在睡夢中？是否正為忙碌的工作時刻等。（於本文後列有各行業較佳的電話拜訪時間，可供各位參考）
2. 先決定好所要交談之內容與順序，並做成摘要，以免遺漏重要事項。
3. 事先將相關的資料完全準備好，避免自亂陣腳。
4. 電話接通後立刻要問安，接著報上公司及姓名，並請問對方姓名。
5. 抓住要點開始談話，不要浪費太多時間在不相干的內容上。
6. 洽談完畢要待對方掛斷再掛斷。

上列為使用電話溝通之一般禮貌。而若我們要將之運用於推銷實戰當中，則尚須有下列之準備：

1. 先告訴自己「我就是公司之代表」，溝通時要注意自己的身分、言談，要禮貌親切的應答。
2. 事前將談話內容決定好，按序列出，並列出重點。
3. 事前將相關資料準備好，勿令對方等你找資料。
4. 打電話前事先演練一番，使自己熟悉過程。
5. 由重點開始交談，並且先定出如何結束話題。

6. 不可忽略細節，雖然不是面對面的談話，亦須使自己保持良好的姿勢以及精神。
7. 說話要簡潔有力、完整清晰，說話速度太快或太慢皆不適宜，一般以一分鐘150字為宜。
8. 不要和客戶爭辯，以免自斷後路。
9. 不要使用口頭禪，發音要清楚，以免造成誤解，降低了電話拜訪的功能。
10. 結束談話前，將談話內容重點再重述一遍，確認剛才的談話內容有確實傳達。

We chat more

一、電話行銷注意事項

1. 不斷的練習與準備。
2. 面帶微笑放輕鬆
3. 紀錄相關資訊。
4. 保持熱誠、熱心、熱力、有自信。
5. 電話中只約定會面時間，不做電話銷售。
6. 資料庫保持有30名的客戶。
7. 尋找安靜舒適環境通話，每次只與30名對象通話。
8. 資料、流程圖、日誌本視覺化。

二、一般開場白

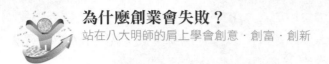

先生／小姐您好，我是×××，抱歉打擾您2分鐘，我在××公司服務，有一個很好的計畫要與您分享，這計畫幫助了很多人，我想對您一定會有很大的好處，因此我想和您面對面討論，不知您早上或下午的什麼時間比較方便呢？

三、客戶介紹開場白

先生／小姐您好，我是×××在××公司服務，我有一個很好的計畫要推薦給你，這計畫對很多人都有很大的幫助，事實上您的朋友×××就十分滿意，也把您介紹給我，希望您也能分享這樣一個好的計畫，不知道您早上或下午會談比較方便呢？

四、當對方說「請你將資料寄給我」時

我非常的樂意，先生／小姐，但我的計畫是針對您的個人特別需求設計的，所以我才要當面向您說明，不知您早上或下午的什麼時間比較方便呢？

五、當對方說「我很忙，沒有空」時

我知道像您這樣成功的人一定非常忙碌，所以我才事先打電話給您，××先生／小姐，我想找一個您比較方便的時間，不知您早上或下午的什麼時間比較方便呢？

六、做電話拜訪較適宜的時間

1. 教師：6點30分～7點。 2. 公務員：6點30分～7點30分。 3. 推銷員：9點～10點。 4. 醫師：9點～11點。 5. 承造商：9點以前、17點以後。 6. 股票經紀人：10點以前、15點以後。 7. 經理人：10點30分以後。 8. 商人：10點30分以後。 9. 家庭主婦：上午10點～11點、14點～16點。	10. 祕書：10點～11點、14～16點。 11. 藥劑師：13點～15點。 12. 律師：13點～17點。 13. 新聞人員：14點～15點。 14. 農人：15點～17點。 15. 印刷、出版業：15～17點。 16. 教會人士：週一到週五上午。

以上所列僅供參考，各位亦可依個人之經驗做成紀錄表，將有助於電訪之作業。

四、問卷行銷

問卷是運用上最簡單的輔助工具，也就是「市場調查法」。如：「小姐您好，抱歉打擾您幾分鐘，我是××公司市場調查部，我叫×××，今天公司派我到此做市場調查，一方面想了解社會大眾對公司的看法，另一方面想藉大家的意見來提昇從業員專業的素質以及服務，雖然社會大眾對我們公司的評價是業界中最好的，但我們公司不因此而感到滿足，因此想透過您的協助，填張調查表，以便提供給我們公司了解市場的導向與建議，只要幾分鐘就可以，麻煩您了！」

五、書信行銷

書信行銷是透過信函聯繫，特別是轉介紹或是陌生市場的準客戶，因為他們對你並不熟悉，直接打電話可能容易遭到拒絕，因此可以考慮先寄一封信，引起準客戶的好奇心，並說明我們可以提供的服務，使對方產生想進一步了解的念頭。此外，這封信也可以讓客戶事先知道我們將會與他們聯絡，而不會在接到電話時感到突兀。

使用信函時，內容要簡潔有力，措辭要得體，儘量避免使用準客戶看不懂的專業術語，並強調我們只想獲得一次面談的機會。如果能在信函中提及有影響力的介紹人，將讓信函更具有說服力。要特別注意的是，在信函寄出後，務必於三天內與準客戶電話聯絡，通常時間拖得愈長，就愈容易失敗，所以每一個名單一定要建檔記錄，以便持續追蹤。

六、網路行銷

網路是21世紀時代的產物，能善用網路行銷來主導通路者，就能掌握資源、整合資源、分配資源、享受資源。所以通路就是王者，就像Google、Yahoo一樣。唐納・川普（Donald Trump）說：「成功的事業是一台印鈔機，要在機器的上方注入機會與想法，融入讓客戶產生聯結的價值與勤奮努力，並持續不斷下工夫，有決心全力以赴，才能打造一台財源滾滾的印鈔機。」因此誰能建立一個好的平台，能夠把它整合在一起，進而產生聯網，就有生生不息的獲益。網路行銷的方式有以下幾種：

1. 建立個人網站：

它可以是有主題，有創意、有商機、有賣點、有服務、有系統的網站，如創造議題網站如媽媽網、婚姻網、親子網、兩性網等，在網上提供資訊的交流，進而聯結到你的事業與產品。

2. Email：

電子商務快速提供了訊息，如何讓消費者提供需求，創造消費者滿足的商機，就會是好的電子商務。

3. 社群網站：

透過社群網站的個人頁面經營，與潛在客戶溝通，通常都會有意想不到的成效，重點在於必須持續更新狀態，持續提醒潛在客戶你的存在。

4. 通訊軟體（如LINE、WhatsApp）：

這個方式一樣有即時、無遠弗屆的優點，可以透過幽默、風趣的方式，建立一種美學生活與典範，讓自己的品德、品質、品味能展現親和力，進而提昇銷售戰力，也算是一種另類行銷。

接觸篇（接觸是勤耕的表徵）

一、接觸的精神

根據統計，營銷員在與客戶第一次接觸的30秒鐘內，客戶購買你商品的意願，已經決定了50%，所以在營銷員前往拜訪客戶時，外在的儀態穿著與打扮，以及應對進退，都已經開始在為我們打分數。即使是一個遞名片的小動作，都可能是決定成敗的關鍵。

二、接觸的要領

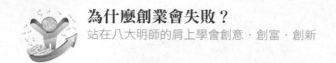

有些營銷同仁會去請教主管：「經理啊！我不知道如何跟客戶寒暄聊天！」其實有很多的話題可以跟客戶聊，例如創業過程、家庭生活、小孩、健康、養身之道以及客戶切身相關的問題等，只要是對方喜歡、有興趣的話題都可以。

三、接觸點

1. 在所有的接觸中只有一個使命，就是取得面談的機會。
2. 充滿自信態度輕鬆，帶著燦爛笑容，適當讚美對方。
3. 儀態大方、服裝整潔，氣勢要夠。
4. 找到適合有利的位置坐下（對方的斜對面或側邊）。
5. 找尋共同話題，抓住顧客的興趣。

四、開門點

1. 第一要務是專注力、觀察力、記憶力、態度從容。
2. 走進辦公室時，向你接近的第一人，面露微笑。
3. 要製造友善而愉快的氣氛。
4. 言詞要有建設性，行為充滿信心。

例如當你走近第一個桌前的時候，可以詢問：「您是王經理嗎？」如果對方回答不是，就用幽默的口吻說：「為什麼不是呢？我想在不久的將來您就會做經理。」在這輕鬆的交談中，可以得到你想要的資料，如經理在不在？坐哪裡辦公？或是了解一下公司背景等。

五、介紹點

可透過以下的方式開啟話題：

1. 我有一個計畫要提供給您，相信您一定會有興趣。
2. 我剛才去君悅排骨與李老闆洽談，我想您也一定會有興趣。
3. 適時且適度的讚美。有人說「讚美是給客戶最昂貴卻又不需花錢的良藥禮物」，但須注意不可過度及肉麻。如：長得漂亮的人大家都會讚美外貌，若對方不以外貌取勝，則可用有氣質、有內涵、有親和力等。
4. 在拜訪客戶時，一進門，只要眼睛稍微掃描一下，看看他家裡的擺設，若看到球桿、網球拍、釣竿、獎牌、獎杯、獎狀……這些都是可以當作聊天及讚美的話題，要不然就請教他「請問你假日通常做什麼休閒活動？」借此開啟話題。
5. 從地緣談起。你可以說：「聽你的口音不像本地人，請問您是那裡人？」、「（美濃人）大家都說美濃出才子佳人。」、「（台中人）哎呀！我們是鄰居耶！我住你隔壁的彰化。」、「（住台南）怎麼這麼巧！我也是台南人，怪不得我覺得很有親切感，你國中念哪所學校？」甚至還有人這麼說：「我雲林出生、彰化長大、台中唸書、在高雄當兵、太太是新北市人……」反正住哪裡都沾上一點關係，總有讚美不完及聊不完的話題。
6. 在接觸的過程中，除非我們已經知道對方的立場，否則要注意不談宗教信仰與政黨政治。因為宗教與政治都是很主觀的，而且立場又特別鮮明，應該注意避免失言。假如客戶問你信什麼教，你要回答：「我什麼教都信，但最虔誠的是魅力行銷教，因為我熱愛行銷，它可以改變我的一生。」如果客戶問你支持哪一個黨派，你可以說：「我無黨無派。」若對方問你立委或總統要選誰，就先讓客戶發表，然後再說：「我非常同意你的理念，你選誰我跟著選誰，要不然你出來競選，我支持你好了。」

此外，也不應談論種族，因為每個人生活方式都略有不同，沒有絕對的公式，不管先到後到的住民都給予尊重，欣賞不同文化，包容學習付出愛，就是族群融合的群體。

說明篇（說明是神奇的接受）

一、說明的要領

1. 有組織、有系統地進行對話。
2. 推銷話術運用自然流暢。
3. 不離開主題，共同參與討論。
4. 掌握人性，觸及人心。
5. 核心的問題適當解決。

二、出示名單技巧

1. 提出大多數人都有購買的見證，有利成交。
2. 提出說明書，在閱讀時，把輔助教材視覺化，讓顧客更有注意力與興趣參與。
3. 提出知名人物的推薦，讓推銷增加活化，產生更大效果。

三、熱誠的問句

1. 語氣誠懇、生動活潑、口語幽默，把商品融入情感於推銷中。
2. 針對這商品的說明你清楚嗎？
3. 針對這商品的說明你喜歡嗎？
4. 針對這商品的說明價格可以嗎？

四、有效處理問題

1. 當客戶說「我對這產品沒興趣」，你可以這樣回應：「我不敢期望您在未充分了解我的產品之前就產生興趣，但若您願意花10分鐘深入了解產品的功能，我相信您絕對會對它產生興趣，我簡單與您說明一下好嗎？」
2. 當客戶說「我現在沒空，改天再談」，你可以這樣回應：「您現在沒空的話，請問什麼時候比較方便，明天的上午或下午哪個時間比較好呢？」

五、說明的認知

說明的過程中，了解顧客與了解產品是一樣重要的；說明的進行要探索銷售者與消費者的認知差異性，才能異中求同，產生共識與共鳴。

銷售者	VS.	消費者
產品 ↓	VS.	利益 ↓
價格 ↓	VS.	價值 ↓
通路 ↓	VS.	便利 ↓
促銷	VS.	溝通

這圖表是銷與消，是分與合；從表格中可看出消費者在意的不是產品本身，而是產品能為他們帶來什麼利益；考量的不是價格，而是產品的價值高低；通路不是愈多愈好，而是便利性；要的不是促銷，而是能針對消費者需求的溝通。營銷人員要整合在一起，將商品說明條理化，並將輔助教材視覺化，將推銷訴求感覺化。在行銷過程中，你要強調產品的功能性、差異性、無可取代性。要對自己的產品有信心，因為我們是提供好的產品給對方，我們服務的對象都能從我們的商品中得到莫大的好處。

對顧客說明的形式不限，主要是要與客戶產生聯結，因此不要忽略客戶的潛力與鑑賞力，也不高估自己，更不要錯估環境，說明或簡報就會進行得順利。

六、說明話術的代替字

1. 佣金＝不談佣金，談服務費。
2. 價格＝不談價格，談投資。
3. 定金＝您最初的投資。
4. 月付款＝您每月的投資。
5. 合約＝同意書。
6. 簽約＝同意書上確認一下。
7. 買＝擁有。
8. 營銷＝讓客戶參與。
9. 精明＝即將介紹產品。
10. 交易＝好的機會。

11. 問題＝挑戰。
12. 反對＝您關心的領域。
13. 便宜＝我們更經濟實用。
14. 顧客＝服務的對象。
15. 準顧客＝未來服務的對象。
16. 約會＝拜訪。

激勵篇（激勵是致勝的優勢）

一、處理反對意見的步驟

1. 耳朵：

   傾聽顧客的抱怨，盡量迴避反對意見，第一次反對是假問題，80%不用處理；第二次反對是真問題，100%要處理。你可以說：「我了解您的想法，是不是讓我把它記錄下來，再尋求解決的方式。」當客戶說「不」的時候，其實是談判的開始，所有的缺點或No都是成交的資源。

2. 回應：

   問顧客問題，讓顧客回答，讓顧客詳述。你必須進入客戶的溝通頻率，溝通的7%是文字，必須用客戶看得懂的文字做溝通；38%是聲調，聲調要平穩、速度要適中，若感覺對方沒有跟上，就停頓一下再說；55%是肢體，透過肢體輔助你的說話內容。

3. 問號：

   你可以用問句得到對方的注意並引導對方。例如「您在最後決定前，已經仔細考量過了嗎？」、「請問投資學習是不是很重要呢？請問投資形象是不是很重要呢？如果是的話預算就不重要了。」

4. 答案紙：

   從直接成交技巧的菜單裡選擇可行的成交技巧。這裡有個小故事：在芝加哥有位知名演說家，要在古老的飯店裡住一晚，但到了才發現沒有房間，他就請教了櫃檯經理：「我想請問你兩個問題，第一，請問你是誠實的人嗎？」經理回答：「當然是。」演說家說：「第二個問題，如果今晚美國總統要這裡來住一晚，他有房間嗎？」經理回答：「有。」演說家接著說：「謝謝你的回答，我也是誠實的人，你可以相信我的話，美國總統今天不會來，所以我要用他的房間。」

5. 確認條：

   透過確認條確認交易成交與否。

6. 手在搖：

   當對方搖手表示不聽說明或否定你，可以轉移焦點以問題先讓對方分心，再從其他角度切入。

二、反對問題處理祕訣

1. 回應：太不可思議了，然後呢？
2. 拖延法：這個問題等一下再回覆您，我們先看這裡。
3. 補償法：我知道，……不過……另一方面……
4. 感應法：我知道在您心裡，顯然有其他因素的考量，否則……可否告訴與我分享呢？

5. 激將法：我想您一定不能明白我的用意，我的意思是……
6. 順水推舟法：就是嘛……所以……
7. 間接否定法：是的……但是……
8. 忽略法：噢！是嗎？但我們可以先看這個問題……
9. 質問法：能不能請你告訴我，為什麼……
10. 資料展示法：噢！如果是……請看……

你不解決顧客的問題，事實上你是在原諒自己；而原諒了顧客，就等於原諒自己的荷包。當顧客以能力不足，不需要、誤解、猶豫、討厭、不安等理由來反對你，若你無法尋求解決之道，當然收入要超越預期就難了，接受挑戰與改變，可以創造歷史，若不改變，你就會成為歷史。

成交篇（成交是歷史的創舉）

一、成交的最高指導原則

成交不是技巧，而是幫助客戶做出對他們自己最好的決定。成交沒有成功與失敗，只有有效與無效，沒有失敗的銷售，只有無效的銷售，因此要把成交當作是一個好玩又有趣的事業。

當想成交一個顧客時，可能會遇到對方抱怨成本太高，此時你可以做以下處理：

1. 詢問「現在商品在現今的社會都是很貴的，您覺得多少才合理呢？」
2. 詢問「您可以告訴我太貴，對您而言是高多少呢？」

3. 提及他們將享用產品或服務許多年的觀念。
4. 將整個金額除上享用的年度，得到一個每年支出的金額。
5. 將每年支出的金額除上一年52星期，得到每星期付出的金額。
6. 將每個星期付出的金額除上7天，得到每日付出的金額。

若對方說想再考慮一下，藉此結束話題，你可以做以下處理：

1. 回應「對，凡是經由考慮下的決定總是好的。」
2. 回應「您對產品一定有興趣，否則您就完全不考慮了對嗎？」
3. 回應「謝謝您的考慮，請問您考慮的重點是什麼？」
4. 詢問對方的猶豫癥結點為何，試圖了解他們對產品優點的滿意度，了解了之後，這些No基本上將會成為Yes。
5. 詢問「請再讓我清楚的知道是什麼因素，是您對我們產品或服務還要考慮，還是我們在說明中有遺漏什麼呢？說真的，請站在我的立場考慮一下，您的猶豫是在財務上嗎？」若對方說「是」，你便可以處理金錢方面的異議了。

二、成交的信念與技巧

1. 信念：

⑴行銷的最終目的在於「成交」。

⑵行銷的過程再完美，結果不是100分即是0分，若沒有「成交」，也要能有所「成長」。

⑶「成交」的決心要大於被顧客的「拒絕」。

⑷「成交」的促成，可能需要出現許多次。

⑸「成交」在於做人要以「誠」為貴，做事要以「成」為貴，懷著

「誠」與「成」的哲理，就可以掌握到成交的關鍵。

2. 成交的關鍵與購買訊號：

⑴顧客仔細閱讀說明書時。

⑵顧客熱心問問題時。

⑶顧客傾聽時往你的方向傾斜時。

⑷顧客嘆息閉口不講話時。

⑸顧客詢問價錢貴或便宜時。

⑹顧客對你產生好感或同情時。

⑺顧客搓手、摸頭、摸耳朵、摸鼻子思考時。

⑻顧客的話題達到最高潮之時。

3. 成交的態度：

⑴勿露出高興或得意的表情。

⑵勿慌張，該靜默時，不要講話。

⑶以誠心、熱心、愛心、勇氣來成交。

⑷收到支票、刷卡、現金，查對點收簽名。

⑸向他恭喜，告知他將擁有的好處，以消除他的不安。

⑹勿說廢話，收費後先行告退，並告知顧客今天是你服務的開始。

⑺寫一封感謝函或卡片，謝謝他的支持與鼓勵。

4. 提昇成交的方法：

⑴增加購買的金額。

⑵增加購買的頻率。

⑶增加購買的人數。

⑷要求客戶介紹三A級的客戶是：有決定權、有錢、有需求。

⑸假定承諾法，不反對就是同意。

⑹讓他二擇一，都是肯定的成交。

⑺告訴他跟你買有什麼好處與價值。

⑻告訴他不跟你買有什麼遺憾與損失。

⑼解決客戶關心的領域。

⑽取得為什麼不買的原因。

⑾告訴他你是拜訪次數最多的一位。

⑿埋下下次見面的機會。

⒀借力換投手。

⒁易難漸進（先成交小筆，最後得到全案的贊同）。

⒂重新再起爐灶。

三、成交的藝術

構成以下三角形的四個階段，在促使整個成功的行銷過程中，擄有極大的相連影響力。

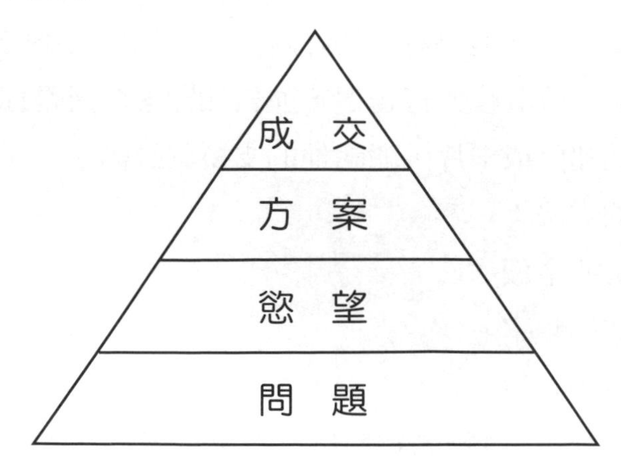

首先你要建立一個「需要」或「問題」作為行銷的基礎，這個「需要」或「問題」必須個人化，然後將其清楚地傳達給顧客，並且使它變成顧客深切感到急需解決的問題，討論問題時，提出一些觸及人心的疑問，用專注力、觀察力與記憶力，找出對方解決該問題的欲望，然後設法使準客戶心中產生迫切感和解決問題的方案，進而「成交」。

要記住，顧客永遠只買兩個東西，一個是「愉快的感覺」；一個是「問題的解決方式」，若你能不斷地提供顧客需求，創造顧客滿足，就是成交的藝術。

服務篇（服務是周延的責任）

服務本身不是技巧，而是創造出客戶被尊重的感覺。全球最大的平價連鎖商店沃爾瑪（Wal-Mart），有人訪問他們的總裁山姆．沃爾頓（Sam Walton）說：「你的企業營收連續三年第一名，公司成功的祕訣是什麼？」總裁只有回答一句：「讓顧客滿意」。

商品是有形的道具，服務是無形的舞台，如何吸引消費者入戲？答案就是體驗。要讓顧客的滿意超出預期，營銷就是表演的因，服務就是滿意的果。

一、關心

通常人們不在乎你知道多少，在乎的是你真正關心他多少？所以對顧客要付出真心，把信心留給自己、忠心給事業、誠心去做人。也要用心對待顧客，更要用心經營與顧客之間的關係。而貼心更是不可或缺，貼心的舉動是不可思議的驚奇，是超出預期的感受，更是物超所值的感覺。

二、禮貌

禮貌首重態度的謙和，對上要敬、對下要慈，就是禮貌的表徵。若再加上燦爛的笑容、迷人的眼神，到哪裡都是受人歡迎的。把女人當女孩來疼惜，把男人當老師來經營，走到哪都不會吃虧。我們在從事人與人的相處行業，我們營銷的產品只是一種工具，如何保持高度的優雅與出眾的品味，在行銷中營造銷售的氛圍，進而在相對的理性中，做出感性的選擇，就是服務的典範。

三、微笑

面對顧客時永遠保持微笑，儘管有再多的不如意，都不應該在顧客面前顯露出來。除了不相怒氣與怨氣傳染給顧客，將不滿的情緒發洩在顧客身上更是不可為。

四、鎮定

慌慌張張只會讓人對你產生質疑，甚至留下不好的印象。面對顧客要能氣定神閑，以穩重的態度、穩定的情緒面對，如此才能讓顧客覺得你是可靠、可信賴的。

五、幫助

看見顧客有困難，要主動幫助對方，並且不求回報。

六、創造性

保持你的創造性，不要讓顧客覺得你的服務或產品一成不變，時時創新、改進，以新的面目累積顧客對你的好感。

七、一貫性

對顧客的服務要有一貫性，經常變動會使顧客無所適從，對你的好感也會逐漸喪失。

八、驚艷

讓顧客感到驚豔絕對是成交的最好助手，做的要比顧客期待的要多更多，藉此讓顧客明白你對他們的要求不僅能做到，還能做得更好。

九、愉快的感覺

永遠要讓顧客保持愉快的感覺，不管是一開始的接觸或是日後的維護，都要避免讓顧客反感的舉動，才是真正做好服務。

十、物超所值

與驚艷有異曲同工之妙，給予顧客比預期的多，或是在產品、服務上多花一點小心思，就能讓顧客感到物超所值。

建立顧客信賴感

一、肯定顧客

若是客戶的學、經歷豐富，待人接物得體，人際關係順暢，親子關係圓滿，家庭和諧圓融，透過肯定他的成就，能夠讓他對你產生親近感，進而認同你說的話。

二、讚美顧客

讚美是最溫柔的語言，欣賞他是最振奮的鼓舞，不斷口吐蓮花，好話一句三冬暖。沒有人不喜歡聽讚美，但要切記誇大不實的讚美可能會適得其反。

三、認同顧客

也許對方說的每一句話不見得都是對的，但只要是對的，又發人深省的話，你都要不斷地認同他，讓他感受到你的重視。

四、傾聽顧客的需求

聰明的聽是耳朵旁，聰明的營銷人員必須要善於傾聽，你必須善於提出顧客關心領域、關切的話題。例如有哪些興趣、為什麼從事這個工作，或是與房子、車子、配偶、孩子相關的話題。

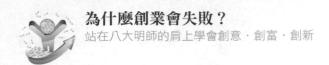

五、模仿顧客

透過模仿，讓對方感覺你與他的感受同步，可以透過眼神接觸、用講話的速度來符合對方的速度、用行為來模仿他的舉動等方式。

六、外在與內在

1. 具備專業知識：要足以告訴顧客擁有你的產品或服務的好處，以及你的優勢與價值。
2. 打造專業形象：永遠要為成功而穿著，永遠要為勝利而打扮。
3. 準備周詳計畫：沒有練習就是練習失敗，沒有準備就是準備漏氣。
4. 呈現顧客見證：呈現先前顧客使用狀況，並附上詳細背景資料，使顧客沒有疑惑，用得安心。

結語

關於事業，沒有人可以是絕對的順境，失敗挫折來挑戰；關於生活，沒人可以百分百順心，悲傷壓力來面對；關於生命，沒有人可以滿分，低潮練習來克服。當遇見困難，請轉換心情，體現在生命中有更好更美的人生！

過去是腳走路的時代，現在是用頭走路的時代，因此必須投資行銷脖子以上的部分（就是你的腦袋），每天投資一點點，人生就會有很大的改變，只要我們為未來做好準備，未來就不再遙遠，並永遠記得，比對方學習得更快、更好，是戰勝對方最好的方法，進而將無數的成功鏈結在一起，成為有價值的人生。

換言之，建構了專業行銷的體系，工作是享受，上班最快樂，困難是成長，突破是領先，充分展現個人魅力，你就是永遠的贏家。

世界華人八大明師
網路行銷借力致富
專家

鄭錦聰

明師簡介：

- ■ 松炎網路行銷總經理。
- ■ 大陸新娘配偶論壇主持人。
- ■ 鴻海遊戲金幣創辦人。
- ■ 崇右技術學院教師。
- ■ 中華軟協97、98網路行銷顧問師。
- ■ 青創會圓夢計畫顧問。
- ■ 世界網際網路高峰會首邀台灣代表。
- ■ 台灣SEO第一人。
- ■ 學員的網路行成功案例為台灣第一。
- ■ 所著《網路印鈔術》，破萬本銷售紀錄。

《網路印鈔術》
（創見文化出版）

《借力淘金！最吸利的鈔級魚池賺錢術》
（創見文化出版）

15 出人頭地的創業祕密：借力行銷學

鄭錦聰

創業時間近二十年，這二十年裡，我曾經開過七家公司，每家公司的初始資本額都不到100萬，而經過適當的經營後，績效最高的公司，年營收破億，後來從事網路行銷創業的教育訓練，在教育培訓學員的過程中，我歸納出創業最重要的三件事，就是：選擇、專注、堅持。

做錯選擇，想翻身都很難

創業其實只是進行一連串的決策，而在決策的過程中，必須不斷地面臨選擇。所以可以說，創業要成功，最重要的就是知道如何選擇。選擇不對，努力白費；選擇對了，則能事半功倍。在創業眾多的選擇裡，第一個選擇，就是你要做的行業與商品，而這第一個選擇，往往是創業成敗最重要的關鍵。常聽人說：「賺錢要靠時機。」而任何時間點，都有對的行業會起飛，只要在對的時間點選擇到對的行業，要不賺錢都很難。相反地，如果選擇錯誤，就算有再強的能力，都難以力挽狂瀾。

一、選對行業

在1998年的時候，電信業剛民營化不久，我有一位伯父，在當時加盟台灣大哥大，那時候易利信推出了一支經典的T18孔雀機，幾乎是許多人的第一支手機，剛上市的賣價大概在2萬元左右。

而我這位伯父賣這支手機，一支可以賺5,000元，他在一年內的時間，從一家店賺到五家店，可見其獲利之可觀！但接下來不到兩年的時間，卻又從五家店收到剩下一家店。為何短短不到兩年的時間，生意卻有如此巨大的差別呢？我當時心想，不是做得愈久、經驗愈豐富，能力也愈高嗎？怎麼會愈經營愈倒退呢？那時候我年紀尚輕，對商業邏輯知之不深，耐不住心中的疑問，便前去請教。

於是伯父對我娓娓道來，他說以前賣一支手機能賺5,000元，現在賣一支手機卻是賺500元，利潤大幅降低，加上以前在同一區域內，並沒有這麼多間通訊行，現在通訊行卻到處都是，競爭相當激烈，能夠生存下來就已是萬幸。

從他的經驗中我才了解到，原來要創業，「能力」並不是最重要的，而是要知道這個產品未來能不能持續賺錢才重要，所以有許多有能力的人才，進入了錯誤的產業，多半只能賺到足以謀生的收入。

二、客戶多才能賺錢？

在我做遊戲金幣的時期，我們的網站客戶族群中有許多是國小到高中的學生，而其中大約有十位學生購買的金額相當龐大，平均每個星期都會在我們網站上消費5到20萬左右，我們對此非常好奇，這些國中生怎麼會有這樣的經濟能力？也擔心錢會不會是用非法的手段取得，因此公司私下詢問其中一位國中生客戶，這位國中生有點不好意思地告訴我們：他父親底下有七間上市公司，經濟相當寬裕，因此他一個月的零用錢高達60萬新台幣！這時候我才恍然大悟，原來我對世界的認知是如此狹隘，沒想到國中生也能有如此高的消費能力！

光這十位超級有錢的學生，每個月的消費就占了我們兩成左右的營業額，我經常開玩笑地說：我只需要服務十位小朋友，就能月入百萬了！從這個案例中，讓我了解到，照顧大多數的小客戶是不容易的，而照顧好高端少量的大客戶卻容易許多。因此選對你的客群也是相當重要的課題，是要針對消費能力高的顧客、還是消費不高但非常忠誠的客戶？可以依照你的產品特性去訂出策略。

三、公司規模愈大公司獲利愈高？

我在創業初期，主要工作是幫助客戶做網頁設計。剛開始是從個人工作室開始做起，三年後，公司一路成長到有三十幾位員工的規模，但這三十幾個人創造出的獲益，卻不一定比個人工作室來得高。因為我剛開始做網頁設計的那段時間，一個網頁設計案子可以有3,000到5,000元的收入，而三年後，卻只剩下一個頁面800到1,500元的收入。公司人數規模愈多，代表要負的責任愈大，卻不一定表示收益會愈大。在我過去創造出最高收益的時候，公司只有八個同事，就做到年營收破億，月淨利最高達到500萬以上。

我希望藉著以上這些案例，可以讓讀者明確地了解到，賺錢最重要的，並不是取決於能力，也不是取決於公司規模大小、甚至也不一定要有很多客戶。

四、怎麼選擇商品，比較容易成功？

我想將商品與連帶的特性大致分為下列兩類，一是薄利多銷型、二是高單價利潤型，薄利多銷型的商品特性如下：

1. 價格低、銷量高。
2. 客戶族群廣大。
3. 需要較多的工作人員。
4. 價格競爭激烈。
5. 競爭對手產品同質性高＝大眾型商品。
6. 管理領導能力。
7. 談判能力決定勝負。

我有一個朋友在做網站設計，他們公司替客戶做一個網站，只要5,000元，由於價格低廉，客戶量自然大，但我不禁好奇，這麼低的價格，如何還能夠獲利呢？某次我到他們公司喝茶聊天，發現他們公司的同事都是清一色的年輕人，他們永遠都雇用18到22歲左右的員工，所有網頁設計師與主管，全部都在22歲以下，薪水是以時薪計算，而辦公室因為位處偏僻，租金一個月1萬有找。雖然利潤很低，但在成本掌控下，我這位朋友的公司平均每個月仍然可以獲利超過30萬以上。我也曾經開過網頁設計公司，但卻無法做到像我朋友那樣，因為他除了有能力計算每一分成本外，更重要的是，他能夠有效領導管理一群年輕的社會新鮮人。

如果你擁有很強的管理能力、領導能力與成本掌控能力，不管任何行業，你都還是有辦法賺到錢，但多數人不具備這些能力，因為要養成這些能力並不容易，除了付出努力外，還需要搭配某種特質與天分，而管理能力並非筆者所擅長的，在此不多做描述。

另一種是高單價利潤型，商品特性如下：

1. 單價高、銷量少但利潤高。
2. 客戶族群狹小。
3. 不需要太多工作人員。
4. 與競爭對手商品容易做出差異化。
5. 競爭較小＝趨勢型商品。
6. 行銷推廣能力。
7. 企劃合作能力決勝負。

很多公司只靠著一項成功的產品，就能得到相當不錯的營收，想想電視購物中廠商主推的那些商品，可能一家公司就靠一樣商品支撐，因此努力把這項商品推到各個通路上尋求最大曝光，且因為是自家商品，利潤空間容易掌握，這類型的商品，成本往往只有賣價的一到兩成。儘管利潤豐厚，聚焦到單一商品上，風險也相對提高，因為萬一聚錯焦，必然會形成重大損失。

所以要審慎選擇商品，你可以根據以下五個特性，來審視這項商品是否具有容易操作的特性：

1. 市場大或毛利高：

   如果你的市場小，那就一定要選擇高單價、高毛利的商品，若毛利低、市場又小，生意根本做不成。例如書的市場大於DVD市場，而DVD市場又大於現場課程，但是相反地，現場課程的單價及利潤都遠遠比書來得高，一個現場課程的利潤，可能相當於賣出一千本書的利潤，試想，賣一千本書跟賣一個現場課程，哪個容易呢？

除非你的書刻意訂出較高的單價，有較好的利潤，例如我一位朋友，郭育志老師的親子溝通有聲書，一套價格是1,680元，因為版權屬於自己，印一套書的成本只要售價的一成，這樣的毛利夠高，只要有大的市場，獲利也相當可觀。

2. 容易重複性消費商品、容易升級商品或消耗品：
擁有前兩項特質的商品，通常需要經過一定的考驗，商品必須夠好、或是有特殊的產品特性，能讓消費者願意重複消費甚至升級消費，例如：飲水機除了賣機器外，後續還能賣價格不斐的濾心。

3. 擁有少數人有的技術：
應避免自己的商品有太多的競爭對手，若能擁有少數人擁有的技術或資源，市場幾乎由你獨大，獲利便非難事。但也不能完全沒有競爭對手，因為沒有競爭對手的情況，通常是這個市場不被看好；而若競爭者太多，同質性商品已經滿街都是，除非你有較為突出的特色，否則就會淪為價格競爭，必須要拼規模與成本才能勝出。

4. 蒐集到有效的客戶名單（可細分市場）：
這點絕對是這五點裡最重要的一點，如果你想不到能以何種方式獲得客戶，那這場戰也不用打了。舉例來說，1歲嬰兒的客戶名單，可以從坐月子中心、臍帶血銀行、賣滿月油飯、孕婦裝、奶瓶等業者合作取得，因為他們都有最準確、符合市場的名單，也代表著可以細分市場。

5. 容易做見證與轉介的商品：
有些商品固然很好，但卻難以讓他人做見證跟轉介，這無疑形成了行銷最大的障礙。例如：情趣用品。

五、商品特性各有利弊

個人或中小企業若採薄利多銷的營運模式，要賺到大錢需要靠長時間的累積，而選擇競爭較小、高利潤的商品會比較容易有機會出頭。因為薄利代表著你能夠掌控的成本有限，能負擔行銷、通路上的成本也有限。而多銷的前提是通路夠多，但要注意的是，許多通路通常需要你做廣告，才願意全力幫你販售，廣告本身就是一筆沉重的成本，而通路本身的代銷傭金更高，大部分的商品代銷成本都要占去商品本身價格的四到七成左右。

當然不同的商品通路商索求的利潤不同，因為通路商通常會將你的成本抓得相當準確，若非你的商品已經有很好的銷售數字，且沒有同質性的商品競爭，否則通路商很難給你好條件。

所以薄利多銷，唯有具一定規模的企業，能用量來壓低成本，並且做廣告，向各大通路上架，才容易做到薄利多銷，這對剛準備創業的朋友來說，會是比較困難的一件事。而高利潤、高單價的商品，則是一開始給消費者的門檻較高，更需要證明你的商品利與獨特性值得用這麼多金錢購買，才能產生消費進而獲利。

六、趨勢型商品

過往只要是打趨勢型商品的牌，不論商品是否成熟，都比較容易成功，但有愈來愈多的消費者曾經受到尚未完備的商品質量欺騙，對這類型商品產生防備之心，所以未來除了重視趨勢之外，商品本身也需具有一定的成熟度，因為只講趨勢的商品，已經不易取得人們的信任。

綜合以上六點，到底我們該如何做選擇呢？實際上最重要的，是你必須真心喜歡你的商品，如果你只是為了賺錢而販售，那熱情勢必有限，要經過重重的挑戰，對你來說並不容易，唯有真心愛自己的商品，起心動念不只是為了獲利，而是真正想做出一個能夠幫助人們解決問題的商品，才能讓自己擁有足夠的熱情與信念，做出有競爭性的商品。

創業成功的不敗祕訣：專注與堅持

而當你做出選擇後，還有許多挑戰在前方等著你，此時你所需要的，是高度的專注。我看過許多朋友東做一點、西做一點，做到最後甚麼都不是，你必要集中火力聚焦在你的產品上，如果你的產品無法成熟，就算能夠在短期內獲利，很快就會有人來複製你的做法，與你競爭，所以在獲利的同時，必須要不斷提高商品的競爭優勢，在這過程中，勢必會歷經許多辛苦的過程，此時你應該做的就是堅持到底。

行銷就是欲望，也是錢潮

當你開發出商品後，最重要的就是決戰行銷。每個人都知道行銷很重要，但卻很少人真的知道如何做行銷，事實上在規劃商品的時候，就必須把商品的行銷點考量進去，才能使商品具有利於銷售的特色，所以行銷不僅僅在曝光、廣告、文案等宣傳，也包括規劃商品過程中的各種想法與考量。

行銷一切起始於「欲望」，如果這個世界沒有欲望，就不會有行銷，而人們所有的欲望，多半是渴望讓自己變得更好。像是胖的人希望變瘦，瘦的人希望變得豐腴有曲線；賺小錢的人想賺大錢，賺大錢的人希望能快速賺到錢；逐漸老化的人希望保有青春，年紀小的人想要儘快展現成熟魅力，另外像是單身的人希望找到另一半、希望讓他人覺得自己有品味、希望讓別人對自己產生羡慕的眼光等等。

這個世界上每一個人都渴望改變，所以我們需要有某種魔法來實現客戶想要的改變，而這個魔法就是我們的產品、我們的服務、技能，這個魔法可以實現人們想要的改變，而這就是我們可以提供給人們的價值，因為我們的商品能夠幫助他改變，所以他願意付錢給我們去做這件事。

所以擁有魔法，是行銷的根本，而魔法是有分等級與威力的，愈強而有力的魔法，等同於愈高的價值。例如原本要花三個月才能達成的轉變，現在只要花三天；原本無法改善的病痛，現在能輕鬆改善；讓原本是痛苦、麻煩的事，能夠變得輕鬆簡單。

當客戶有愈強的痛苦與欲望，這個魔術能夠提供的價值，自然也就愈強。例如能治療癌症的魔法與能改善失眠的魔法，能夠治療癌症自然比改善失眠的魔法更具有價值。

但魔法有價值的前提，在於有人渴望這項魔法能帶來的轉變，例如對非癌症病患的人來說，能夠治療癌症的魔法對他們而言一點價值都沒有。因此想讓我們的魔法（商品）對客戶產生價值，我們就必須完全進入客戶的世界，理解我們的魔法（商品）能對他做出什麼樣的改變、改變能有多大。

如同上述所言，相同的魔法在不同的人身上，價值也會完全不同。例如你對已經瘦骨嶙峋的人施加減重的魔法，那不但沒有價值，還可能對這個人產生反效果。所以我們雖然擁有魔法，但不可能改變所有人，因此必須聚焦在我們的魔法可以發揮最大效益的人群，也就是他們渴望藉由我們的魔法進而產生改變。要徹底發揮我們的魔法進而獲利，就必須先找到這些人，也就是找到目標客群。

但並不是找到這些渴望你的魔法的人之後，你就能等著獲利，因為在這群目標客群中，有些人可能無法支付你所提供的價格，沒有能力換取你的魔法，所以你還必須從中找到有支付能力的人，抑或是將你的魔法分出等級，對於不同支付能力的人，可以提供不同等級的魔法。

當你找到有支付能力的目標客群後，你需要對他們描述這個魔法，因為他們必須了解你的魔法，進而產生購買的意願。換句話說，我們不可能先讓客戶使用產品後，再請客戶付錢，所以我們必須具備良好的溝通能力，要能讓客戶在尚未使用產品前，就相信這項商品能為他帶來的好處與轉變，能夠達成他想要的目標。所以這場溝通相當重要，而我通常把這樣的溝通稱為「表演」。如果你的溝通能力不夠、表演不夠精采、不具說服力，你的魔法就無法顯現出應有的威力，即使你的魔法真的相當具有價值，客戶因為無法透過你的溝通詳細了解，自然不願意付錢購買。我們甚至可以說，不會溝通，就等於產品沒有價值。

此外，無論你的商品有多好，都必須要有正確的心態，才有辦法將行銷發揮到極致，如果心態不正確，行銷很難做得好。而正確的行銷心態，可分為以下捨得心態與格局心態。

先說說捨得心態。

首先你要捨棄腦袋，聰明的人別在原地找成功乳酪。

假設在一條隧道裡中放了一塊乳酪，一隻老鼠在這個隧道裡找不到乳酪，牠會換另一個隧道去找，直到找到為止，但人們往往在這條隧道裡找不到乳酪時，還是拼命地在同一條隧道徘徊地找，始終不願意相信這條隧道就是沒有乳酪，甚至在隧道裡挖洞，看會不會藏在土裡。同樣的，如果你遇見問題，最好不要自己埋頭苦想，因為問題的原因可能出自於你，單憑你絞盡腦汁，怎麼都想不到答案。

同樣的過程，通常只會導致同樣的結果，只有試走不同的路徑，才有可能產生不同的結果，所以你要先捨棄自己過去的認知，如果你無法捨棄，即使你學得再多，也無法有效發揮，因為你仍然不願意相信乳酪在別的隧道裡，因此第一個捨得心態，就是你必須要捨棄自己過去的認知。

我有一個朋友在幫人做程式設計，雖然他有多年的經驗，成就卻仍是不高不低，於是我告訴他應該怎麼做行銷，兩年多以後，我再去了解他的情況，沒想到卻完全沒有任何改善。他跟我說，鄭老師，你說的我覺得很棒，但我這個行業實在是需要專業展示，沒辦法像你說的那樣做。在此同時，我有另一個做程式設計的學員，他沒有甚麼經驗，因此對我所講的方法非常信任，我告訴這位學員跟告訴朋友的方法完全相同，同樣兩年過去了，他妥善運用我教他的方法，收入增長超過五倍以上。

為什麼同樣的方法在兩個做相同行業的人身上會有完全不同的成效？因為我朋友經驗豐富，很難放下自己原來的認知，所以會在自己的認知上去衍伸我所說的方法，等於還是在同一條隧道中找尋乳酪，當然不會有任何改變。

有一個吳小姐是我的學員，她在大陸擁有上百家連鎖餐飲的事業，事實上她比我成功許多，而她來參加我的課，絕不是因為我比她更會做行銷，而是吳小姐的心態比我好，我也從她身上學習了很多，我發現許多知識就算她先前已經知道，她也會讓自己歸零，使自己能有最大的學習成果。而多數人往往是就算不會，也要假裝會，所以不管你今天有多高或多低的身分、地位、經歷，我希望你通通先放在一邊，才能使你有最大的收穫。

接著，你必須將他人的利益、麻煩、目標，看得比自己更重要（讓利心態）。

行銷必須要配合借力，如果無法借力，再好的行銷模式，都只是事倍功半。我之所以行銷能夠做得好，是因為我比較笨、不懂計較，將碗裡的肉都讓給別人，我只喝剩下的湯，但也因為這樣，別人都覺得他占到便宜，非常樂意跟我合作，以至於我可以快速借力，收入一年跳十倍以上。所以古人說：吃虧就是占便宜，就是這個道理。

而讓利心態也可以說是為他人著想比為自己著想來得多，有時候合作並不只限於金錢上，可能還有許多其他方面。比如公司的成長問題，或是時間不夠的時間問題，基本上要與他人建立合作關係的前提，就是要為他人著想，當我將這些問題看得比自己的問題還要重要，盡力幫對方處理，也就是捨棄自己的利益之外，還先維護對方的利益，對方自然很難跟你說No，答案就只剩下Yes。

最後，你要不重獲得，只重給予。

其實我們不是在銷售商品，我們是在給予客戶更多的價值，而且是持續地給，只要你能夠持續給予他人價值，那社會才會對你有所回報，所以凡事不要先想「得」，而是要先想「給」，不要問客戶能夠給你什麼，而是要先問你能夠給客戶什麼？你能給客戶的愈多，當然客戶回報給你的也愈多，同樣地，當你停止給予，那客戶很可能也會停止回報。

我會告訴你，不要將你的注意力集中在銷售商品上，要集中在「你能夠給予客戶什麼價值？」因為客戶不需要你的商品本身，客戶所需要的，是你能夠帶給他什麼價值，不管是在成交前、還是成交後，都是如此。

我們對商品價值的理解，是根據過去的經驗所累積得來，如果這個世界出現一種全新的東西，沒有其他東西可以比照，人們是無法理解其價值有多少的，必須要有人去對這個東西重新做定義，從不同的角度去解釋這項商品，才會產生不同的價值。所以我們就是去做這些定義，去把價值挖掘出來，如果你無法挖掘商品的價值，那客戶為什麼應該向你購買？所以說，我們就是不斷地創造價值、給予價值、讓客戶知道了這些價值之後，發現原來這是他所需要的，進而購買，所以你要知道，你必須不斷地給，並且給得好、給得巧、給得大方，這也就是捨得心態。

接著是格局心態。

行銷要成功，就必須懂得槓桿借力，而如果你沒有格局心態的話，你將很難借到巨大的力量。例如你的格局是70分，而你想借力對象的格局是90分，那他所關注的目標自然與你不同，你就很難體會到他的心態。那到底什麼是格局心態呢？

我想先從一個故事講起，在2007月11月，是我再度一無所有，重新開始的時間點，當時我做了重新開始後的第一個網站，這個網站的名稱就叫作「網路行銷大師」，你可以在Yahoo搜尋「網路行銷」這個關鍵字，我相信你應該在前幾名就可以看到這個網站。為什麼叫作「網路行銷大師」呢？因為我告訴我自己，未來我要做網路行銷大師。當然有很多人會不以為然，因為那時候我什麼都沒有，我憑甚麼說我自己是網路行銷大師呢？因為我知道，我未來將至少十年，甚至二十年、三十年都投入在這個領域裡，在這麼長的時間內，我相信我自己必能夠成為首屈一指的網路行銷大師。

或許會有人說，可是你現在還不是啊，那也是你做到了以後才說的啊……這樣懷疑的看法是有道理的，可是我當時並不會理會他人的看法，因為我知道已經沒有任何的挫折或艱難能夠阻止我成為網路行銷大師。事實上，我的認知從我下定決心要成為網路行銷大師的那天開始，就已經認為我是網路行銷大師了，不管將來外界認不認同我，已經不重要，因為從當下開始，在我的心裡已經認定自己的成就。

套用一句台灣鴻海企業（富士康科技集團）董事長郭台銘的一句名言：「阿里山的神木之所以大，四千年前種子掉到土裡時就決定，絕不是四千年後才知道。」神木之所以成為神木，是在一開始就決定了的，所以「格局」是決定在一開始你的心裡怎麼想、怎麼認定自己的成就。

設定自己是網路行銷大師的心態之後，我認為要達到這樣的成就，不是靠著過去的卓越功績，而是呈現出來的一切，是不是符合網路行銷大師條件。於是我開始學習研究許多網路行銷的知識與技巧，並且讓自己像老師一樣出來分享學習心得，即使我內心對上台感到恐懼，但我知道唯有如此，才能達成我的目標。

成功只能由成功走向成功，失敗是很難走向成功的，也就是累積每一步的小成功，邁向更大的成功。從你下定決心，要有一個宏觀的格局後開始，就是邁開你成功的第一步，接著你要製造成功、累積成功，藉以邁向真正的大成功，就如同你對自己的格局宣示一樣。所以請先告訴自己，你要成為一個成功的人，你心目中那個成功的人是什麼樣子？是不是表現要落落大方、講話得體、也可能經常上台分享、經常幫助他人？如果你平常的表現就已經是一個成功者，那你自然就擁有成功者的基本要素，而成功者的氣度儀態，必定是長期累積下來的結果。

我們一般說的成功者，可能是指事業很成功，或者在某一領域有所傑出表現的人，但如果一個人的成功與眾人無關，那這樣的成功只屬於個人。但能夠受到大眾尊重的成功者，一定有兩個特質，一是他所做的事情有益於社會，二是他的精神值得被模仿與學習。所以你必須要讓你的產品有益於社會，能夠真正幫助他人達成目標。要達到這點並不困難，只要你的產品並非欺騙人的產品，幾乎都能做到，而要讓你的精神值得被模仿與學習，簡單來說，就是奮鬥的歷程，在這些奮鬥過程中，一定有引起觀眾興趣與共鳴的要素，並且由於其中帶有正面積極的精神，能使觀眾產生學習的想法。

如果你要做一個成功者，或是已經有一定的成就，你必須要有自己的故事，而如何講出自己的親身經歷，並且能夠令人讚嘆的說話技巧，也就是成就個人品牌最重要的要素。

當你擁有正確的行銷心態後，你就需要掌握行銷的技巧，而行銷技巧的核心，首重借力，幾乎大多數成功者，都是依靠借力成功的，甚麼是借力呢？沒資金借力資金、沒通路借力通路、再向老客戶借力擴大口碑，如果擁有借力的方法與工具，那行銷將會變得很容易。

如果你想了解最新的借力行銷的技巧與工具，我將會在2014年6月14日～15日的世界華人八大明師的演講中，跟您分享各種最有效的借力行銷術，以及如何用現代化的科技工具，幫我們簡化借力的方式，不論在行銷上、經營顧客面上，或是借力各項人脈，都會變得很Easy。期待與您在八大明師的活動現場上相見！

借力酷

整合所有人脈管理工具優點

借力酷一拍就自動發信發簡訊
借力酷讓你的時間不用在例行工作 而是在成交上

THE BEST

	人脈管理軟體	名片辨識軟體	Email群發平台	借力酷
名片拍照辨識	✕ 手動輸入	✓	✕ 手動輸入	✓
輸入後立即發信	✕	✕	✓	✓
外部名單匯入	✓	✕	✓	✓
大量群發	✓	✕	✓	✓
文案範本套用	✓	✕	✓	✓
自動排程系列信	✕	✕	✓	✓
發送手機簡訊	✓	✕	✕	✓

世界華人八大明師
中華民國選派美國
Babson學院創業管
理種子大師

何建達

明師簡介

- 社團法人中華價值鏈管理學會創辦者及理事長。
- 國立中興大學科技管理研究所教授。
- 國立中興大學電子商務暨知識經濟研究中心主任。
- 國立中興大學電子商城舞興級電子商城執行長。
- 目前擔任兩個國際期刊總主編（IJECRM與IJVCM）、曾擔任1個SCI impact factor國際期刊（IJSS）特刊主編、4個EI impact factor國際期刊特刊主編。
- 曾擔任「2006年第四屆供應鏈管理及資訊系統國際學術研討會」（SCMIS 2006）大會主席。
- 名列2007年「世界名人錄」（*Who's Who in Science and Engineering,* 10th Anniversary Edition）。
- 2008至2009年曾至澳洲國立拉籌伯大學（La Trobe University）國際管理學院講學一年（於該校MBA課程教授財務管理課程）。
- 教育部及國立中興大學派選至美國巴布森學院（Babson College）學創業管理；是創業技能相關教學領域之種子師資。

■ 主要著作：*Innovation and Technology Finance*、*Crisis Decision Making*、《國際財報很好懂：從財務基礎到新舊制IFRS》、《財務管理，懂這些就夠了》、《網路行銷與電子商務》、《紫牛學通訊科技管理》等共計有十七本中英文書籍著作，並在國內外知名研討會、期刊發表過100篇以上的論文（包含10篇SSCI、8篇SCI及1篇TSSCI）。

■ 曾指導學生組成觀音嬷.COM獲經濟部「產業電子商務網營運模式創意競賽」第一名榮譽。

《國際財報很好懂：從財務基礎到新舊制IFRS》（創見文化出版）

16 未來創業者之路

何建達

創新、創意、創業的根：巴布森學院

西方教育鼓勵學生勇於嘗試，而東方教育制度則不斷提醒學生知道自己的能力和限制所在，以致許多人不敢踏出創業的第一步。

坐落在美國麻塞諸塞州，在創業學領域有極強優勢的巴布森學院（Babson College）成立於1919年，1979年從綜合性商學院改組成一所致力於培養創業者和創業精神的學校。在校的學生可以學到創業經營管理的知識，增強創業的遠見，在瞬息萬變的全球經濟中展現卓越的商業技能，實現價值創造。巴布森學院在國際上更是創業教育的重要領航者之一，在創業管理領域已連續20年獲得美國新聞與世界報導（U.S. News and World Report）最佳商學院全美第一名之榮譽排名。該校著名的畢業生有億萬富豪家得寶（Home Depot）創始人之一的阿瑟．布蘭克（Arthur Blank）、埃森哲（Accenture）前CEO威廉．格林（William Green），和Lycos創始人鮑勃．大衛斯（Bob Davis）。

巴布森學院到底有什麼魔法，能讓全校有一半的師資是公司創始人、創業家或是創投業者，且接受企業董事長、總經理指導的學生畢業五年內創業比例更高達50%？近年創業管理議題在台灣是個非常熱門的領域，本人很榮幸被國立中興大學派選至巴布森學院學創業管理，主要是以「創業思維與行動」為基礎，以期能將創業理論與想法帶進校園，為未來的創業家們奠定好更深厚的基礎。

本人在「美國巴布森學院教我的創業成功知識：世界頂尖創業教育的學習經驗」課程中除了提供當今創業精神與實務的重要理論外，還會運用很多的實際案例，讓參與學員學以致用。此課程內容涵蓋三個部分：創業思維、創業歷程及創業行動，要讓參與的學員可以深入地思考每一部分中所學到的知識，以及如何將所學的知識運用在生涯與職場上。同時與企業領導人、知名教育家互動交流，分享其創業經歷及真知灼見，絕對是世界頂尖創業教育難得的學習之旅。

0成本網路創業成功術

近年愈來愈多人因網路商店的低成本、獲利快、技術門檻低等因素，紛紛投入到網路創業的行列中。但是網路開店看似門檻低，卻並非人人都能賺錢，你有可能年營收會超過1,000萬，甚至高達20億元，然而更大的機率是年營收小於10萬，甚或沒有營收。據調查，每年約新開1萬家網路商店，但真正賺錢的比率僅25%，賺到大錢的也只有5%，平均開店兩年才開始獲利。

在本人的指導下，興大EMBA學生與廠商共同建置「舞興級（有省錢）電子商城」，以台灣製造與商品的故事性為特色，以店家的高質感與精緻度，與一般的購物平台進行市場區隔。為了讓有志於電子商務的網路創業家能清楚了解掌握住網路創業的精髓，本人在「網路行銷與網路開店」課程中傳授網路行銷與網路開店的不敗祕訣！此課程以實戰經驗為主，結合重要理論，由淺入深，通盤講解網路行銷與網路開店策劃與操作的全部過程，從如何在網路上開店、如何從事網站經營管理、電子商務行銷，到網站上金流和物流的操作，以及最新的網路行銷手法如搜尋引擎行銷、關鍵字行銷、搜尋引擎最佳化（SEO）、部落格行銷、微網誌行銷、數位直效行銷等，透過原理講授、大量實際案例討論，輔以上網實際開店操作，讓學員具備充足的專業知識來成功經營一家網路商店。

（更多關於「美國巴布森學院教我的創業成功知識：世界頂尖創業教育的學習經驗」及「網路行銷與網路開店」的說明請上新絲路www.silkbook.com查詢。）

INFO

王擎天博士親身體驗・強烈推薦

本人（王擎天）曾全程旁聽中興大學何建達教授主持主講之「網路行銷與網路開店」課程，獲益甚多！本課程最大特色便是針對網路行銷與網站建置各主題，引入知名大師與專業團隊的說法，以實際經驗，輯可操作性之大成，讓您能真正在網路上創業成功。何教授擁有學、官、產、企等各界資源，參加何教授的課程，加上之後的客製化輔導與不斷地再教育，您一定能抓住網路創業的精髓，將理論應用於實務上。大師級明師的指點，朋友般貴人的相助，敬請把握。感恩。

王擎天

世界華人八大明師
自詡為學習長的典華
幸福傳奇

林齊國

明師簡介

- 典華幸福機構創辦人。
- 僑園婚旅機構學習長
- 國際獅子會300-A2區第20屆總監。
- 第49屆遠東暨東南亞獅子年會主席
- 國際獅子會GLT MD300 Taiwan協調長。
- 國際獅子會台灣總會講師團團長。
- 台灣獅子大學首屆教育長。
- 中華華人講師聯盟首屆理事長。
- 中華民國越東寮歸僑聯合會首屆理事長。
- 財團法人亞人文化基金會董事長。

17 創業心法

林齊國

苦難中成長，人生歸零哲學

來台灣將近四十年，從一無所有的難民到創辦典華幸福機構，在訪談中最常被問到的問題就是「經營事業的訣竅」。剛開始我有些不知道怎麼回答，不就和大家一樣，努力、用心……就可以有還不錯的成果！後來自己一直想，努力用心是每位經營者必備的條件，但綜觀國內外的知名企業家，確實每位都有其獨特的風格和哲學。我不敢說自己有甚麼哲學，但也覺得自己總有一套和大家比較不同的方法，而這個方法，我想，或許就是自己不是很專業吧，所以常常懂得尊重專業、懂得尊重大家；實際上，很多人都具備成功的條件，但為什麼總是無法敲開成功的大門？或許是因為，很多人以為成功了，就忘了當初的辛苦或奮鬥，開始過著安逸享受的生活，自顧自地活在當下的成功中。大家都聽過「不進則退」這句話，就是告訴我們，在某一個當下，或許我們是走在競爭者前面，但若是選擇停留在原點，競爭者卻持續向前，無論競爭者落後多遠，因為這一次的停滯，我們都將被競爭者所超越！

然而，人最不容易的一件事，就是「看見自己」，因此，很難客觀地發現當下的停頓，齊國很幸運，在人生路上有一片明鏡，隨時給齊國最中肯的提醒，那面明鏡，就是齊國的太太；每每做事有了某種成績，外界會給予讚賞，有時自己也認為表現得還不錯，但那也是太太最擔心的時刻，擔心齊國自滿，所以就會在齊國最興高采烈的時候，提醒齊國，不要得意忘形，無論成績如何，目前的這個階段都已經結束，要開始學習下個階段的功課。所以太太常說：應該要把過去放下，把自己歸零，重頭開始。就像個裝水的瓶子，要把瓶裡原本的水倒光，才能裝進不同的東西。若你問齊國，怎麼樣才能在事業上求新求變，齊國的分享是：**秒秒歸零**。

動盪人生，從零開始

從外地來到台灣，很多人以為齊國是帶著大批資產來的華僑，有自己的事業也不奇怪；齊國在香港出生，當時的香港已經很繁榮，看似機會多，但競爭也非常激烈，謀生其實並不容易，競爭太激烈，父母親因為沒辦法在那邊生存，只好到十分落後的寮國，希望能夠找到生存的機會，經過一段胼手胝足的時間，最後總算穩定下來。

回頭思考父親的這個決定，雖然已經無法從父親口中得知，身為一家之主的他在做這個決定時有過哪些考量，但從現代的觀點來詮釋，可以說，父親看似把我們全家帶往一個窮困的地方，但其實，尚在開發中的國家或許就是一片藍海！沒有人去，競爭就少，若是一窩蜂去大家嚮往的地方，像當時的香港，就是一片大紅海，我們就難以生存。

說藍海是個比喻，並非當時有了什麼創業的門路，在寮國也只是靠經營小雜貨店，養活我們一家。一家人在寮國安穩的過日子，好不容易我從學校畢業，也因為是印刷科班出身，所以受聘在寮國印刷廠擔任廠長，想著整個家終於可以穩定，父母也可以輕鬆些了，沒想到，1975年寮國淪陷，情勢開始變得很詭譎，也不曉得日後會是什麼狀況，於是，和父親商量後決定逃到台灣來，雖然我們在寮國並不富裕，但總算是安定，這一逃，雜貨店沒了、那份人人稱羨的工作也沒了，等於是被逼著歸零。

父親年邁，母親也要照料都還在念書的弟妹，我必須扛起整個家，沒有時間埋怨，更不能對過去的生活念念不忘，唯有放下過去的一切，馬上打起精神重新開始，才能夠照顧好這個家。

當年逃出寮國，在泰國難民營等待救援時，其實可以選擇到福利比較好，當時也比較先進的歐美國家，只是我們想，歐美國家福利雖好，我們在那兒卻永遠都是外來人，但是在台灣，經濟才剛起步，相信可以和大家有平等的權利，也可以在相同的基礎上競爭；台灣也是齊國生命中的一片藍海，這一次次的選擇，我們都像是走在人煙罕至的小徑，但也從這些過往的歷程中體會到，要相信自己的每一個決定，勇敢的往前走，才能夠走出一條屬於自己的寬廣道路。

從外行出發，開創婚宴藍海

來了台灣以後，辛辛苦苦建立一個家庭，也在因緣際會下踏入餐飲業，漸漸的開創出屬於自己並穩固發展的事業。

進入餐飲服務業大概十年後，我們也在思考要怎麼樣才能更上一層樓，於是我們開始觀察，看看還有哪項服務沒有專業去做，於是我們看見了典禮這個領域，尤其是結婚典禮！

我們當然知道古今中外都有業者在辦結婚典禮，但是有沒有專業去做呢？我們回想看看，以前結婚宴客，都是在餐廳的一區或者飯店裡面有個空間，新人就在那邊擺喜宴，和一般聚餐沒兩樣。當時也沒有像現在有Wedding planner專人企劃，或者有聲光效果來營造現場的氣氛，這樣，怎麼能夠把焦點都聚集在新人的身上呢？所以我們就從這方面去著手，決定轉型做喜宴。

這十多年來，我們也不斷轉型，從零開始學習。在這樣快速的網際網路時代，歸零的速度更要快，以前一種產品可能可以賣個兩三年，但是現在我們的產品是否能存在那麼久？看看柯達軟片的例子，它的產品銷售了很長的一段時間，但當數位時代來臨，它沒有跟上改變的腳步，也只能黯然消失；我們再看Nokia，最風光的時候市占率相當高，但是對自己的產品太有自信，即便在很多年前Nokia就已經有觸控技術，卻因為捨不得放下當時的成就，錯過了智慧型手機的潮流，在2013年宣布倒閉。所以我們必須看到這些危機，也要時時檢視自己有什麼危機。

投入喜宴的領域對齊國而言，也是另一次的藍海策略，因為沒有人專業地去做，我們就全心投入，認真地把這件事做好，站在新人的觀點出發，思考消費者真正需要的是什麼。齊國是餐飲的門外漢，也從沒學過什麼經營管理，若我經營的事業能有還不錯的成績，都是因為能夠站在消費者的觀點出發，當我們真正了解到消費者的需求，設計出符合需求的產品，那麼，就和Apple的iPhone一樣，不需要任何的銷售技巧，大家就會爭相來購買！

以身作則是企業經營之道

產品是一個面向，公司的管理又是另一個面向，如果董事長、學習長或者總經理自己以身作則的話，其實就很好管理，家庭也是一樣，如果父母親沒有以身作則，一時言行失準，都可能會影響到小孩。現在我們已經不能用命令式的方式管理，而是要讓彼此都理解現在的狀態，以及「我們這麼做，會為彼此帶來什麼價值」，當同仁認同之後，就會全力以赴去做。

所以我們希望為典華樹立為一個雙品牌！第一是公司的品牌，第二是我們同仁的品牌。對外，以企業的品牌來說，我們希望把所有的典禮做得更精華；對內，我們每位同事包括公司的股東和齊國自己，都要從自己做典範，讓社會因為你我他，會更好。

有夢勇敢追，人生不畏苦

前半生這段顛沛的經歷，讓齊國在遭遇往後的挑戰時，都能平靜的面對和處理，齊國將這段顛沛的人生，視為生命中最寶貴的歷程，也從不吝於分享；有一次，在中國生產力中心舉辦的「企業第二代研習課程」分享了這段故事，課後，一位學員來交換名片，然後說：「林學習長，您顛沛的人生和歷練，讓您有更強大的能力來面對這些問題，就和我的父親一樣，因為環境的困苦考驗，成就了今日的您們！我們作為人家口中的第二代，也很努力在學習，但我們現在的生活畢竟不像以前那樣，我們確實是生在一個比較富足和安定的年代，沒有顛沛的人生，要如何才能獲得像您們這樣的體會呢？」

曾經齊國也和孩子討論過這個問題，當時齊國告訴孩子，要自己「找苦吃」，年代不同，生活環境不同，也沒在打仗了，我們無法要求這些年輕朋友走和我們相同的路。但是，要怎麼樣磨練自己的心性，全靠自己磨練自己。齊國的孩子某天對我說想買台代步車，孩子當時已經工作好幾年，有能力負擔自己理想中的新車，對於自己喜歡的車，也做了很多功課和比較，齊國聽完後和孩子分享，不見得要買新車，既然是代步，可以先買台二手車……當然孩子剛開始有些不理解，然後經過一番討論，孩子同意先買台二手車。後來齊國和孩子分享，這有點像是爸爸說的「自找苦吃」，逼著自己去過更簡單的生活，潛移默化中，價值觀也會有所不同，對自己也是種修煉。

也曾遇到很多年輕朋友說，以前的年代白手起家比較容易，覺得自己所處的年代很競爭。但齊國認為，每個年代都是一樣的，每個年代有每個年代辛苦的地方；每個年代有每個年代創造機會的地方。現在的快速時代，也代表快速被淘汰的時代，其實很多產品的週期很短，可以瞬間爆紅，也在下一個瞬間消失。現在的時代，似乎只要有想法，就能輕鬆創業，但，現在我們談創業，不可以只有天馬行空的想法，更重要的是實踐的動力和堅持。要把整個生命投入自己的事業，不能為自己留下太多退路，學習捨去一些享受，其實我們得到的會更多！當你走在創業的道路上，若別人不做的事情，我們放下身段、放下心段去做，其實成功就在眼前！

理性平和，婚姻永恆秘訣

最後，想和大家分享，人生除了事業之外，累積家庭幸福也格外重要。其實我們要經營好企業之前，最重要是要經營家庭，只要家庭幸福，社會各方面也一定會變得很好。

討論經營婚姻，先要談一個很重要的概念，就是「選擇」，我們如何選擇？包括選擇婚姻、選擇事業、選擇未來，不能貪一時的便宜，不能說總是想要走捷徑，其實容易得到，也會比較容易失去，所以我們應該怎麼樣選擇一條適合自己的路呢？齊國就從選擇太太開始，選擇一位真正能照顧家庭、教養子女的對象。

反觀時下年輕人，感性的選擇，只要喜歡就可以了，沒有深刻的了解彼此，等到結婚後才看缺點、不停挑剔抱怨。所以我們提倡，結婚前要張大眼睛看清楚彼此適不適合，別只是一時被愛沖昏了頭，而是要做出最理性的選擇；結婚後要感性的相伴，所以我們的企業有句Slogan就說：理性的選擇，感性的相伴。這是企業對新人的祝福，也是對企業同仁的期許，期許典華同仁陪伴新人走在籌備婚禮的道路上，能夠理性的和新人分析各項得失利弊，給予新人最專業的建議；然後像家人般，以感性、溫暖的心，陪著新人一起完成夢想中的婚禮。

從顛沛的人生談到創業，再談到齊國對經營家庭的想法，期許能讓您有所獲得！

Part II
站在巨人的肩上

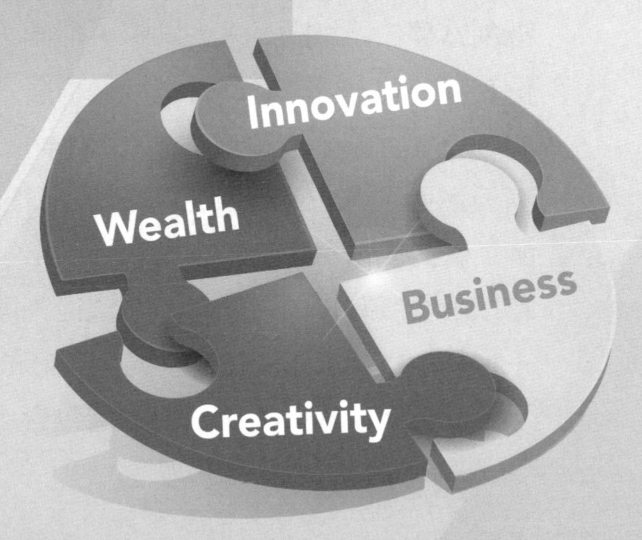

18 明師能帶給你的，不只是一本書

近年來感於一個觀念，可改變一個人的命運；一個點子，可創造一家企業前景。許多的創業者可能只需要一個啟發、一項資訊，就能發展出宏偉的事業。然而面對創業的艱難、創富的迷惘，我們總是想尋求一個告訴我們如何做的答案，希望找到一雙願意對我們伸出的援手，現在，你的機會已經到來！

為了提昇企業經營的創新與創意層面，透過產品創新與創意培訓的發想，配合創意行銷模式的導入，以達成經營績效的提昇，中華華人講師聯盟、社團法人中華價值鏈管理學會、亞洲創業家大講堂、香港創富夢工場集團、采舍國際、造雨人企管顧問有限公司、零阻力股份有限公司、松炎網路行銷等機構將透過共同主辦的「世界華人八大明師＆亞洲創業家論壇」，在2014年6月14日（六）和15日（日）這兩天邀請了八位有實務經驗、演講經驗、舞台魅力和實際績效的明師，針對「創意・創業・創新・創富」主題提供自己的所學、所察，藉以啟發所有具創業夢想、希望從失敗中站起的創業家們，給予各位一把開啟成功未來的鑰匙，共創美好的前景。

此外，在二天的活動中，還包含「頂尖創業家論壇」，這項活動將邀請兩岸成功的頂尖創業家齊聚一堂，暢談其成功之鑰，給台灣的朋友們注入更多的啟發和信心，以增進國人軟實力。這場盛會上要提供的，就是「巨人的肩膀」，讓參與者皆有機會站在成功者的肩上，看到自己更高、更遠的可能性，並且能夠真正地實踐，代表台灣站在世界的舞台上。

此活動將分三種席位，分別為「VIP頂級贊助席」、「鑽石VIP席」、「2F高瞻黃金席」，提供不同需求的創業階段之選擇。至於三種席位的差別，可見本文最後的「課程大哉問」，或洽新絲路網路書店www.silkbook.com。

名師易有，明師難得

是怎麼樣的明師，能夠站上這次的舞台，與眾多背景不同、需求不同的創業者們談論自己的心得呢？要有真材實料、要拿出看得到的成績、要對這次演講的主題有深入的研究，光有這些還不行，還必須要能站在台上，針對與會人員的提問，給予最中肯的回覆與建言。

為了提供最頂尖的明師，大會特請**「采舍國際集團」**、**「創見文化出版社」**、**「王道增智會」**、**「中華華人講師聯盟」**共四個單位評選小組以最嚴謹、慎重的態度，共同商討出遴選制度與邀請原則，依照占分比例一一比序，透過此機制，產生最貼近創意·創業·創新·創富主題，且能將理論與實務完善結合的演講者與實業家。

以下是八大明師的評選標準：

評選要點	相關內容	占分比
實務經驗	◆ 國內外著名企業界高階主管或經營者。 ◆ 具專業領域傑出才能者。 ◆ 曾創辦公司或平台，具成功創業經驗。 ◆ 專業顧問公司或培訓公司之講師。 ◆ 具文創產業相關背景。 ◆ 理論知識豐富，並具實務應用經驗。	15%
演講經驗	◆ 演講與教授課程場數逾百場。 ◆ 具大規模（200人以上）公開演講經驗。 ◆ 具有相關主題講授經驗。 ◆ 善與傑出講師合作，開闢多元主題。	20%
舞台魅力	◆ 熟諳授課技巧。 ◆ 具教學熱誠，演講具互動性。 ◆ 能善用實體與虛擬教材授課。 ◆ 演講方式生動活潑，具實質內容。 ◆ 口齒清晰、台風穩健，不冷場、忘詞。 ◆ 用專業深入觀察所處產業，經過統計整合加以彙整傳授。 ◆ 因應主題與時事不斷更新演講內容。 ◆ 創意滿點，杜絕陳腔濫調。	20%
實際績效	◆ 掌握成功學關鍵KPI，並有實際演講及授課經驗。 ◆ 有多本出版著作，具暢銷作家身分。 ◆ 備有完整授課架構教材。 ◆ 具十年或百場以上培訓經驗。 ◆ 擁有與大會主題相關之證照及資格認證。 ◆ 獲國家級機構認證。 ◆ 演講／授課後學員有實際收穫及回饋。	25%

學歷與理論基礎	◆ 具博士以上或同等學歷。 ◆ 掌握創業學、創富學等理論基礎。 ◆ 邏輯清晰、理論紮實。 ◆ 結合所學與經歷，有系統的研究並創造出結果。	20%

而由於創業創富論壇的性質較偏重實務經驗分享，與會企業家的邀約原則與八大明師的評選方式、重視的特質均有所不同，為了因應本次大會主題：創意・創業・創新・創富，邀請原則大致可分四大類：

1. 實務經驗：

   舉凡具有成功經營跨國企業經驗者、曾創業失敗，但重新再起創造更高成就者、有獨特獲利法則並受到各界肯定視為指標者、投資獲利實務經驗豐富、曾獲企業家相關獎項、著有多本著作的知名企業家等。

2. 人脈資源：

   善於經營、擴大人脈關係、具有效的人脈口袋名單、具有人脈運用經驗、樂於提攜後進，引薦資源等。

3. 具體成績：

   掌握創意與創新的關鍵，並有實際佐證、具前瞻性，能掌握趨勢、曾創立、從事、資助、推廣文創產業、在各領域有專業傑出才能者等。

4. 人格魅力：

   創業論壇的主旨為分享，無論是創業經驗、創意發想、致富訣竅、領導格局，與會企業家們是否能發揮親和力，不怯場、熱情的主動與他人分享經歷與想法，和台下與會學員交換心得，共同激盪出新的發想與創意、甚至更多嶄新觀點，面對學員的提問，能傾盡知識，應答如流，產生良好互動。

透過這樣的評選標準與邀請原則，最終產生了在其專業領域有傲人的成績、同時也在評選分數中獲得高分的八位明師（依出場順序）：

1. 華人世界非文學類暢銷書最多的本土作家　**王擎天**
2. 亞洲創業家大講堂創辦人　**張方駿**
3. 人脈經營大師　**沈寶仁**
4. 創業者培訓系統華文總代理暨總培訓師　**許耀仁**
5. 雲端行銷高人　**張淡生**
6. 網路行銷借力致富專家　**鄭錦聰**
7. 中華價值鏈管理學會創辦者及理事長　**何建達**
8. 自詡為學習長的典華幸福傳奇　**林齊國**

他們的成功可以帶給你什麼？

一、八大明師各有所長

1. 王擎天：

王擎天博士畢業於台灣大學經濟系、台大經研所，更擁有美國UCLA MBA、UCLA統計學博士學歷。學成回國後，踏入補教界，當時便以「借力」的方式打響名號，成功創造一年上千萬的收入。補教界是晚間與假日授課，其餘時間便拿來開創自己的文創相關事業，後因感不斷重複地教同樣的課不會再讓自己有更進一步的成長，便不再教授升學補習班。跨入成人培訓領域，同時努力耕耘事業，以「平台式經營模式」成功在兩岸三地建構起企業版圖，同時也到處遊山玩水，享受人生。現任蓋曼群島商創意創投董事長、香港華文網控股集團、上海兆豐集團及台灣擎天文教暨補教集團總裁，並創辦台灣采舍國際公司、北京含章行文公司、華文博采文化發展公司。為台灣知名出版家、成功學大師和補教界巨擘。

他透過獨創的「統計成功學」與「ARIMA成功學」享譽國際，被尊為當代的拿破崙・希爾（Napoleon Hill）。深入研究「LT智能教育法」，並榮獲英國City & Guilds國際認證。

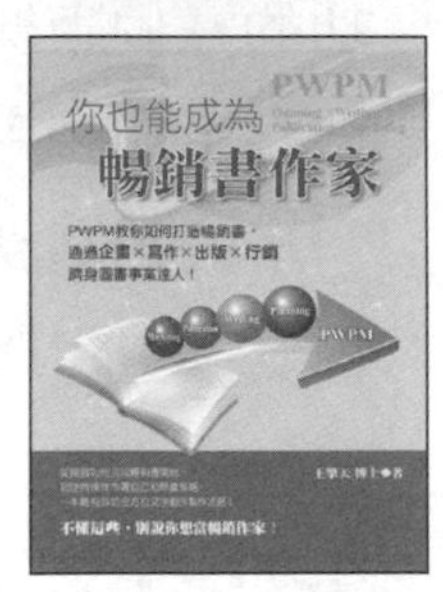

撇開豐富的學經歷不談，王博士更是現代知識的狩獵者，平日極愛閱讀、也熱愛創作，是個飽讀詩書的全方位國寶級大師。雖然主修數理與經濟學，對文史社科均有極大興趣，每天晚上11點到凌晨2點，為了鑽研歷史與經管等社會科學，不惜犧牲睡眠。勤學之故，家中藏書高達二十五萬冊，並在行銷、歷史、創意、教育、科學等範疇都有鉅著問世。著有《賽德克巴萊——史實全紀錄》、《反核？擁核？公投？》、《王道：成功3.0》、《懂的人都不說的社交心理詭計》、《讓貴人都想拉你一把的微信任人脈術》《四大品牌傳奇：柳井正UNIQLO等平價帝國崛起全紀錄》、《你也能成為

暢銷書作家》等近百種暢銷好書。

除了書寫，他也是最受學生歡迎的國寶級大師，首創的「全方位思考學習法」，已令六萬人徹底顛覆傳統填鴨式教育，成為社會菁英。在課堂上，學生最愛聽他講的歷史與管理類的小故事，其獨到的見解總是令學生意猶未盡，幾乎忘卻這是一堂數理課程。其口語傳播能力與舞台魅力絕對無庸置疑。

王博士花了三年時間研究美國哈佛大學Case study創業系統，總結出「成功創業的Business model八個版塊」，在「世界華人八大明師＆亞洲創業家論壇」中，他將透過此主題，為與會者帶來全新的商業思維，不吝惜分享自己成功的創業與創業成功的關鍵。

而在此演講大會中，王博士將針對創意創業如何成功的八個版塊一一闡述、做完整的交待，而與會者若想更加深入了解這八個版塊的內容，後續還有進一步的相關課程將陸續推出（凡由王博士主講之課程，「王道增智會」之會員均可免費參加），期待與創業家們有更進一步的交流與知識傳遞。

另外，王擎天博士於十多年前一個奇妙的機緣，在熹平石經出土處附近獲得了失傳已久的兩部比《周易》還要古老的《易經》：《連山易》與《歸藏易》之古孤本。進而於十年前開始潛心研究，十年磨一劍！即將於2014年易經研究班中，發表與眾不同、觀點獨到的研究成果，敬請拭目以待。

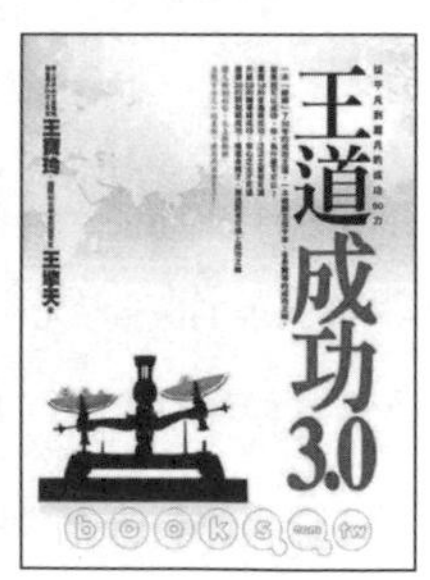

2. 張方駿：

張方駿為造雨人企管顧問有限公司與造雨人（中國）商學院總經理，更是亞洲創業家大講堂創辦人、中華兩岸講師智庫認證講師，同時也是ANLP與國際NLP學院認證之執行師，在企業培訓方面有獨門心得與相當豐富的經驗，對行銷有深入研究，並熟知「攻心」的行銷法。透過他的演講主題「CEO每天必做的七件事」，可讓創業家們一窺成功者日行的功課，了解CEO在為公司做出決策前所需具備的能力，進而起而效尤。

3. 沈寶仁：

人脈經營大師沈寶仁在身兼陸保科技行銷有限公司執行長的同時，也是位人際網絡經營專家，曾獲《工商時報》、《經濟日報》給予「人脈達人」稱號，更被城邦出版集團稱為「人脈經營大師」，其所發明的名片管理方式，榮獲國家發明專利的創業家（發明第I401579號）。在人脈就是錢脈，也是企業命脈的時局中，沈寶仁掌握了成功的絕對要素。其著作豐碩，包含《數位文件管理達人》、《人脈經營寶典》、《My Book：我的8頁品牌書教學寶典》接受到大量好評與回想，另有《知名鍍金術——擦亮別人看你的眼》專題演講DVD，提供學習者更實地的人脈傳授經驗。其在「世界華人八大明師＆亞洲創業家論壇」中，將傳授「EMBA 沒教的貴人學」，揭露持續創造貴人的關鍵因素，並進一步創造貴人圈，以ABC黃金人脈心法為自己廣結人脈、累積貴人資源。

4. 許耀仁：

羅傑．漢彌頓被譽為是全球知名度僅次維珍（Virgin）集團執行長的成功創業家，而零阻力（股）公司總經理許耀仁便是羅傑．漢彌頓的【財富原動力】【財富光譜】創業者培訓系統的華文總代理暨總培訓師。他對創業心法了解透徹，並累積相當多的實務經驗。此外，他不僅是【天賦原動力】大中華地區總培訓師，也是【獲利世代】大中華地區共同開發夥伴。著有暢銷書《零阻力的黃金人生》，並譯有《失落的致富經典》、《和諧財富》、《瞬間啟動財富力》等書。

透過他的演講主題「創富GPS——如何找到你創業創富的『成功方程式』」，與會者可以了解創業／創富者80％最後迷失方向的原因，並學習到接受任何創業／創富機會前，須先釐清的三大要素，進而找出自己的「成功方程式」與創造財富的最低阻力路徑，規劃出創富策略的完整藍圖。

5. 張淡生：

行銷高人張淡生為現任南山人壽保險公司處經理，是亞洲八大名師，也是中華華人講師聯盟（2006-07年）創會會長。也因其演講魅力，具備多重講師身分，並曾應邀2500場以上的演講，對象涵蓋政府機關、學校、工會、扶輪社、獅子會等社團，也曾為數百家企業進行培訓。過去曾接受TVBS小燕有約、民視晚間新聞精算大師、中視、中天綜合台、GTV電視、中廣、中央、寶島、台北之音、警廣、全民、教育、台北電台等媒體專訪。著作豐碩，包括《超速成功50招》、《美麗人生手札》、《今天的賽局》、《張淡生的創意行銷》（新華書局新書排行第五名）、《2009年陽台上的人》（14人合著），也發行《贏家講堂》、《優者勝出》、《留住成功》、《不凡不煩》等有聲書。

他的演講宛如行雲流水，緊湊的說話速度不但會加速聽眾的心跳，還會帶動人們的情緒。只要三小時，就能帶給聽眾六小時的收穫，而他所講的每個小概念，都可以延伸成為數個大觀念，帶給人莫大的衝擊。更重要的是，他的每個問句，都會讓人想要點頭Say Yes！在「世界華人八大明師＆亞洲創業家論壇」中，他將透過十個要點講授「建立一流自信與魅力」主題，讓與會者皆能親自感受張淡生的舞台魅力，並學習到「行銷自己」的關鍵訣竅。

6. 鄭錦聰：

松炎網路行銷總經理鄭錦聰擁有獨到的「網路行銷」見解與方法，為台灣SEO（搜尋引擎最佳化）第一人。曾任鴻海遊戲金幣創辦人、中華軟協97、98網路行銷顧問師、青創會圓夢計畫顧問，更是世界網際網路高峰會邀首邀台灣代表。其著作《網路印鈔術》銷售逾萬冊，受惠於其「借力行銷學」而成功之學員多不勝數。而在本次大會中，他便是要講授「出人頭地的創業秘密：借力行銷學」，希望啟發更多學員透過「借力」的方式開啟成功之路。

7. 何建達：

社團法人中華價值鏈管理學會創辦者及理事長何建達是國立中興大學科技管理研究所教授，也是國立中興大學電子商務暨知識經濟研究中心主任。目前擔任兩個國際期刊總主編（IJECRM與IJVCM）、曾擔任1個SCI impact factor國際期刊（IJSS）特刊主編、4個EI impact factor國際期刊特刊主編，以及「2006年第四屆供應鏈管理及資訊系統國際學術研討會」（SCMIS 2006）大會主席。其曾名列2007年「世界名人錄」（Who's Who in Science and Engineering, 10th Anniversary Edition）。

在2008至2009年間，曾至澳洲國立拉籌伯大學（La Trobe University）國際管理學院講學MBA課程教授財務管理課程一年。曾被教育部及國立中興大學選派至美國巴布森學院（Babson College）專程學創業管理，是創業技能相關教學領域之種子師資。

曾指導學生組成觀音嬤.COM獲經濟部「產業電子商務網營運模式創意競賽」第一名榮譽。

其著作有*Innovation and Technology Finance*、*Crisis Decision Making*、《財務管理，懂這些就夠了》、《網路行銷與電子商務》、《紫牛學通訊科技管理》、《國際財報很好懂》、《從財務基礎到新舊制IFRS》等共計十七本中英文書籍，並在國內外知名研討會、期刊發表過100篇以上的論文（包含10篇SSCI、8篇SCI及1篇TSSCI）。

何建達將以其專業講述「萬變不離其宗——如何找創新、創意、創業的根」，不僅提供當今創新、創意、創業的重要理論，並將首度公開十個創意創新具體發展方向及做法，讓與會者能真正的「學以致用」。

8. 林齊國：

林齊國白手起家，一手打造自己的婚宴產業王國，現為典華幸福機構與僑園婚旅機構學習長，平均每年為萬對新人打造幸福婚禮。除此之外，他也是國際獅子會GLT MD300 Taiwan協調長、國際獅子會台灣總會講師團團長、台灣獅子大學首屆教育長，並任第49屆遠東暨東南亞獅子年會主席、國際獅子會300-A2區第20屆總監、中華華人講師聯盟首屆理事長、中華民國越柬寮歸僑聯合會首屆理事長、財團法人亞人文化基金會董事長。

對於創業，他自有一套獨特的「創業心法」，並將於「世界華人八大明師＆亞洲創業家論壇」中與所有與會者分享，以期帶給諸位創業者新的創業思維。

二、亞洲創業家論壇與會企業家是最好的良師（以下與會名單為暫定，若有更動將及時於官網公告）

1. 馬化騰：

馬化騰為廣東深圳騰訊公司現任董事會主席兼執行長，於1998年11月創辦騰訊電腦系統有限公司，其公司代表作為騰訊QQ，是在中國大陸範圍內影響力最大的個人區域網絡即時通訊軟體之一，外界多稱他為「QQ教父」，2013年登上富比士中國富豪榜第1名，是創業家的成功典範。

2. 游祥禾：

游祥禾為禾福田企管顧問有限公司執行長，也是緣果文創有限公司首席顧問。授課、演講經驗豐富，對象包括企業集團、金融保險與政府單位，也擔任北京大學企業選才、兩岸海峽青年聯歡、北京清華大學人生規劃、文化與實踐大學教育推廣中心的自我認識與識性選才講師。為今周刊「人生使用手冊」專欄作家，著有《愛要怎麼做：慾望八字學》。

他常期研究人類行為與慣性領域，融合西方心理學與東方哲學，內化自創生活觀察法。教人看懂人格特質找出動機（想法），從自身做起（行為），才能發揮影響力、展現個人魅力，啟動成功模式（結果）。

他也是夢想的實踐家，對於傳遞正向能量及文化思維充滿熱情，累積一對一諮詢人數達六萬多人，學生人數超過三十萬人，結合統計學以及現代人類心理學，條理清晰，風格詼諧幽默。

3. 黃禎祥：

現任台灣成資國際股份有限公司總經理，曾任新加坡成資集團／新智國際台灣區總經理。為台灣彼得杜拉克社會企業創辦人，擔任《經濟日報》「杜拉克新講專欄」與《Career就業情報雜誌》專欄作家。27歲那年成為單週億元業績的房仲銷售員，正值人生高峰卻投資失利，導致負債累累，在大徹大悟之後，受到友人的幫助，開始在香港以業務工作發跡，並受邀到新加坡演講。

生活條件逐漸優渥的他，卻不甘於奢華卻平淡的生活，也希望能夠改變誰的一生，於是在因緣際會下回到台灣，開始進行行銷企管、潛能開發的工作，舉辦企業顧問與管理訓練課程，並引進世界級的大師如《有錢人想的和你不一樣》作者哈福．艾克（Harv Eker）、世界第一潛能激勵大師：安東尼．羅賓、世界暢銷書《心靈雞湯》作者：馬克．韓森等人的演講，舉辦許多企業顧問及管理的訓練課程。他除了是中華領袖知識經濟關懷協會理事長、華人知識經濟教父，也是台灣培訓界的領航者，並著有致富奇書《當富拉克遇見海賊王——草帽中的財富密碼》。其經歷之豐富、成果之豐碩，必能為與會創業家帶來莫大收穫。

4. 林村田：

曾是全虹通信創辦人的林村田，當他賣掉全虹決定提早退休後，才發現自己並不適合「賦閒在家」、過著清閒的退休日子。於是他接手當時搖搖欲墜的台灣大車隊，從通訊業跨足運輸業，他的商業頭腦轉得相當快，不但重整了整個車隊，並積極轉型，有別於其他車隊業者將司機繳交的會費當成主要收入，造成司機不滿、間接使得服務品質降低，他將格局放大，把計程車當成通路業經營，並導入科技化、紀律化、優質化管理，將司機當成公司的重要資產，用心了解司機的需求，當司機的需求被滿足，相對的就能提供更高的服務品質。當其他同業業績萎縮時，他的企業逆勢成長，十年間規模已發展到原有的12倍之多，震撼業界。

台灣大車隊在林村田的帶領下，於2013年成為台灣第一家上櫃掛牌的計程車公司，同時也創了全球計程車業的紀錄。他的成功經驗，吸引很多創業者的學習與學者研究，還成為哈佛大學的教案。他的經營策略與遠見，絕對值得創業家們深入探究。

以上世界知名華人創業家典範將於活動第一天的「亞洲創業創富論壇」活動接受與會者現場的Q&A分享交流，與會者可以親眼目睹兩岸創業家的風采，領略成功企業家的思維，達到理論與實際互相印證的效果，快速搭上創業創富的子彈列車。（註▶大會保留變通更改創業家論壇與談嘉賓人選之權利。）

有這些好處，才敢讓創業家來參加

在為期兩天的活動中，與會者將能學到世界頂尖CEO每天都在做的七件事，學到哈佛大學Case Study成功創業的八大板塊，學到美國創業管理排名第一的巴布森學院的最新創業課程，學到多元創意行銷模式的導入和產品創新和創意的發想，學習創富GPS與EMBA沒教的貴人學等。兼具理論和實務層面，只要兩天，就能一次擁有創業創富所需要的態度、知識和技能，也能同時吸收不同領域和專長的明師經驗和智慧。除了能將知識技能學以致用，創業創富。透過明師的經驗，更能減少自行摸索的時間和金錢，避免踏入誤區，加速成功的到來。

此外，凡參加的學員皆可憑票券兌換到價值5,000元到10,000元以上的實用贈品。VIP頂級贊助席與鑽石VIP席的與會者更可享有售後服務，八大明師藉由課後服務，能夠成為與會者人生的導師，學員可至少擇一明師成為最佳的教練與生命中的貴人，從此能站在巨人的肩上，不再艱難地獨自奮戰。

而在課程結束之後，所有的學員憑票券序號可享有（主辦單位與王道增智會等）相關課程一折起之報名優惠，物超所值！

最後，人脈等於錢脈、也等於命脈，在兩天的活動中，可以一次結識近千位各行各業的菁英，和一群熱愛學習的朋友，將有許多機會拓展你的人脈網絡，也許生命中的貴人就在這兩天課程中出現，這些都是坊間創業創富課程無法一次帶給你的價值和幫助。

本活動講師陣容龐大多元，華人八大明師加多位頂尖創業家，如此千載難逢的機會你怎能錯過呢？

課程大哉問

Q：課程的時間、地點為何？

A：時間為2014年6月14（六）、15（日）日，第一天活動時間為早上8：30～晚上9：30；第二天為早上8：30～晚上6：40。地點為龍邦僑園會館（台北市北投區泉源路25號，近捷運新北投站）。

Q：到達會場的交通方式為何？

A：◆ 接駁車資訊：

龍邦僑園會館提供接駁車往來北投捷運站與會館之間，可免費搭乘，接駁車等候位置在北投捷運站唯一出口右側，於北投捷運站每小時整點出發，龍邦僑園會館接駁每小時50分出發。而若要搭乘接駁車，請於前30分鐘來電預約，預約專線：（02）2893-9922 分機6102。

◆ 公車：

1. 搭乘【218】號公車於【新北投站】下車，選走泉源路
2. 步行約 200 公尺可至本館，或轉乘【230、小7、小22】號公車於華僑會館站下車。

◆ 高鐵及台鐵：

搭乘台灣高鐵及台鐵，請於台北站下車，轉乘捷運淡水線至北投站，可於北投站下車，預約會館接駁車至會館，或於捷運北投站內轉乘至新北投站之捷運至新北投站下車，選走左前方泉源路步行約200公尺即可至會館。

◆ 捷運線：

搭乘【淡水線】至【北投站】下車，至往【新北投站】方向的月台轉乘至【新北投站】下車，步行約200公尺即可至本館，或轉乘【230、小7、小22】號公車於華僑會館站下車。

◆ 自行開車：

1. 經中山高：經林口收費站，過五股交流道靠右走高架道路（18標）從士林下橋靠左迴轉至環河北路→洲美快速道路（往北投）→大業路走到底（新北投捷運站）→左轉泉源路。
2. 經北二高：新店安坑交流道下，右側往台北指標上橋直行→環河路→環河快速道路→水源快速道路（往士林北投）→洲美快速道路（往北投）→大業路走到底（新北投捷運站）。

◆ 往來交通：

1. 從松山機場至飯店約45分鐘。
2. 從桃園機場至飯店約1小時。

Q：席位與票價的差別為何？

A：1. VIP頂級贊助席（限量20名）：19,800元。
2. 鑽石VIP席：9,800元。
3. 鑽石VIP席 （買2席送1席）：19,600元 （共三張票） 。
4. 2F高瞻黃金席：6,800元。

Q：要如何報名？

A：請線上報名，新絲路網路書店報名網址：www.silkbook.com

Q：大會的席位分三種類型，其權利義務各有什麼不同呢?

A：1. 售後服務：

除了三種等級的票券都享有（主辦單位與王道增智會等）相關課程之優惠外，VIP頂級贊助席與鑽石VIP席享有售後服務，而VIP頂級贊助席享有售後服務的優先權。

2. 座位：

VIP頂級贊助席座位於1樓最前排，有頂級桌椅供使用，且座位較為寬敞舒適。鑽石VIP席座位同樣於1樓，有座椅但無桌子，座位空間不若頂級贊助席般寬敞。2F高瞻黃金席座位於2樓座席，與八大明師、與會實業家的座席距離最遠。

3. 餐點：

VIP頂級贊助席享有與八大明師、論壇嘉賓同桌（圓桌餐）共同享用三餐（6/14中、晚餐及6/15中餐），鑽石VIP席可享用大會提供的精緻餐盒（6/14中、晚餐及6/15中餐）。2F高瞻黃金席三餐則須自理。

4. 贈品：

VIP頂級贊助席與鑽石VIP席活動當天可憑入場票券兌換價值萬元以上頂級贈品乙份，2F高瞻黃金席可憑入場票券兌換價值伍千元以上超值贈品乙份。

5. 學習機會：

VIP席可於亞洲創業家論壇時提問，並與八大明師、與會創業家們互換名片，2F高瞻黃金席僅可旁聽，無法親身參與提問。

Q：若購買VIP券，能享有什麼特別的禮遇？

A：1. VIP頂級贊助席：

憑本票券享有售後服務優先權及（主辦單位與王道增智會等）

相關課程一折起之優惠。且座位於1樓最前排頂級桌椅座，與八大明師、世界級創業家們比鄰而坐！兩天活動中，可與八大明師、論壇嘉賓同桌（圓桌餐）共同享用三餐（6／14中、晚餐及6／15中餐，素食或特殊需求者請先通知大會），面對面交談交流並交換名片，合照並拓展人脈。此外，活動當天憑入場票券可兌換價值萬元以上頂級贈品。並可於亞洲創業家論壇時提問並尋求一對一之客製化服務。

2. 鑽石VIP席：

可享用由大會提供的精緻盒餐（6／14中、晚餐及6／15中餐）。活動當天憑入場票券可兌換價值萬元以上頂級贈品。座位於活動會場1樓，與八大明師、亞洲頂尖創業家同一樓層。可於亞洲創業家論壇時提問並享有售後服務。

Q：是否開放企業團體等機構以優惠團購方式購票？

A：因主辦單位有明確規範對於個人訂票者不得另行折扣，但若您是以企業團體的名義團購包票者，價格另議，聯絡信箱：sharon@book4u.com.tw。來信時，請註明單位名稱、包票人數、聯絡方式等訊息。且因現場座位有限，若是像鴻海或台積電等大企業要團購的話，避免票數不足，敬請提早購買，以免向隅。

Q：現場是否可拍照或錄影？

A：可拍照、錄音（僅供個人複習使用），但不可錄影。

Q：可以只參加其中一天的課程嗎？

A：較不建議，因這二天是屬於整體性的課程，若少聽一天，影響甚大。

Q：如果有事無法出席，但又不想錯失精采內容，怎麼辦？

A：大會事後可提供大會手冊和二天課程DVD（若有講師不願授權錄影則不在此限，在此先聲明）。

Q：講師當天都會全天在會場嗎？講師沒上台時，學員是否有機會能私下向講師請教問題呢?

A：講師當天全天都會在現場，講師會坐在一樓，如果是購買VIP頂級贊助席或鑽石VIP席者，會有諸多機會與講師私下交流。

若有更多疑問需要解答，請上新絲路網路書店查詢www.silkbook.com。

INFO

2014「世界華人八大明師＆亞洲創業家論壇」台北場籌備期長達兩年，已經透過嚴謹的評量方式精選出八大明師人選，在為期兩天的大會中，透過創意・創業・創新・創富的主題，將帶給與會者一場豐富的知識饗宴並提供創業武器的兵工廠。

而在第一天晚上，與會者將有機會與亞洲創業家共同交流，向業界知名的創業家們請益成功祕訣、交換經驗與心得，並能夠藉此擴充人脈，儲備珍貴的人力、物力資源。有鑑於此，大會持續地替與會者謀求最佳人選，將在眾多人選中，根據本大會主題性質，構成最佳創業家組合，最終會有五位以上的創業家蒞臨大會，以期幫助與會者找到創業路上的指引，為與會者帶來難忘的交流經驗。目前創業家論壇人選組合多達十數位，最終5～7位確定人選將於會前於新絲路（www.silkbook.com）官網公布。

世界華人八大明師檔案Quick View

	演講者	王擎天
	演講主題	成功創業Business Model的八個板塊

個人經歷

- ■ 台灣大學經濟系畢業，台大經研所、美國UCLA MBA、UCLA統計學博士。
- ■ 現任蓋曼群島商創意創投董事長、香港華文網控股集團、上海兆豐集團及台灣擎天文教暨補教集團總裁。
- ■ 成功創辦台灣采舍國際公司、北京含章行文公司、華文博采文化發展公司等多家文創產業之公司。
- ■ 為台灣知名出版家、成功學大師和補教界巨擘。
- ■ 2006年北大管理學院聘為首席實務管理講座教授。
- ■ 2007年香港國際經營管理學會世界級年會獲聘為首席主講師。
- ■ 2008年吉隆坡論壇獲頒亞洲八大首席名師。

■ 2009年受邀亞洲世界級企業領袖協會（AWBC）專題演講。

■ 2010年上海世博主題論壇主講者。

■ 2011年受中信、南山、住商等各大企業邀約全國巡迴演講。

■ 2012年受聯合國UNDP之邀發表專題報告。並經兩岸六大渠道（通路）傳媒統計，成為華人世界非文學類書種累積銷量最多的本土作家。

■ 全民財經檢定考試（GEFT）榮獲全國榜眼。

■ 2013年發表畢生所學「借力致富」、「微出版學」等課程。

■ 2014年榮獲世界華人八大明師尊銜，並發表「易學研究」等突破性課程！

■ 著有《赤壁青史，誰與爭鋒？》、《風起雲湧一九四九（附兩岸史觀）》、《賽德克巴萊——史實全紀錄》、《都鐸王朝——英國史實全紀錄》、《反核？擁核？公投？》、《用聽的學行銷》、《決勝10倍速時代》、《讓老闆裁不到你》、《祕密背後的祕密》、《王道：成功3.0》、《王道：業績3.0》、《銷售應該這樣說》、《行銷應該這樣做》、《懂的人都不說的社交心理詭計》、《氣場的力量：人際吸引力使用秘笈》、《王道：未來3.0》、《王道：行銷3.0》、《讓貴人都想拉你一把的微信任人脈術》等書籍逾百冊。

課程內容

1. 價值訴求。
2. 目標客群。
3. 行銷與通路。
4. 盈利模式。
5. 利基。
6. 團隊與管理。
7. 合縱連橫。
8. 資本運營。

演講者	張方駿 Tiger
演講主題	CEO每天必做的七件事

個人經歷

- ■ 造雨人企管顧問有限公司　總經理
- ■ 造雨人（中國）商學院　總經理
- ■ 亞洲創業家大講堂　創辦人
- ■ 中華兩岸講師智庫　認證講師
- ■ 世界華人八大明師創業創富論壇　首席講師
- ■ 國際NLP學院NLP執行師
- ■ ANLP認證NLP執行師

課程內容

我們都了解，世界五百強的CEO之所以可以成為世界五百強，絕不是一蹴可幾，而是因為這些最頂尖的成功者每一天都有關鍵的共同習慣，這些習慣決定了他們的版圖、造就了他們的格局，讓一個小老闆走向一個企業家。而這些習慣也決定了非常多的創業家如何讓自己的事業發展得更有效率、更具規模。

因此，本演講將會跟各位分享所有最頂尖的CEO、創業家他們每天堅持做的七件事情，洞悉他們成功的關鍵機密，同時也要讓各位了解，這七件事情其實我們也都做得到！

透過「CEO每天必做的七件事」，可以讓您實際打造專屬自己的「頂尖CEO行動守則」，並實際應用在工作上，產生真正的戰績、創造自己的人生輝煌。

期待與你一起共贏、共創、共享，為整個亞洲市場、為華人市場創造更大的新力量！

1. 策略一：提昇自己的心智。
2. 策略二：檢視數字——做決策！
3. 策略三：活下來才是硬道理。
4. 策略四：告訴全世界你是玩真的！
5. 策略五：情感連結——累積／遞減。
6. 策略六：創造現金流。
7. 策略七：提昇核心競爭力——布局。

	演講者	沈寶仁（A BoCo 阿寶哥）
	演講主題	EMBA沒教的貴人學

個人經歷

- 陸保科技行銷有限公司執行長。
- 國際青年商會中華民國總會第五十一屆副總會長。
- 十大傑出青年當選人聯誼會第11、12屆副總幹事。
- 世界華人講師聯盟第三、四屆祕書長。
- 中華民國淡江大學校友總會副祕書長。
- BNI早餐會董事顧問暨台灣長虹分會第一屆主席。
- 中國文化大學創新育成中心顧問。
- 管理雜誌500華語企管講師2000～2013。
- 著有《數位文件管理達人》、《人脈經營寶典》、《MyBook我的8頁品牌書教學寶典》、《知名鍍金術：擦亮別人看你的眼（DVD）》。

課程內容

創業的過程中，最需要的就是客人與貴人，有源源不絕的客人，可以讓業績興盛，有幫助支持的貴人，可以獲得更多資源來壯大轉型，可以說人脈絕對是創業時的最重要的關鍵力之一。因此在演講中，將分享如何透過「ABC黃金人脈心法」打開你的人際網絡，並使人脈真正對你產生效用，而非只是交換一疊又一疊的名片，真正機會來臨時，卻沒有任何人會想到你。演講內容簡介如下：

1. 持續創造貴人的關鍵因素。
2. 交換名片的對象，如何變成自己的貴人。
3. 善用天賦優勢，貢獻貴人。
4. 互為貴人，串聯貴人，創造貴人圈。
5. 善用ABC黃金人脈心法廣結善緣，累積貴人資源。
6. Action：【立即行動】黃金24小時問候信，先給有緣人正面積極的好印象。
7. Bright：【照亮】每月一次數位照亮，提供關心、現況與價值分享。
8. Continue：【持續】簡單化、重複做，建立個人品牌，吸引貴人。

透過以上內容，你將實踐體會人脈經營的重要以及意想不到的成效，貴人經營越久，複利效果越大，交換完名片後「Action立即行動」配合正確的「人脈達人心法」，持續做，你獲得的將會比想像中的多更多！

Focus封面人物▼沈寶仁

<table>
<tr><td rowspan="2"></td><td>演講者</td><td>許耀仁</td></tr>
<tr><td>演講主題</td><td>創富GPS——如何找到你創業創富的「成功方程式」</td></tr>
<tr><td colspan="3">個人經歷</td></tr>
<tr><td colspan="3">■ 零阻力（股）公司總經理。
■ 羅傑・漢彌頓【財富原動力】、【財富光譜】創業者培訓系統之華文總代理暨總培訓師。
■【天賦原動力】大中華地區總培訓師。
■【獲利世代】大中華地區共同開發夥伴。
■ 暢銷書《零阻力的黃金人生》作者。
■ 譯有《失落的致富經典》、《和諧財富》、《瞬間啟動財富力》等書。</td></tr>
<tr><td colspan="3">課程內容</td></tr>
<tr><td colspan="3">　　你現在正試圖用什麼方式創造財富？是房地產？股票？基金？期貨？外匯？傳直銷？貴金屬？網路行銷？自己創業？還是其他方式？
　　不管是哪一種，你是否有想過一個問題：你選擇的賺錢方式可能根本不適合你自己！
　　很多人就因為選錯了創造財富的方式，因而即便比別人多花10倍的時間、多努力10倍，都還是無法達到理想的事業財富成就……故在本課程中，將帶你找到屬於你的「創富方程式」，讓你在創業途中不迷路！
1. 為什麼在創業／創富的這條旅途上80%以上的人最後都會迷失方向？
2. 在接受任何創業／創富機會之前，你必須先釐清的三大要素。</td></tr>
</table>

3. 世界上只有8種創造財富的方式，你的「成功方程式」是哪一種？
4. 為什麼你從「大師」們的書籍、演講、課程裡聽到的東西往往沒有用？
5. 能讓你清楚知道這當下最該採取哪些創富策略的完整藍圖。
6. 如何找到你自己創造財富的最低阻力路徑？

如果你才剛開始邁上追求事業成功、人生富足的旅程，那麼我得說你真是幸運！如果你願意投資時間來參與這場演講，就能開始了解【財富燈塔】，而它將有可能成為你省下十年、二十年的摸索時間，讓你早日達成你的理想目標，有更多時間能享受你的生命。

而如果你跟我一樣，已經經歷過那種「見山是山、見山不是山」的過程，那麼我在這場演講中跟你分享的資訊，將能讓你跳脫現狀，進入「見山又是山」的階段，讓你不管在事業、收入、乃至於整個人生都大躍進！

	演講者	張淡生
	演講主題	建立一流自信與魅力

個人經歷

- 中華華人講師聯盟（2006～07年）創會會長。
- 現任南山人壽保險公司處經理。
- 1997～1998年台北市安和扶輪社社長。
- 2010年北京前沿講座電視演講講師。
- 2011年第八屆中國保險廈門精英圓桌5000人大會講師。
- 2011年吉隆坡亞洲八大演講會講師。
- 北京清華大學職業經理訓練中心講師。
- 台灣大學高階行銷專業經理班第12期結業。
- 中國時報浮世繪版專題報導、培訓雜誌專欄作者。
- 領袖大學講師、暢銷有聲書排行榜第一名。
- 國際扶輪社團應邀演講超過200社以上。
- 盟亞企管顧問、清涼音文化、上揚文化之激勵行銷講師。
- 資誠企管顧問、精湛心文化、八方文化之激勵行銷講師。
- 創新智庫暨企業大學基金會顧問、講師。
- 輔大、淡大、文化大學等教育推廣中心之行銷管理講師。
- 明志科技大學通識課程時間管理講師。
- 曾接受TVBS小燕有約、民視晚間新聞精算大師、中視、中天綜合台、GTV電視、中廣、中央、寶島、台北之音、警廣、全民，教育、台北電台等專訪。

■ 著有《今天的賽局》、《超速成功50招》、《贏家講堂（CD）》、《優者勝出系列有聲書》、《留住成功有聲書》、《不凡不煩有聲書》、《美麗人生手札》、《張淡生的創意行銷》、《2009年陽台上的人》（14人合著）。
課程內容
1. 目標——明確設立目標。 2. 熱誠——散發積極熱誠。 3. 創意——激發無限創意。 4. 時間——把握當前時機。 5. 團隊——發揮團隊精神。 6. 領導——鞏固領導中心。 7. 卓越——不斷追求卓越。 8. 品質——講究品質完善。 9. 決心——堅持決心到底。 10. 成功——享受成功人生。

演講者	鄭錦聰
演講主題	出人頭地的創業祕密：借力行銷學

個人經歷

■ 松炎網路行銷總經理。
■ 大陸新娘配偶論壇主持人。
■ 鴻海遊戲金幣創辦人。
■ 崇右技術學員教師。
■ 中華軟協97、98網路行銷顧問師。
■ 青創會圓夢計畫顧問。
■ 世界網際網路高峰會首邀台灣代表。
■ 台灣SEO第一人。
■ 學員的網路行成功案例為台灣第一。
■ 著有《網路印鈔術》，破萬本銷售紀錄。

課程內容

創業時間近二十年，這二十年裡，我曾經開過七家公司，每家公司的初始資本額都不到100萬，而經過適當的經營後，績效最高的公司，年營收破億，後來從事網路行銷創業的教育訓練，在教育培訓學員的過程中，歸納出創業／創富最重要的關鍵。

我認為創業最重要的三件事，就是：選擇、專注、堅持。做對選擇、專注在自己的選擇上，並且堅持下去，才有可能成功。

此外，還必須保有格局心態，面對比自己有成就的人，必須先將自己倒空，才能真正向他人學習。

更重要的是，我發現透過各種最有效的借力行銷術，以及利用現代化的科技工具，幫助簡化借力的方式，不論在行銷上、經營顧客面上，或是借力各項人脈，都會變得事半功倍，並希望將此心得與更多有夢想的創業家分享。

在演講中將跟大家分享：

1. 借力行銷的成功心法。
2. 實體通路借力行銷術。
3. 網路通路借力行銷術。
4. 向老客戶借力行銷術。
5. 如何向科技工具借力。

- 第一位台灣講師首度站在世界網際網路高峰會的舞台，受到肯定，後續多次連續受邀世界網際網路高峰會演講與授課。
- 台灣SEO第一人。
- 曾與世界電子書教父TOMHU、大陸網絡營銷商業模式王紫杰老師、BSE商業模式林偉賢老師……等多位知名大師同台演講。
- 與中國首席網路商業模式顧問王紫杰老師合著兩本暢銷書籍：1. 網賺首部曲：網路印鈔術、2. 借力淘金！鈔級魚池賺錢術。
- 從一無所有還負債的年輕人，在短短的六年間，利用網路行銷，打造成功的電子商務平台，年營收破億以上，是台灣擁有最多網路行銷成功案例的專家。
- 曾榮獲SEEDNET、宏碁集團、臺灣 NEC 的優良配合廠商。知名客戶有： 潤泰集團、臺灣森永、臺灣銀行、關稅總局、環隆科技、揚博科技、鍊德科技…達共近千家績優廠商。
- 2014年集畢生功力研發出借力酷，讓平凡人做平常事也可以擴展人脈取得成功。

	演講者	何建達
	演講主題	萬變不離其宗——如何找創新、創意、創業的根

個人經歷

- ■ 社團法人中華價值鏈管理學會創辦者及理事長。
- ■ 國立中興大學科技管理研究所教授。
- ■ 國立中興大學電子商務暨知識經濟研究中心主任。
- ■ 目前擔任兩個國際期刊總主編（IJECRM與IJVCM）、曾擔任1個SCI impact factor國際期刊（IJSS）特刊主編、4個EI impact factor國際期刊特刊主編。
- ■ 曾擔任「2006年第四屆供應鏈管理及資訊系統國際學術研討會」（SCMIS 2006）大會主席。
- ■ 名列2007年「世界名人錄」（Who's Who in Science and Engineering, 10th Anniversary Edition）。
- ■ 2008至2009年曾至澳洲國立拉籌伯大學（La Trobe University）國際管理學院講學一年（於該校MBA課程教授財務管理課程）。
- ■ 曾被國立中興大學派選至美國巴布森學院（Babson College）學創業管理；是創業技能相關教學領域之種子師資。
- ■ 主要著作：《Innovation and Technology Finance》、《Crisis Decision Making》、《財務管理，懂這些就夠了》、《網路行銷與電子商務》、《紫牛學通訊科技管理》、《國際財報很好懂》、《從財務基礎到新舊制IFRS》等共計有十七本中英文書籍著作，並在國內外知名研討會、期刊發表過100篇以上的論文（包含10篇SSCI、8篇SCI及1篇TSSCI）。

■ 曾指導學生組成觀音嬤.COM獲經濟部「產業電子商務網營運模式創意競賽」第一名榮譽。
課程內容
1. 企業創新、創意、創業管理思維探討。 2. 文獻回顧：深入經藏。 3. 企業創新創意創業之策略本質。 4. 從個案探討找企業創新創意創業的根。 5. 解開巨人萬變不離其宗之最高智慧。 一個人境界的大小，決定了他的思維方式。人們常常以世俗的眼光，墨守成規地去看事情，故常無創新及創意。只有大境界的人，才能看到它的創新創意點。 生活的大道理，人生的大境界，有的時候，都是從生活中的最細微處去發現、去感悟的。如何提昇人生境界並看到生活中的細微處，牛頓說他是因為站在巨人的肩膀上，所以看得比較遠，如果把你直接放在巨人的肩膀上，你的視野再也不會一樣；讓我們一起來與巨人一起找創新、創意、創業的根——解開巨人萬變不離其宗之最高智慧。 一般過去創業的演講者比較偏重創業過程及創業後的管理之傳授，本演講內容的重點則著重在：如何發現創業與創意的源頭？什麼是創意？什麼是創新？什麼是創業？創新、創意、創業之策略本質又是什麼？如何從個案探討找企業創新、創意、創業的根？ 本演講內容中不僅會提供當今創新、創意、創業的重要理論，並將首度公開十個創意、創新具體發展方向及做法讓參與學員真的能「學以致用」。

演講者	林齊國
演講主題	創業心法

個人經歷

- ■ 典華幸福機構創辦人。
- ■ 僑園婚旅機構學習長。
- ■ 國際獅子會300-A2區第20屆總監。
- ■ 第49屆遠東暨東南亞獅子年會主席
- ■ 國際獅子會GLT MD300 Taiwan協調長。
- ■ 國際獅子會台灣總會講師團團長。
- ■ 台灣獅子大學首屆教育長。
- ■ 中華華人講師聯盟首屆理事長。
- ■ 中華民國越柬寮歸僑聯合會首屆理事長。
- ■ 財團法人亞人文化基金會董事長。
- ■ 著有《我叫學習長》、《歸零，走向圓滿》等書，其中《歸零，走向圓滿》登上博客來、誠品書店、金石堂書店暢銷榜。

課程內容

1. 創業歷程。
2. 從零開始，從心出發。
3. 找尋藍海，創造價值。
4. 從個案探討找企業創新、創意、創業的根。
5. 終生學習，永續經營。

相信每個人在做任何事前，都有一份初發心，當你什麼都沒有，只有一顆心時，心願就特別弘大。當你什麼都有之後，外在的物質與名利反倒讓人迷失，若能不忘初心，便是人生一大富。

許多人納悶為何自己明明具備了成功的條件，卻總是無法打開成功的大門，其實就是因為以為自己已經到達某種成就，於是安逸了、放鬆了，忘記當初辛苦奮鬥的「初心」，只將自己侷限在當下的成就。

真正想成功、會成功的人，絕對不會滿足於現況，都是不斷地想突破自己、超越自己，去挑戰更多的事物，必須時時刻刻求新求變，才能在競爭的環境中不被超越，而最重要的關鍵，就是秒秒將自己歸零，把自己倒空了，才會不自滿，因此能夠學習更多東西，能不停蛻變成更新、更好的自己，在原有的基礎上超越自我。

創業幾十年，曾遇見許多困難，也累積了相當多的心得，這樣一位成功、謙虛、懂得「捨得」的企業家，透過「創業心法」將要帶給與會的，不僅是「作法」，更多的是「想法」。

20 你是誰？

亞洲創業家論壇與談人　黃禎祥

我是蒙其．D．魯夫！是將來要成為海賊王的男人！

～蒙其．D．魯夫

在台灣有看過*ONE PICEC*（中文譯名：海賊王）的人，或許會問：杜拉克是誰？富勒是誰？

研究杜拉克的商界人士，也可能沒有接觸過動漫的經驗，或許也會問：什麼是海賊王？誰是魯夫？誰是「紅髮」傑克？

這些問題或許很重要，我們可以花一點篇幅向你解釋與說明，但是寫出這些上網查詢就能得知的解答，其實是毫無意義的。

我們要幫助你開發你的潛能，而你的潛能全部沉睡在你的大腦裡。很多時候遇到問題，也許你已經習慣未經思考、未經努力，就直接向他人尋求解答。

所以，要不要試著跟維基百科、Google、Yahoo等搜尋引擎，開始建立一點友誼呢？

你正在上網搜尋資料了嗎？

你對海賊王或杜拉克有初步的了解了嗎？

正如杜拉克所言：「身為顧問，我最大的貢獻是無知地提了幾個問題。」

現在，我們或許要無知地提一些問題：

・請問杜拉克是誰？富勒是誰？

・請問富勒與杜拉克對社會有什麼貢獻？

・請問海賊王是什麼？

・請問*ONE PICEC*的主角是誰？

・請問*ONE PICEC*的主角為什麼要成為海賊王？

網路的便利性讓你可以很快地回答一些問題，你不用花多少時間就能得知初步的解答——而且答案都大同小異，因為它是客觀的資料。

以上的問題有如以前學校的填空題。台灣學校總是要求學生花大筆時間去死背這些「資料庫」的東西，浪費時間，沒有效率，沒有智慧，不知目的。

學校這種填鴨式教育，很可能讓你的腦細胞死了絕大多數。

你的腦袋停止開發好一段時間了。或許直到出了社會，你還是在用過往的方式學習思考。

「嘗試自行尋找答案」是鍛鍊大腦的方式之一，無論是自己思考，還是想辦法蒐集情報，都無妨。

有了答案後，用語言或文字組合成讓他人也能理解的情報，可以訓練你大腦的整合能力。

在分享——無論是用語言來組織、或是用文字來組織——的過程中，你的大腦會再度運轉，你可以更深入地了解你將要表達的情報，讓大腦累積「思考的經驗值」。

我們現在要試著開發你的大腦，這和「祕密」有關。

我們會試著讓你開始使用「吸引力法則」，但你的「吸引力」有多強，則取決於你有多勤於活用你的大腦。

在開始之前，你可能有了新的疑問，比如：我們是誰？

「喂？我是魯夫！是將來要成為海賊王的男人！」魯夫迅速接起可疑的電話蟲——毫不猶豫地說。

「你接得太快，而且也說出太多底細了吧？」騙人布在後面敲他的頭吐槽。

我們很樂意告訴你我們是誰，但更重要的問題，應該是：你是誰？

• 你真的清楚自己是誰嗎？

• 你知道你誕生於這個世界的使命、任務是什麼嗎？

• 你真正的興趣是什麼？你熱愛什麼活動？

• 你的天賦專長是什麼？你的優勢領域是什麼？

• 你這輩子最大的願望是什麼？

• 你覺得幸福是什麼？

• 你未來想要過什麼樣的生活？

• 你賺大錢的目的是什麼？

這些問題，可以說是最重要、最關鍵的問題。

而這也不是短短幾分鐘就能回答的問題——若你從未思考過這些

問題的話。

但是，如果你經常思考這些問題，而且已經有了明確的答案，你或許在半小時內就能回答這些問題，並填寫完成。

但如果你平常沒有意識到、平常沒有真誠地面對自己內心的聲音，你可能要花上數十年也不為過。

現在你可以開始試著去思考這些問題。

在你獨處的時候，排除所有雜念，排除所有妨礙你思考的他人的聲音，專注地傾聽你內心真實的感受。

你必須排除所有外在的限制：學歷、科系、經濟壓力、性別、年齡、恐懼、慾望、任務、責任感、愛情、友誼、親情、職業、身分地位……這些所有的東西，你在思考時都要排除在外，讓你的心像一面平靜的湖，誠實、真誠地面對你自己。

★試著平靜你的內心……

★試著摒除所有雜念……

★試著拋開所有情緒……

★真誠、真實的，去傾聽你內心的聲音……

好了嗎？

你或許不會很順利——如果這是你第一次思考這些問題——就算看完本書，你可能連一題都答不出來。因為你的大腦可能從未和這些問題建立過任何橋梁。而我們希望你去習慣和你的大腦溝通。

從今天起，我們建議你每天去思考這些問題，你甚至可以和朋友討論此書，試圖更了解彼此。

每天花上十分鐘、半小時、一小時，在你安靜、放鬆、沒有雜務干擾你的時候，練習去探索你自己。

現在、立刻、馬上行動！

剛開始，你可能會有個模糊的影像。隨著你愈深入思考、探索、了解你自己，你就愈清楚這些問題的解答。

你可試著用簡單的話語來協助你確立自己的定位。

關鍵在於每天重複。高能量、高頻率、高信心地重複。

你甚至可以每次接電話的時候都彰顯一次，比如：

「喂？我是魯夫！是將來要成為海賊王的男人！」

「喂？我是蝙蝠俠！是讓你感到恐懼的男人！」

「喂？我是鋼鐵人！也是天才、發明家、企業家、慈善家和花花公子！」

「喂？我是______！是______________！」

「喂？我是______！是______________！」

「喂？我是______！是______________！」

你可以自己填寫空格中的話語，隨便你怎麼填。你可以寫得很好笑、很宏大，或是很有創意。

這很好玩！而好玩的事才能持久！

我們安排三個空格給你，你可以發揮創意，而且隨意更換。我們希望你把它們填滿，因為這和之後的內容有關。

在你填完後，你可以不只在電話裡這麼做。你每天早上睡醒，都可以對鏡子中的自己這麼說：

「我是______！是______________！」

世界第一的房地產銷售大師湯姆．霍普金斯（Tom Hopkins）、世界第一的汽車銷售大師喬．吉拉德（Joe Girard），都是這麼做的。

湯姆．霍普金斯平均每天賣出一棟房子，二十七歲時成為千萬美金富翁；而喬．吉拉德平均每天賣出六輛汽車，最高記錄是十八輛。兩人都是金氏世界記錄保持者，酷吧？

如果你想要和他們一樣酷，你至少要做到這種程度：每天早上睡醒，就對著鏡子中的自己這樣說：

「我是______！是____________！」

我們很樂意提供更多的範例讓你參考。舉例來說：

- 我們是成資國際。yesooyes、yesteam。
- 我們認同尤努斯（Muhammad Yunus）的「窮人銀行」理念，期望幫助更多需要幫助的人。
- 我們的使命是提昇華人知識經濟水平，讓更多的人腦袋健康、身體健康、口袋健康。
- 我們的願景是成立一間學校，從學生的孩童時代到成年，都用富拉克的培育方式與訓練，然後從中選出對的人，協助他成為對社會有偉大貢獻的人，順便變成億萬富翁。
- 我們在屏東的高樹鄉協助設立善導書院，並不定時資助該書院創辦人認養了高樹鄉五十多名弱勢兒童；我們在高雄榮美教會也參與、培育了三百多名無所適從的年輕人。
- 我們歡迎聚焦於貢獻的社會型企業與我們合作。
- 我們的營收項目中，教育訓練、對外授課只是其中的一小部分。但只要你是Integrity的人，我們也樂於提供完整（而且嚴苛）的教育訓練，告訴你如何只用一塊錢創業的祕密。

• 我們很好玩、很酷、又很有實用價值，請給我們一個讚。
• 我們將在以下的部落格分享更多富拉克知識：http://waynejiyesooyes.blogspot.tw/

就如同功夫皇帝李連杰所說：「人無信念，難成大事。」你若想成就一番偉大的事業，也必須要有信念、有使命、有原則，讓你的生命發光發熱。

在我們承接的企業顧問案件中，首重客戶的願景、使命、核心價值。

許多人成立企業，卻不知道成立企業的「目的」為何？企業的「信念」為何？許多人立志賺大錢、立大功、衣錦還鄉，卻不知道其中的「信念」為何？為什麼要賺大錢？

所以你最重要的事，就是要知道：

★你是什麼？

★你現在是什麼？

★你將來是什麼？

★為什麼？

很多人終其一輩子，都搞不清楚自己要的人生目標、方向、夢想、渴望到底是什麼？

他們或許只是為了生計，所以沒日沒夜努力工作，甚至沒思考過自己適不適合、喜不喜歡這份工作。更多的人只是為了旁人給的建議而工作。

父母說「當醫生好」就往這個行業去、長輩說「金融業有前途」就朝這方向走，同學都去「找工作」就跟著做……他們沒有思考、沒有判斷自己要的到底是什麼？

如果你想變得富裕，就必須先了解自己的內心最深層的渴望。只有當你內心真的渴望賺錢、過更好的生活，你才能邁開致富的第一步。

感謝耐心翻閱到此處的你！

當你認真去探索自己、更了解自己、

真誠地面對自己內心真實的感受，

你將感覺到脫胎換骨！

祝福你擁有豐盛、富饒、恩典滿滿的生命！

Fighting！Fighting！Fighting！

（更多更完整的內容請詳閱《草帽中的財富密碼》一書）

《草帽中的財富密碼》
（黃禎祥　著／創見文化出版）

王道增智會

最佳導師王擎天

王擎天老師，具博士學位與實戰經驗，一生至今於兩岸三地創辦19家公司，每一家公司都經營的有聲有色！也就是說：王擎天博士一生中已有19次成功創業的經驗。如今，王博士願意透過「王道增智會」將自己完全貢獻出來，他開班授課都是出於熱情與使命感和自我挑戰，並非想要再賺更多的錢（王博士目前才將台北與北京各一棟房產信託給旗下資深員工）。他既能坐而思、坐而言也會起而行，有本事將自己的Know how、Know what與Know why整合成一套大部分的人可以聽得懂並具實務上可操作性極強的創富系統。將是您最佳的教練與生命中的貴人！

立大業！成大功!!開創人生新境界!!

若您想創業致富，開啟新的成功人生，現在有一個絕佳機會：加入王道增智會這個平台成為終身會員，王擎天博士就會成為您終身的導師，將他的祕訣全部傳授給您，他的資源從此您也可以盡情享用！詳情請洽新絲路網路書店www.silkbook.com

王博士出過一百多本書，本本暢銷！歡迎各位來參加2014世界華人八大明師台北場！在此強烈邀請：更歡迎各位加入王道增智會！

如果您願意：王博士將傾囊相授！
立刻報名王道增智會，擁有平台、朋友＆貴人!!
您的抉擇，將決定您的未來!!!

一＋｜＝丅⇛丌⇛Ⅲ……

王博士基於其研究熱情與知識分子的使命感，勇於自我挑戰並自我突破：每年都研發新課程，且所有開出的課程都是既叫好又叫座！例如去年新開的課程「借力致富三部曲」（課程學費新台幣49,700元）、「賺錢機器：魚池矩陣」（課程學費人民幣50,000元）、「寫書與出版實務班」（課程學費9,800元）、「如何開創美麗人生新境界」（課程學費12,000元）、「打造自動財富系統」（課程學費人民幣59,800元）……，全數均滿班且學員滿意度高達99％，無任何人要求退費！今年王博士將開新班「創業＆募資實戰培訓課程」（費用10,000元）、「美麗人生新境界（完整版）」（學費12,000元）、「個人化自動創富系統」（學費人民幣66,000元）、「易經（三易）研究班」（學費16,800元）……各班次詳細資訊請查閱www.silkbook.com新絲路網路書店官網。各班勢必爆滿，額滿即不再收，欲報名務請及早！

加入王道增智會所謂「十大福利」的第一項其實就是：王博士將其往後終身所有的課程一次性地以「終身年費、終身上課完全免費」的方式送給您了！

資源共享，共創人生高峰

除了熱愛學習者紛紛加入王道增智會之外，想開班授課或想出版書籍者也一定要加入王道增智會！王道增智會所屬「培訓講師聯盟」與「培訓平台」以提昇個人核心能力與創富、健康人生、心理勵志等範疇，持續開辦各類教育與培訓課程，極歡迎各界優秀或有潛質的講師們加入。此外，王擎天博士為橫跨兩岸之大型出版集團總裁，下轄數十家出版社與全球最大的華文自資出版平台，若您想寫書、出書，加入王道增智會，王博士即成為您的教練，協助您將王博士擁有的寶貴資源轉為您所用，與貴人共創Win Win雙贏模式！

王博士所開課程班班爆滿，一位難求

「商務引薦」讓你貴人不斷

王道增智會的另一重要功能便是有效擴展你的人脈！

透過台灣及大陸各省市「實友圈」，您可結識各領域的白領菁英與大陸各級政府與企業之領導，大家互助合作，可快速提昇企業規模與您創業及個人的業務半徑。此外，王道增智會也是一「自己沒有產品」的直銷組織，定期舉辦商務引薦大會（Next為2014年7月5日於新店台北矽谷舉行），每位會員均可向大家推薦自己的產品與服務，僅去年一年王道增智會商務引薦平台就創造出了超過六千萬的業績，今年上看一億元，歡迎大家踴躍參與。

認識Tina楊
健康美麗喜洋洋！
認識Vicky劉，
滾滾財富向你流！
理財找素卿，
鈔票數不清！
名片管理找寶哥，
人脈錢脈都收割。
客人倍增變貴人，
一定要找沈寶仁！
名片管理找寶哥，
人脈錢脈都收割。

註：王道增智會商務引薦大會，全體會員皆可免費參與。非會員亦可參加，但非會員將酌收一千元場地及餐飲費。

中華華人講師聯盟

一、華盟簡介

「中華華人講師聯盟」是由一群專業的企業培訓講師所組成的社團，成立至今已邁向第八個年頭，原名是「世界華人講師聯盟」，於2009年五月正式向內政部立案並更名為「中華華人講師聯盟」。

「中華華人講師聯盟」正式會員約百人，由第一屆（2006年）創始會長　張淡生（南山人壽處經理）、第二屆（2007）會長　胡立陽（知名財經專家）、第三屆（2008）會長　陳亦純（台大保經董事長）、第四屆（2009）會長　李富城（氣象權威主播）、改制後第一（2010-2011）、二屆（2011-2012）理事長　林齊國（典華幸福機構學習長、創辦人），第三屆（2012-2013）理事長　吳政宏（群英企管顧問公司董事長），及目前現任第四屆（2013-2014）理事長　梁修崑（社團達人），以及華人地區許多優秀的講師所組成。

聯盟除為華人地區各界講師提供聯誼交流的平台外，更將講師們的專業與資訊整合為一個連結網絡，除可提供各界教育訓練需求之參考外，每年更以講座、培訓、海外演講等各種形式，以公益之心，負傳道授業解惑之責，幫助各界朋友，透過學習進而獲得成長與富足。

二、華盟理念

1. 有教無類的情操。
2. 為企業人士最迫切的新知做傳遞。
3. 為有心追求成長的朋友作引導。
4. 提昇人類高尚品質、鼓舞低沉鬥志並走出人生光明面。

三、華盟目標

1. 指引企業及個人正確運作方向。
2. 擔任企業及個人事業拓展的諮詢的後盾。
3. 提供商機與人脈資產的教育平台。
4. 培養與發覺新星人才的智庫學苑。
5. 提供終身學習護照與授予專業證照。
6. 提供國世界華人地區的學習舞台。

四、華盟第四屆理監事團隊（2013-2014）

梁修崑　理事長
何智明　副理事長
何毅夫　副理事長
鄭雲龍　常務理事
卓錦泰　常務理事
林惠蘭　理事
林家泰　理事
陳立祥　理事
張祐康　理事
丁彥伯　理事

吳政宏　常務監事
林齊國　監事
張淡生　監事
陳亦純　監事
陳春月　監事
張永錫　理事
黃清暉　理事
周國隆　理事
彭智明　理事
錢瑀萱　理事

現任中華華人講師聯盟第四屆理事長　梁修崑理事長

五、華盟第四屆委員會團隊（2013-2014 ）

徐培剛　祕書長
賴明玉　副祕書長　　樊友文　副祕書長
曹健齡　財務長　　張文禎　法制長
趙胤丞　執行祕書　　吳靜宜　會務助理

會員擴展委員會	主委：張粵新	副主委：趙胤丞
公關行銷委員會	主委：尚　明	副主委：林霈綾
活動聯誼委員會	主委：陳　鈴	副主委：吳美玲
出版編輯委員會	主委：趙祺翔	副主委：林憲維
行政支援委員會	主委：沈柏全	副主委：楊宗憲

公益服務委員會	主委：錢瑀萱	副主委：許嘉琳
培訓認證委員會	主委：羅懿芬	副主委：楊鎮宇
海外發展委員會	主委：賴素免	副主委：徐鳳美
法制委員會	主委：王證貴	副主委：蔡璋乾
財務委員會	主委：周素卿	副主委：吳玟瑭

中華華人講師聯盟會歌～讓世界充滿愛～

（詞/曲　徐培剛）

中華華人講師聯盟　祝你成長一起圓夢　讓整個世界都充滿愛

地球其實並不大　我們四海共一家 學習創造競爭力　實踐理想不費力

分享講師的菁華　接軌智慧無落差 用心拓展新天地　不分彼此同美麗

請打開你的視野跟著我們　遨遊在宇宙各地共享星辰

改變就要趁現在　向前出發

中華華人講師聯盟　與你同行青春與共　分享的歲月星光燦爛

中華華人講師聯盟　祝你成長一起圓夢　讓這個世界都充滿愛

中華華人講師聯盟　要你快樂一路成功　全新的生命都亮起來

中華華人講師聯盟　祝你成長一起圓夢　讓整個世界都充滿愛

中華華人講師聯盟　官方網站http://www.icsa.org.tw/

國家圖書館出版品預行編目資料

為什麼創業會失敗？站在八大明師的肩上學會創意．創富．創新 / 王擎天等八大明師 著.
-- 初版. -- 新北市：創見文化, 2014.04 面 ；
公分 （成功良品；71）
ISBN 978-986-90494-0-5（精裝）

1. 創業

494.1 103004012

成功良品 71

為什麼創業會失敗？

站在八大明師的肩上學會創意・創富・創新

創見文化・智慧的銳眼

本書採減碳印製流程並使用優質中性紙（Acid & Alkali Free）最符環保需求。

作　者／王擎天等八大明師
總編輯／歐綾纖
副總編輯／陳雅貞
文字編輯／黃曉鈴
內文排版／陳曉觀
美術設計／吳吉昌

郵撥帳號／50017206 采舍國際有限公司（郵撥購買，請另付一成郵資）
台灣出版中心／新北市中和區中山路2段366巷10號10樓
電話／（02）2248-7896　傳真／（02）2248-7758
ISBN／978-986-90494-0-5
出版日期／2014年4月

全球華文市場總代理／采舍國際有限公司
地址／新北市中和區中山路2段366巷10號3樓
電話／（02）8245-8786　傳真／（02）8245-8718

全系列書系特約展示
新絲路網路書店
地址／新北市中和區中山路2段366巷10號10樓
電話／（02）8245-9896
網址／www.silkbook.com
創見文化 facebook https://www.facebook.com/successbooks

本書於兩岸之行銷（營銷）活動悉由采舍國際公司圖書行銷部規畫執行。

王道增智會簡介

「王道增智會」係由「王道培訓講師聯盟」、「王道培訓平台」、「台灣實友圈」與「自助互助直效行銷網」和「創業募資教練團」合併而成立。

王道培訓講師聯盟　由各界優秀及有潛力講師群組成，凡已經是或想要成為講師的朋友們均適合加入。

王道培訓平台　開辦各類公開招生的教育與培訓課程，提昇學員的競爭力與各項核心能力，官網設於新絲路網路書店。

台灣實友圈　由企業主及兩岸各省市領導圈與白領菁英們組成，適合喜歡結交各界菁英、拓展人脈與想到大陸發展的朋友。

自助互助直效行銷網　為一「本身沒有產品」的直銷組織，互助為會員們行銷其產品或服務。提供會員們業務引薦與異業合作。

創會會長

王道增智會的創會會長——王擎天博士為台灣知名出版家、成功學大師、行銷學大師。獨創的「創意統計創新學」與「ARIMA成功學」享譽國際。深入研究「LT智慧教育法」，並榮獲英國City&Guilds國際認證。首創的「全方位思考學習法」，已令六萬人徹底顛覆傳統填鴨式教育，成為社會菁英。著作有《王道：成功3.0》、《四大品牌傳奇：柳井正UNIQLO等平價帝國崛起全紀錄》等逾百冊，為華人世界非文學類暢銷書最多的本土作家。

王擎天博士是台灣地區第一位，也是唯一一位以100單位比特幣「挖礦」成功者。其一生至今於兩岸三地創辦了19家公司，每一家的經營狀況都很不錯！

其近年全力投入指導並協助王道增智會的會員們完成他們的理想或夢想，由於王博士極重視每一次課程之後的輔導與追蹤，故接受他輔導與協助的終身會員也與日俱增。

會員權利與福利

- 凡會員參加王博士主持或主講之課程皆免費！
- 凡王道增智會之會員皆享有本會推出各類課程或服務之優惠。非王擎天老師主講之課程只要原價1折起的費用即可參加。
- 凡會員參加王擎天博士主持，何建達教授主講的巴布森學院創業創富班和網路開店班，除可享有特別優惠之學費外，另可整學期免費旁聽何建達教授在大學和研究所所開相關課程。
- 終身會員即為王博士入室弟子，享有個別指導與客製化服務。
- 加入王道增智會即可接受本會「創業募資教練團隊」之個別指導。終身會員無指導時數上限，保證輔導您至創業成功為止。
- 入會會員若有優質課程要推廣，王道增智會可協助招生。新絲路網路書店之培訓課程官網會有課程廣告露出及行銷推廣活動。
- 加入王道增智會即自然成為台灣實友圈成員，可快速認識兩岸知名人士，並與大陸各省市實友圈接軌。
- 王道增智會不定期聚會活動或充電之旅，會員可提出優質產品或服務，以便讓會員們瞭解並推廣之。
- 凡王道增智會之會員可免費閱讀優質講師之精選文章及影片，並有機會以極優惠的方式參加采舍國際集團、世界華人講師聯盟名師群與中華價值鏈管理學會舉辦的各項活動。
- 凡會員將不定時收到王道增智會與王博士主撰之加值電子報，掌握各種資訊，增加知識。

WELCOME

王道增智會入會須知

加入「王道增智會」為會員，等於同時一次就加入了「王道培訓講師聯盟」、「王道培訓平台」、「台灣實友圈」與「自助互助直效行銷網」和「創業募資培訓團隊」五個優質組織，享有多重好處。

入會辦法

- **入會費**：新台幣10,000元
- **年費**：新台幣6,000元（效期起算日為第一次參加增智會之活動當日起一年）
- **終身年費**：新台幣60,000元

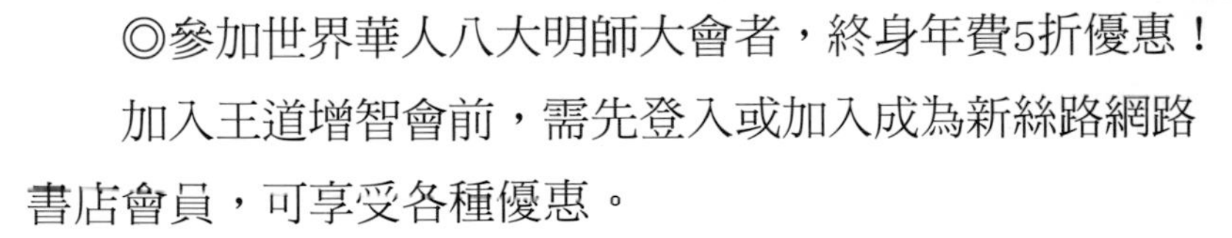

◎參加世界華人八大明師大會者，終身年費5折優惠！

加入王道增智會前，需先登入或加入成為新絲路網路書店會員，可享受各種優惠。

繳 費 內 容	金 額
王道增智會入會費+年費（效期起算日為第一次參加增智會之活動當日起一年）	16,000
王道增智會入會費+終身年費	70,000
王道增智會入會費+特惠終身年費（限參加世界華人八大明師大會者，憑票券序號優惠）	40,000
入會後之年費（限已繳入會費的會員，效期起算日為第一次參加增智會之活動當日起一年）	6,000

你想知道單槍匹馬

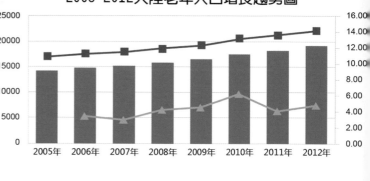

保險捐贈
行善方式再創新

用保險作捐贈，是一個新流行，目前已經看到很多有心人這麼做。

一位單身中年男性自知大限來到前，用一張四百萬的保險單幫助兩個公益機構，兩百萬幫陽光基金會的顏面損傷者有了重建美麗的機會；兩百萬使視障者得到光明庇蔭。

保單捐贈除了捐贈身故金外，近期也有某基督教團體得到1500萬的生存保險金捐贈，該團體有醫院、有養老院等，教友將生存保險金捐出作公益，他們有的用一次性的繳費（躉繳），有的分六年或七年繳，他們都不約而同的作百分之百的捐贈，也就是承保期間若蒙身故，或平安無事滿期，都將此筆款項捐出作人間之愛！

全台灣最熱衷推動保險捐贈的台大保經公司董事長陳亦純說：「台灣民眾最是有愛心，除了捐錢、捐救護車、捐發票、捐器官、捐大體，現在又捐保險，這是符合『留下大愛，不留遺憾』的崇高境界　。在目前公益機構資金缺乏的狀況下，保險捐贈是相當有意義的愛心工程！」

如何用保險做捐贈？

方式	內容	提醒
原來的保單切割部分	變更受益人，指定要幫助的單位。	若家人覺得對己無利，很可能不加以申請理賠。引來不諒解，好事反而變壞事。
購買新保單	發個心，再買一張新的保單。	新保單若內容豐富，則是美事一樁。既可助人，又可利己，又降低家人的困擾。
用年金險捐贈	可定期定額領回，身故時尚未到期部分可指定給公益慈善機構。	年金是長期的承諾契約，有固定的履行要務。

如果每年有一千人願意做保單捐贈，每人50萬，
台灣的公益機構或慈善團體，就有伍億元可幫助弱勢族群，
捐贈人也可以得到「生命傳愛」的長遠流芳，至高無上的精神，
希望您樂於參加，讓這世界更有溫情！

臺北市生命傳愛人文發展協會 Taipei life and love development association.　　　中國信託人壽　全球人壽　國寶人壽

http://si.secda.info/tlalda/index.php | 080-905-5518 | 104 台北市中山區松江路66號5樓

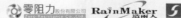